深圳大学传播学院 | “翻译文化终身成就奖”得主
媒介环境学译丛 第四辑 | 何道宽担纲主译

弗洛伊德机器人

THE FREUDIAN ROBOT

数字时代的哲学批判

刘禾
Lydia H. Liu——著
何道宽——译

中国大百科全书出版社

图字：01-2025-0747

图书在版编目（CIP）数据

弗洛伊德机器人：数字时代的哲学批判 / 刘禾著；何道宽译. -- 北京：中国大百科全书出版社，2025.（媒介环境学译丛）. -- ISBN 978-7-5202-1921-1

Ⅰ. TP242

中国国家版本馆 CIP 数据核字第 2025XP6466 号

出 版 人　刘祚臣
策 划 人　程　园　曾　辉
出版统筹　王　廓
责任编辑　程　园
责任校对　邬四娟
责任印制　李宝丰
封面设计　赵释然
出版发行　中国大百科全书出版社
地　　址　北京市西城区阜成门北大街 17 号
邮政编码　100037
电　　话　010-88390635
网　　址　www.ecph.com.cn
印　　刷　北京君升印刷有限公司
开　　本　880 毫米 ×1230 毫米　1/32
印　　张　14.25
字　　数　335 千字
版　　次　2025 年 6 月第 1 版
印　　次　2025 年 6 月第 1 次印刷
书　　号　ISBN 978-7-5202-1921-1
定　　价　88.00 元

深圳大学传播学院
媒介环境学译丛编委会

总 序

20 世纪 50 年代初，哈罗德·伊尼斯的《帝国与传播》《传播的偏向》和《变化中的时间观念》问世。1951 年，马歇尔·麦克卢汉的《机器新娘》出版。20 世纪 60 年代，麦克卢汉又推出《谷登堡星汉璀璨》和《理解媒介》，传播学多伦多学派形成。

20 世纪 80 至 90 年代，尼尔·波兹曼的传播批判三部曲——《童年的消逝》《娱乐至死》《技术垄断》陆续问世，传播学媒介环境学派形成。

1998 年，媒介环境学会成立，以麦克卢汉为代表的传播学第三学派开始问鼎北美传播学的主流圈子。

2007 年，以何道宽和吴予敏为主编、何道宽主译的“媒介环境学译丛”由北京大学出版社推出，印行四种，为中国的媒介环境学研究奠基。

2011 年，以麦克卢汉百年诞辰为契机，麦克卢汉学和媒介环境学在世界范围内进一步发展，进入人文社科的辉煌殿堂。中国学者不遑多让，崭露头角。

2018 年，深圳大学传播学院与中国大百科全书出版社达成战略合作协议，推出“媒介环境学译丛”，计划在三年内印行十余种传播学经典名著，旨在为传播学修建一座崔巍的大厦。

我们重视并推崇媒介环境学派。它主张泛技术论、泛媒介论、泛环境论、泛文化论。换言之，凡是人类创造的一切、凡是人类加工的一切、凡是经过人为干扰的一切都是技术、环境、媒介和文化。质言之，技术、环境、媒介、文化是近义词，甚至是等值词。这是媒介环境学派有别于其他传播学派的最重要的理念。

它的显著特点是：（1）深厚的历史视野，关注技术、环境、媒介、知识、传播、文明的演进，跨度大；（2）主张泛技术论、泛媒介论、泛环境论，关注重点是媒介而不是狭隘的媒体；（3）重视媒介长效而深层的社会、文化和心理影响；（4）深切的人文关怀和现实关怀，带有强烈的批判色彩。

从哲学高度俯瞰传播学的三大学派，其基本轮廓是：经验学派埋头实用问题和短期效应，重器而不重道；批判学派固守意识形态批判，重道而不重器；媒介环境学着重媒介的长效影响，偏重宏观的分析、描绘和批评，缺少微观的务实和个案研究。

21 世纪，新媒体浩浩荡荡，人人卷入，世界一体，万物皆媒介。这一切雄辩地证明：媒介环境学的泛媒介论思想是多么超前。媒介环境学和新媒体的研究已融为一体。

在互联网时代和后互联网时代，媒介环境学的预测力和洞察力日益彰显，它自身的研究和学界对它的研究都在加快步伐。吾人当竭尽绵力。

译丛编委会
2019 年 9 月

目录

译者序：异乎寻常的跨界之作

一、姗姗来迟的中译本

刘禾教授乃多栖学者，享誉世界，著作宏富，其专著和论文已有中、德、法、韩、日等多种译本，国内著名出版社争抢出版其书，而 *The Freudian Robot: Digital Media and the Future of the Unconscious* 中译本却十余年不见踪影。然而中国大百科全书出版社一出手洽谈，她就立即欣然同意，何故？请看她本人感人的“中文版序”。

二、又一座高峰

我的百余部学术译作，多半是难啃的经典名著。对译者的挑战，犹如急流险滩、崇山峻岭。《理解媒介：论人的延伸》《帝国与传播》《传播的偏向》犹如险峻昆仑，《游戏的人》《中世纪的秋天》好比茫茫帕米尔，《心灵的延伸》《被数字分裂的自我》《个人数字孪生体》

恰似巍峨的雪山，《作为变革动因的印刷机》则是令人生畏的天梯。

1984年翻译麦克卢汉的世纪佳作《理解媒介：论人的延伸》，我仿佛经历了重生。这本奇书的思想、文字和风格都诡谲异常，是典型的“三无”产品：无文献、无索引、无注释。而我又有多少个“无”啊，工具书、参考书、数据库全无，无任何依傍，孤立无助，绝望啊！

2008年翻译《作为变革动因的印刷机》，伊丽莎白·爱森斯坦穷毕生之力的巨著真的“牛”，它令我胆战心惊、难以安眠。是年冬天，常人并不觉得特别冷，我的手却因八个月不离键盘，竟然在温和的深圳生冻疮了。这本书是我翻译道路上名副其实的珠穆朗玛峰。

2018年起我担纲主译“媒介环境学译丛”，丛书15本书的作者，除了已故的麦克卢汉和伊尼斯之外，多半予我神助，或与我互动。如此，急流险滩无天堑，崇山峻岭可攀登，我感到心旷神怡了。

刘禾教授这本《弗洛伊德机器人：数字时代的哲学批判》好比是纵横绵延的横断山脉，翻越难，强攀难，因为它横跨科学技术和人文社科的众多领域，分析、批判、比较、嫁接、追根溯源、展望未来、深刻反思，见前人、他人之未见，有创新发明，获出版名家和前沿学者高度评价。

这本奇书翻译起来却相当顺利，为什么呢？请见下文的“两位译者”。

这本奇书读起来难不难呢？当然难。多学科、跨学科、标新立异的知识点非常密集。怎么办？先从作者特意撰写的《中文版序：人机融合时代的哲学反思》入手吧。

三、不当拐杖，不做导读

我的110余种译作，均有译者序跋，获读者和批评家点赞，被誉为“导读”甚至“专论”；只有一本20世纪80年代的书例外，那是由于出版社失误，把我的译者序弄丢了。至于《弗洛伊德机器人：数字时代的哲学批判》的译者序，我将一反常态：不当拐杖，不做导读。我想鼓励读者自己去攻坚克难。

2023年10月7日，中国大百科全书出版社社科学术分社社长（现已荣升中国大百科全书出版社副总编辑）曾辉先生要我评估一本书，发来300余页的电子版英文原著，我搁下《麦克卢汉评传》，用整整5天浏览，深为震撼，亦喜之不尽，写下高度评价、期待早日出版的意见。现摘录如次：“一句话介绍：刘禾，哥伦比亚大学终身人文讲席教授，多栖学者，享誉世界，著作宏富，国内著名出版社似乎在抢出其书中译本……。总评：优秀……与我们的‘媒介环境学译丛’高度契合……。紧迫度：刘禾及其著作很热，国内大出版社竞相抢夺她著作的中文版版权，中国大百科全书出版社似应争夺……。建议：决策、洽购版权、采购竞标从快。”丛书编委会达成共识，中国大百科全书出版社和深圳大学相关领导高度重视，版权交割、出版经费很快落实。于是我破例，在“媒介环境学译丛”第四辑5本书已经选定的情况下，让《弗洛伊德机器人：数字时代的哲学批判》“插队”成为第三本，将其他书往后挪一挪。于是，这本书的翻译在2024年1月27日启动了。

四、翻译是再创造

再创造是必然的，因为世上没有任何全人类通用的语言，若要打破跨语际理解和交流，翻译就必须再创造，由“化入”而“化出”，在语言的各个层次（音、字、词、句、段、篇、章）上再创造。打碎源语的骨架，嚼烂消化，得意忘形，是为“化入”。用地道的目的语在字、词、句、段、篇、章的层次上再现，在表现习惯、风格上再现，达到神形合一的境界，此乃“化出”。以我的翻译实践为例，书名的翻译就很讲究。*Speaking into the Air*：*A History of the Idea of Communication* 的主书名直译为《对空说话》，我将这个书名译为《交流的无奈：传播思想史》。有人评价说，这个译名如有神助。*Invitation to Sociology* 在我国香港和台湾地区出版时都被译为《社会学的邀请》，我将其译为《与社会学同游》。很多读者反映，我的万余字序文不但说透了改名的原因，而且传达了作品的精髓。

我的再创造主要体现在：译者序跋的导读、目录的细化、注释的增益，还提供因原书没有索引而必须给予读者的英汉术语对照表。若有可能，我提前介入作者的创作，直接参与他们写作的过程，《个人数字孪生体》即为生动的一例，两位作者和我上演了一台“新三国演义”。最终，《个人数字孪生体》先出中文版，英文版是否能出尚未可知。

五、两位译者

曾辉先生要我评估 *The Freudian Robot: Digital Media and the Future of the Unconscious*，由于闭目塞听，我对世界知名、国内出版界争其版权的刘禾教授及其著作却一无所知。她的成就令人敬仰，本书令我震撼。我决心立即着手翻译，以进入学术新潮的新境界，以促进当前的跨学科研究和新文科建设。

刘禾教授从善如流。她原本用"弗氏人偶"作为主书名，我建议换用"弗洛伊德机器人"，而在正文里保留"弗氏人偶"。她的中文版序无标题，我建议加上"人机融合时代的哲学反思"，她欣然采纳。

在我的百余种译作里，这一本非常奇特，可以说有两位译者：她从头至尾阅读我的初稿，逐章逐句细读，建议、审定、修改，在繁忙、小恙、环境干扰的情况下，加班加点，及时返回我的初稿，令人感佩。

我常说，我的译作要做到五个"对得起"：对得起作者、读者、出版社、译者自己和后世。由于我和刘禾教授的亲密合作，我更有底气说：《弗洛伊德机器人：数字时代的哲学批判》能做到这五个"对得起"。

六、几个关键词

上文说"我将一反常态：不当拐杖，不做导读"，还有一个原因，刘禾教授为读者提供了一根有力的"拐杖"——几百条注释。这些注释拓宽加深文意，化难为易，帮助读者按图索骥，锚定重点难点。

不过，本书思想精密、“沟壑纵横”、难点繁多，译者不能完全撒手不管，我还是做一点小小的提示吧。

控制论、信息论、系统论、博弈论，语言学、语义学、符号学，精神分析、心理治疗，计算机、自动机、心灵机、终极机器、佛性机器人，文学理论、美国理论、法国理论、结构主义、解构主义、普世主义、后结构主义、批判理论、现代性、后现代性，有意识、无意识、恐惑论，数字文明、数字媒介理论、数字媒介的表意书写……都可以按图索骥。

但是有几个关键词却不得不说：文迹学（雅克·德里达），BASIC English（C. K. 奥格登和 I. A. 理查兹），机识英文（克劳德·艾尔伍德·香农），符号界、心像界和实在界（雅克·拉康）。

（1）雅克·德里达的 *Of Grammatology* 是结构主义的哲学巨著，篇幅不大，但影响至深。国内中译本盛行多年，恐有误读。刘禾教授认为，流行的《论文字学》译名不妥，使人有误解，产生误导，因为该书和传统的文字学没有关系。我将她来信的解答抄录于此：“为什么我觉得《论文字学》对 *Of Grammatology* 的翻译是误译呢？因为德里达的概念与我们所熟悉的文字学相去甚远，他在书中讨论的是西方语音中心主义（逻各斯主义）对 trace 或所有的‘迹’的普遍盲视，他说的 trace 包括文字、数字，以及各种看得见和看不见的符号踪迹和轨迹，甚至包括人们看不见的生命符号 DNA。”

（2）关于 BASIC English 的汉译，我和刘禾教授反复磋商，达成共识。英国人文学者 C. K. 奥格登和 I. A. 理查兹发明 BASIC English

时，未必有意一箭双雕，但经过政界和学界的发挥，它有了两个目标和用途——一高一低。高企的野心将其用作霸权工具，建成一统天下的普世通用语言，在政治、经济、军事、外交各个领域谋求霸权。丘吉尔希望借此建立“心灵帝国”，罗斯福希望借此击败法语联盟，使英语成为通用的“外交语言”。温和的意图是将其作为有效的教学手段。从词源考察，BASIC English 高低两个目标自然分叉。

BASIC English 是首字母缩略词，取自五个英语单词 British，American，Scientific，International 和 Commercial，直译是“英美科商国际英语”，推广者有意将其用作霸权工具。同时，BASIC English 又可用作普及英语的教学工具。

（3）Printed English 不能译为“印刷英语”，其发明者是香农，他是信息论和控制论的创始人之一。他把 Printed English 和英语的第 27 个字母（空格）当作统计学工具，使计算机更有效地处理文本、辅助文学研究和精神分析。刘禾教授在与我的通信中进行了这样的解释：“Printed English 译作‘印刷英语’不准确，因为作为动词的 print 还有一个‘用键盘打字’的意思（to produce letters by using a keyboard on a typewriter or computer），而香农则把这个意思又引申为‘计算机能够识别的英文字母’，因而必须译为‘机识英文’。”

（4）国内学界对雅克·拉康的几个关键概念翻译得不够准确，如 Le Symbolique（the Symbolic Order），l'Imaginaire（the Imaginary Order），le Réel（the Real），一直被翻译成“象征界”“想象界”

和“真实界”。为了澄清这几个概念，本书进行了重译，分别译为“符号界”“心像界”和“实在界”。

七、深刻而前瞻的哲学思考

请允许我直接引用作者的几句话，以管窥豹，显示刘禾教授的哲学思考：

“机器人是人机互为模仿的产物，我将其称为‘人机拟像’，其过程为：机器模仿人，人再模仿机器，机器又模仿人，人再回过头模仿机器，如此等等，循环往复。也就是说，机器人是人机拟像无限循环的必然结果。”

“按照人机拟像无限循环的逻辑，人类是不是面临一个根本的危险——所谓‘自然人’会不会也终归演变成……‘弗氏人偶’？”

“我尝试让香农与乔伊斯对话，让拉康与冯·诺依曼对话，让弗洛伊德与明斯基等人对话，在这一系列的对话过程中，读者将看到一个焕然一新的故事：原来数字媒介的生成、使之生成的人物还另有一番景象。”

何道宽

于深圳大学文化产业研究院

深圳大学传媒与文化发展研究中心

2024 年 5 月 13 日

中文版序：人机融合时代的哲学反思

我为什么要写《弗洛伊德机器人：数字时代的哲学批判》？

英文原版 *The Freudian Robot: Digital Media and the Future of the Unconscious* 虽然已经出版了十几年，但是回答起来并不容易。

因为这个问题与我们当代文明所处的深刻困境密切相关。人类历史上一直有大大小小的科技发明，有些发明曾经给社会带来了巨变，但无论在规模上，还是在速度上，它们都无法和数字媒介给世界带来的冲击相比。在今天，大家首先面临的一个问题是：我们为什么要关注人工智能（AI）？为什么不把电脑、网络、机器人、AI技术这一类事情，都拱手让给专家们和工程师们去讨论，由他们去指点江山、重塑文明？至于其余的人，只管消费、娱乐和应用就好，不必多操心。可是，事情果真这么简单吗？设想一下，如果按照同样的逻辑，我们是否可以把战争这样的重大问题一律交给军事专家们，然后袖手旁观，听任专家们去决定我们的生死存亡呢？这恐怕没多少人会同意。因为这在逻辑上既说不通，也很危险。不过，事情还有另一面：近年来，随着人工智能技术的发展和普及，人类社会开始出现一个明显的趋势，在对待数字技术的问题上，袖手旁观的人越来越少了，而社会的关注度则越来越高了。说到底，人工智能毕竟触及了社会神经的深处，因为数字技术正在对文明、社会、人类及其精神进行全面重塑和改造。生活在我们这个时代的人，不可能不深切地感受到这一点，也不可能不关心人工智能在如何改变我们，又将带我们到何处去。

这正是我当年研究弗氏人偶的最初起点，也由此探索出对数字时代进行哲学批判的途径。

不过，15 年前本书英文原著出版的时候，国内对人工智能的关注度普遍不高。相比之下，美国的新媒体研究（New Media Studies）则蒸蒸日上，在学界和社会上产生了很多讨论，讨论话题涉及范围极其广泛，如后人类（posthuman）、控制论有机体（cyborg，俗称“赛博格”）、人工智能（artificial intelligence）、网络与虚拟空间等。与此同时，科幻小说和五花八门的预言也层出不穷。我从 2006 年就开始发表文章探讨信息论创始人克劳德·艾尔伍德·香农的“机识英文”，如刊载在理论刊物《批评探索》（*Critical Inquiry*）上的 *iSpace: Printed English After Joyce，Shannon，and Derrida*，此文作为一章被收入英文原著。后来，《批评探索》在 2010 年又发表了我研究控制论和拉康的一篇文章，题为 *The Cybernetic Unconscious：Lacan，Poe，and French Theory*，此文后来也被收入英文原著，成为另一章。2012 年秋季学期，我在哥伦比亚大学比较文学与社会研究所开了一门新课，叫作“人文中的数字性（The Digital in the Humanities）”。这是博士生的研讨班，学生来自不同的科系。在课堂上，我和学生们一起重新梳理新媒体研究的脉络，其中就包括上面提到的领域，以及相关的哲学对话。

在长时间的研究和教学期间，我发现，美国的新媒体研究中有一些致命的误区，这些误区至今还在左右大多数人对数字媒介的看法和判断。如唐娜·哈拉维的《赛博格宣言：20 世纪后期的科学、技术和社会主义女性主义》对控制论有机体的误解和误导，再如后人类研究在数字技术的哲学基础这个问题上的含糊其词，此外，还有如今被遗忘了的现代主义文学诸多实验，以及它们对自动写作和通信技术产生的深刻影响。不过，我认为，更大的误区在于新媒体的智能至上主义，它遮蔽了弗洛伊德、拉康与人工智能语言模型、机器无意识研究之间的种种联系，把精神分析理论在这方面的基础性贡献（包括对理性主义的深刻怀疑）几乎都掩盖了。

针对这些误区，本书力图提出一些根本的哲学问题。在我看来，这些问题在当下依旧严重困扰着我们对人工智能的思考，比如，机器就是机器，为什么非要机器去复制人、模仿人？人在怎样的精神和社会习性下，才会去制造和使用模仿人的机器？其中的心理逻辑是什么？这些问题显然难以回避，而我的回答是，机器人并不简单是机器对人的模仿，也不仅仅是机器与人的技术合成，即所谓赛博格。我在书中提出的哲学论述是：机器人是人机互为模仿的产物，我将其称为“人机拟像”，其过程为：机器模仿人，人再模仿机器，机器又模仿人，人再回过头模仿机器，如此等等，循环往复。也就是说，机器人是人机拟像无限循环的必然结果。

如果沿着这个思路走下去，我们还要进一步追问：当人类越来越离不开机动假体或高科技物件时，当人类的生活越来越被资本主义生产和技术统治所笼罩时，我们的精神世界将发生哪些重大的变化。而且，把这个疑问往前再推进一步，我们最后就不得不问：按照人机拟像无限循环的逻辑，人类是不是面临一个根本的危险——所谓"自然人"会不会也终归演变成我在书中所论述的"弗氏人偶"（即"弗洛伊德机器人"）。如今，这些哲学批判似乎愈加紧迫，愈加不容忽略。为了突出这一特点，我在本书中文版出版之际，将英文原著的书名（*The Freudian Robot: Digital Media and the Future of the Unconscious*）正式修订为《弗洛伊德机器人：数字时代的哲学批判》。

转眼间，本书英文原版竟已面世15年了。

美国芝加哥大学出版社首次推出 *The Freudian Robot: Digital Media and the Future of the Unconscious* 的时间是2010年，之后陆续出现过很多书评和热议，在欧美理论界产生了一定的影响。我自己也很看重这本书，心中期盼未来会有一个完美的中文译本出现。15年之后，这个愿望终于在中国大百科全书出版社的支持下实现了。

回想我这几十年的学术生涯，虽然写作和出版不算少，但不是每本书都能碰到好运气。本书中文版的幸运之处在于，著名翻译家何道宽先生不但将其纳入他主编的"媒介环境学译丛"，而且就像对待他丛书里每一本深涩难懂的理论著作那样，亲自动手翻译，打磨修订，最后呵护成书。当代学术圈里的人都知道，何先生是将传播学、新媒体理论和媒介环境学引入国内学界的第一人，他对理论和学术建设的贡献很大，成果丰厚。因此，有机会与何先生合作，自然是我的幸运，也是这本书的幸运。在翻译的过程中，我一再感慨于何先生对原文的深入理解，对中英文的行文和修辞的精准把握，还有他那惊人的工作效率，忍不住问自己，我能不能在四个月内翻译出如此高质量的译著。答案是，不可能的。

我衷心感谢何道宽先生将《弗洛伊德机器人：数字时代的哲学批判》翻译成中文，贡献给国内读者去分享和讨论。

刘禾

2024 年 4 月 14 日于纽约

导　论

数字媒介的精神生活

我们和机器人的差异行将消失。

——罗德尼·布鲁克斯：《肉体与机器：机器人如何改变我们》

什么是弗洛伊德机器人？这是一种智能的自动机，还是根本就是一种别样的生物？科幻作家和人工智能批评家撰写了大量的著作，介绍人形机器人（humanoids）、安卓机器人（androids）、赛博机器人（cyborgs）等五花八门的机器人，它们或已被制造出来，或已被构想出来留待将来开发。这些著作指明，机器人（robot）和传统自动机（automaton）有一个根本的区别：机器人依靠数字原理，就是依靠数学家所说的那种有限序列选择的计算机（finite-state machine）；相反，自动机普遍被认为是要依靠钟表的机械原理，通常只具备一种特殊技能。[1] 这一基本的区分可以解释：相较于任何

1. 在这个意义上，从自动机到机器人观念迁移的标记是 1943 年沃伦·麦卡洛克（Warren McCulloch）和沃尔特·皮茨（Walter Pitts）论神经网络的论文，以及 1948 年冯·诺依曼（John von Neumann）论“元胞自动机（cellular automata）”的论文。参见沃伦·麦卡洛克和沃尔特·皮茨的《神经活动中内在观念的逻辑演算》（*A Logical Calculus of the Ideas Immanent in Nervous Activity*）和冯·诺依曼的《自动机的通用逻辑理论》（*The General and Logical Theory of Automata*）。

特种自动机，即使不能获得意识，机器人也具有更强的智能、更令人目眩的表现。[1]

机器人和自动机的旧技术区分固然有一些帮助，但一个古老之谜却原封未动：根本上，为什么机器应该模仿人或复制人呢？是否像马歇尔·麦克卢汉（Marshall McLuhan）[2]所言，那喀索斯自恋（narcissism）是技术假体开发所必需的（心理）条件吗？再者，交互逻辑（logic of reciprocity）迫使人模仿机器，正如人造的机器要模仿人，以维持拟像或幽灵般的替身（simulacra or doppelgänger）的无穷反馈回路吗？果如此，即使在人脑的逆向工程实现之前，是否有一种精神力量（psychic force）驱动着人机交互的反馈回路（feedback loop）呢？最后，我们要问，这一反馈回路是否遵循弗洛伊德发现的规则运作，比如"强迫性重复""无意识""死亡驱力"呢？

1. 机器人既需要身形体现也需要环境定位，这就是说，机器人应能对变化中的环境做出反应，并相应地采取新的行动。而自动机和环境之间就没有这样的反馈回路。参见罗德尼·布鲁克斯（Rodney A. Brooks）：《肉体与机器：机器人如何改变我们》（*Flesh and Machines: How Robots Will Change Us*, pp.51–55）。亦见雅克·沃坎森（Jacques Vaucanson）的"排便鸭（Defecating Duck）"和雅克·德罗兹家族（Jaquet-Droz family）的自动机"音乐家""绘图人"和"写字人"。这些自动机是18世纪最著名的自动机，其基本原理是模拟动物或人。至于晚近的自动机研究，参见杰西卡·里斯金（Jessica Riskin）：《排便鸭，人工生命的模糊起源》（*The Defecating Duck, or, the Ambiguous Origins of Artificial Life*）。特别说明的是，本书脚注中所提及的英文著作，其出版信息请查阅书后参考文献。脚注依从原著（即英语学界出版物惯例），只保留书名、页码等基本信息。

2. 马歇尔·麦克卢汉（1911—1980），20世纪现象级思想家，加拿大文学批评家、传播学家，媒介环境学派创始人之一，著书10余种，要者有《机器新娘》《理解媒介：论人的延伸》《谷登堡星汉璀璨》等。——译者注这些问题驱动了本书的研究，使我们有一些新的发现，如数字媒介的表意书写（ideographic writing，严格地说不是“语言”）及其与弗洛伊德和雅克·拉康（Jacques Lacan）[1]有关无意识假想的基本联系。本书开篇值得高光亮相的一个发现是战后欧美世界秩序里涌现出来的弗洛伊德机器人，本书将其正式命名为“弗氏人偶”。什么是弗氏人偶？我的初步回答是，任何网络化存在，只要体现了人机拟像（human-machine simulacra）的反馈回路，又不能摆脱控制论无意识（cybernetic unconscious）的，都是弗氏人偶。这个定义应该能够容纳赛博机器人、安卓机器人，亦能容纳如今和未来的各种各样的机器人，不会有问题。然而，这个定义是不是也适用于不喜欢和赛博人或机器打交道的人？

看起来，每当我们直观地接受工业实验室或科幻文学里的原型机器人时，我们就忘记了拷问其制造者和使用者的心理有何变化——因为他们的心理必然和智能机器一道演化。基本上，不用遭遇电影里的HAL 9000，也不必使用美国或日本制造的机器人，你就可以识别我们中间的弗氏人偶；不必和新锐的假体勾连，任何活体（living body）和头部都可以变成一个弗氏人偶。[2]弗氏人偶不必

1. 雅克·拉康（1901—1981），法国作家、医生、精神分析学家、结构主义者，著有《弗洛伊德理论与精神分析技术中的自我》《视觉文化的奇观》《战争后遗症：一个女人不能前行的病症》等。——译者注

2. 有关麻省理工学院人工智能实验室研发的人形智能机器人“小齿”等发明，可参见罗德尼·布鲁克斯的《肉体与机器：机器人如何改变我们》（*Flesh and Machines: How Robots Will Change Us*, pp. 69-91）。已有中译本《我们都是机器人：人机合一的大时代》，蔡承志译，究竟出版社，2003。

是塑料、金属或芯片制造的，因为血肉人体倍增的拟像及其思维机是流动的、动态的，它们穿越身体和感知的疆界，永不停息，而那些疆界是我们试图维持的现象世界的边界。在这个意义上，具有心理的赛博机器人已然是弗氏人偶，一切通晓赛博的人（cyber-literate humans）都具有模拟智能机模拟人的无穷潜力，并成为弗氏人偶，除非另有其他什么东西半途来干扰……

那个东西究竟是什么？它将如何到来？这是一个开放的问题。就现代哲学家和有反思能力的科学家而言，也许更富想象力的、有关人和技术及其变化和演化能力的构想不是不可能。但是这一构想和我们在本书中瞥见的可怕真相必然是对立的。首先必须承认，科学知识既有局限又限制人，所以我们的真相总是受条件制约的，我们前途未卜。这当然不是什么新闻。量子物理学家沃纳·海森堡（Werner Heisenberg）对他那个时代的科学活动早就作如是观。

海森堡关注现代文明的前途，关心人与机器命定的纠缠。他认识到，古代哲学家对这一点早有预言。在 1953 年的讲演《当代物理学的自然图景》（*Das Naturbild der heutigen Physik*）里，海森堡讲述了哲学家庄子（约公元前 369—前 286 年）广为人知的一则寓言。这个寓言上演了一出孔门弟子和道家种田人的交锋大戏，孔门弟子主张用技术省力以求效率，种田人不同意，并以不妥协的伦理哲学立场予以反驳。[1] 在那场对垒中，海森堡发现，人与机器的纠缠表现在生存和道德上的哲学反思并不始于现代，至少始于几千年前的信史之初。

1. 海森堡：《物理学家的自然观》（*The Physicist's Conception of Nature*, pp.7–31）。

海森堡这篇讲稿刊布以后几年，《庄子》的同一段文字出现在麦克卢汉的《理解媒介：论人的延伸》一书中。这篇古老的寓言被他用来致敬海森堡。麦克卢汉重申，技术变革不仅能改变我们的生活习惯，而且能改变我们的思维模式和评价模式。[1] 以下是分别被海森堡和麦克卢汉引用的《庄子》寓言：

> 子贡南游于楚，反于晋，过汉阴，见一丈人方将为圃畦，凿隧而入井，抱瓮而出灌，搰搰然用力甚多而见功寡。子贡曰："有械于此，一日浸百畦，用力甚寡而见功多，夫子不欲乎？"
>
> 为圃者卬而视之曰："奈何？"曰："凿木为机，后重前轻，挈水若抽，数如泆汤，其名为槔。"为圃者忿然作色而笑曰："吾闻之吾师，有机械者必有机事，有机事者必有机心。机心存于胸中，则纯白不备；纯白不备，则神生不定；神生不定者，道之所不载也。吾非不知，羞而不为也。"
>
> 子贡瞒然惭，俯而不对。有间，为圃者曰："子奚为者邪？"
>
> 曰："孔丘之徒也。"[2]

庄子戴着种田人的假面，抨击子贡及其有关机器的想法，是为

---

1. 当然，这是麦克卢汉个人比较随意的解释，海森堡的量子力学重新加工了主体和客体的关系。

2. 海森堡讲演的英译文有误，参见其《物理学家的自然观》（*The Physicist's Conception of Nature*, pp.20–21）。麦克卢汉所引的《庄子》寓言，参见其《理解媒介：论人的延伸》（*Understanding Media: The Extensions of Man*, p.63）。

了说明孔子的学说错在哪里，以及为何有错。他轻视机器、效率和技术技能，张扬不羁的精神，张扬道。水利凑巧被当作《庄子》寓言的焦点，这并非无的放矢。顺便说一下，海森堡对此寓言的使用和马丁·海德格尔（Martin Heidegger）[1]讨论的莱茵河上的水电站不无关联，和海德格尔所说的"常备存贮（standing reserve）"不无关联。我不是在这里自由联想，而是因为海森堡的论述和海德格尔的这个概念有直接的互文连接（intertextual connections）。海德格尔的名著《技术的追问》（*The Question Concerning Technology*）始于他的一次公共演讲，他那次的讲稿正是在回应我在上面提到的海森堡的演讲《当代物理学的自然图景》。海森堡和海德格尔都参加了1953年11月由巴伐利亚美术学院在慕尼黑主办的研讨会，他们两人的主题发言——《当代物理学的自然图景》和《技术的追问》都首次发表在慕尼黑研讨会上。[2]

庄子对儒家的抨击自有其语境，海德格尔和麦克卢汉对此完全不了解，也不会在乎。但这无关宏旨，他们重新发现了这个古代寓言，倒不是因为他们欣赏种田人反对机器，而是要借此表达自己有关现代科学技术的内心矛盾。无论如何，《庄子》故事里的确有一些

1. 马丁·海德格尔（1889—1976），德国哲学家，20世纪存在主义创始人之一，著有《存在与时间》《形而上学导论》《什么叫思想?》《根据律》《同一与差异》等。——译者注

2. 这里不评估海森堡和海德格尔在技术问题上交换的意见。关于两人的交流，参见凯瑟琳·卡森（Cathryn Carson）的《作为工具理性的科学：海德格尔、哈贝马斯和海森堡》（*Science as Instrumental Reason: Heidegger, Habermas, Heisenberg*）。亦见 http://www.springerlink.com/content/e5772880g775003l。

与他们两人深深共鸣的东西，那就是，人与机器之间存在某种根本的、精神层面的联系。海森堡写道："机器时代环境和生活方式的深远变化，危险地改变了我们的思维方式。"[1] 两千多年前，庄子教导我们，机器不仅是作为工具或假体部件，替人类出色地完成任务而已，从"机器"到"机事"，再到"机心"，这里隐含着（社会）转变的动因。《庄子》中的种田人从道家的哲学立场出发，反对子贡把机器仅仅视为工具，他认为这种想法有瑕疵，在道德上也不可接受。尽管如此，庄子的这个寓言还是很容易被人误解。

庄子在这里要求我们思考的，既不是人对机器的非理性的爱或者非理性的恨，也不是轻率地反对机器。他提出的是围绕人机关系的两种相互对立的立场：一个是假体 / 工具观，另一个是交互 / 转化观。这两种对立的立场使古代的《庄子》寓言十分贴近海森堡和麦克卢汉的时代，也让我们马上想到人们在科技的问题上经常重申的一个拷问：人乃机器之主人耶？奴仆耶？

其实，robot 一词的由来和以上问题有契合之处，起初 robot 指的是"奴隶"，因为它和捷克语的 robota 一词相关，其本意为"强迫劳动"。机器人工程师中，有人努力想把人形机器人和这个"奴隶"的含义拉开一定的距离，比如罗德尼·布鲁克斯。他问道："人形机器人现在或将来是否和人有足够多的相似性，以至于我们决定，用对待其他人那样的道德方式对待它们呢？或者像对待动物那样，

1. 海森堡：《物理学家的自然观》（*The Physicist's Conception of Nature*, p.20）。

以不同程度的道德方式对待它们呢？”[1]

这种道德主义立场很有意思，值得我们玩味，但是布鲁克斯在书里还有另一个观察，就把问题变得复杂多了。他回忆童年时期看斯坦利·库布里克（Stanley Kubrick）执导的电影《2001太空漫游》的场景，尤其是看到机器人哈尔（HAL）的时候，他写道："哈尔成了一个凶杀的精神病患者，不过我个人对这一点倒不后悔。"[2] 哈尔的确变成了患精神病的杀人犯，他要杀的宇航员和工程师本来是他应该服务的人。看来在表现奴隶机器人变成精神病机器人的过程中，有个什么环节或者有个什么人物缺失了……雅克·拉康（Jacques Lacan）说过："当人们了解热力学后自问，机器怎样为机器自己支付时，人就把自己置身事外了。他们看待机器的方式就像主人对待奴隶的方式——机器就在那里，在另一个地方，它在自主运行。但人们忘掉了一件事情，在订购机器的订单上签名的正是他们自己。"[3] 这里所说的他们究竟是谁呢？

"不幸的是，我们成了这些该死东西（计算机）的奴隶。"[4] 海军上将托马斯·摩尔（Thomas H. Moorer）在美国参议院军事委员会举行的听证会上如是说。美国1969—1973年对柬埔寨的秘密轰

1. 罗德尼·布鲁克斯：《肉身与机器：机器人如何改变我们》（*Flesh and Machines: How Robots Will Change Us*, p.154）。

2. 罗德尼·布鲁克斯：《肉身与机器：机器人如何改变我们》（*Flesh and Machines: How Robots Will Change Us*, p.64）。

3. 雅克·拉康：《弗洛伊德理论与精神分析技术中的自我》（*The Ego in Freud's Theory and in the Technique of Psychoanalysis*, p.83）。

4. 托马斯·摩尔：《海军上将与计算机》（*Admiral and Computer*）。

炸很值得我们在这里回顾一下。尼克松总统当年决定轰炸柬埔寨并对国会保密时，五角大楼的计算机被"搞定"，从而生成一套双重简报系统——"一个系统向公民保密，另一个系统把真相传给计算机"。计算机把 B–52 轰炸机对中立国柬埔寨的 3630 次轰炸改为在南越轰炸的虚假报告。[1] 接触到这些秘密报告的美国政府官员不得不相信，因为它们直接来自五角大楼的计算机。麻省理工学院的计算机专家约瑟夫·维森鲍姆（Joseph Weizenbaum）写道："乔治·奥威尔（George Orwell）[2]《一九八四》的信息部被机械化了。历史不仅被销毁，而且被重新编造了。"[3] 用海军上将摩尔的话说，军官们没有意识到，他们已然成了计算机的"奴隶"，直到他们指令计算机的谎言将他们自己拽入陷阱，指令者自己被困住了。吉尔·德勒兹（Gilles Deleuze）[4]和费利克斯·加塔利（Félix Guattari）[5]做出以下区分："你不仅是技术机器的奴隶，而且还要受制于它。"那是弗洛伊德意义上的受制于机器。[6] 本书稍后将详细讨论人受制于机器以及

---

1. 西摩·赫什（Seymour M. Hersh）：《惠勒断言，秘密轰炸是尼克松的愿望》（*Wheeler Asserts Bombing Secrecy Was Nixon's Wish*）；《莱尔德批准秘密轰炸的虚假报告》（*Laird Approved False Reporting on Secret Raids*）。赫什在美国参议院军事委员会作证的其他报道载《纽约时报》，1973 年 7 月和 8 月。
2. 乔治·奥威尔（1903—1950），英国作家，以其极富想象力的反乌托邦小说《一九八四》和《动物庄园》闻名于世。——译者注
3. 约瑟夫·维森鲍姆：《计算机能力与人类理性》（*Computer Power and Human Reason*, p.239）。
4. 吉尔·德勒兹（1925—1995），法国后现代主义哲学家，著有《差异与重复》《反俄狄浦斯》《千高原》《电影一：运动影像》《电影二：时间影像》等。——译者注
5. 费利克斯·加塔利（1930—1992），法国精神分析学家、哲学家，著有《精神分析与横贯性》《分子式革命》《机器无意识》《混沌互渗》等。——译者注
6. 吉尔·德勒兹、费利克斯·加塔利：《千高原：资本主义与精神分裂》（*A Thousand*

人机纠缠危险的隐含命题。

在《理解媒介：论人的延伸》里，麦克卢汉说："由于不断拥抱各种技术，我们成了技术的伺服机制。所以，如果要使用技术，人就必然要为技术服务，必然要把自己的延伸当作神祇或小型的宗教来信奉。印第安人成为其独木舟的伺服系统，同样，牛仔成为其乘马的伺服系统，行政官员成为其时钟的伺服系统。"[1]

麦克卢汉把人机主奴关系反转，发人深省，不过这样的反转又带有人机关系的控制论（机器）观点。他一面向庄子和海森堡致意，一面又向控制论致意，对其中的自相矛盾毫无察觉。[2] 因为众所周知，控制论者把中枢神经系统设想为一台控制机，就像能维持平衡或恒稳的所有伺服机制一样。比如，诺伯特·维纳（Norbert Wiener）[3] 可能会同意麦克卢汉的观点，但从庄子和海森堡的角度来看，麦克卢汉把人机关系说成是假体延伸是很成问题的，就像直白的机器工具论一样。显然，麦克卢汉对技术文明的批评和他对控制论的热情支持是有矛盾的，而控制论恰恰是现代技术文明的标志。

在这个意义上，麦克卢汉及其追随者仍然在遵循子贡的路线，他们不厌其烦地说，人类生理上的不足需要通过技术而达成假体的

Plateaus: Capitalism and Schizophrenia, p.457）。

1. 麦克卢汉：《理解媒介：论人的延伸》（*Understanding Media: The Extensions of Man*, p.46）。

2. 连这种两难困境（double bind）的概念也源于格雷戈里·贝特森（Gregory Bateson）的控制论。

3. 诺伯特·维纳（1894—1964），美国数学家，美国科学院院士，控制论创始人，获总统勋章，著有《控制论》《人有人的用处》等。——译者注

延伸。如果说人脑的记忆力靠芯片的算力而大大增强，那是一回事；而认为计算机和传播网络的逻辑与人的心理逻辑没有差别，那就是另一回事了。实际上，技术假体的说法在后面这种情况下从来就行不通，尤其是在控制论研究中行不通。技术假体说只是托词而已，掩盖了一个更根本的事实。实际上，自 20 世纪中期起，这个更根本的事实就是控制论的主张，控制论认为人的心理就像一台计算机。

1920 年，顶尖的达达主义者拉乌尔·豪斯曼（Raoul Hausmann）[1] 创作了一件奇特的雕塑作品，将其命名为《机械头颅：我们时代的精神》（*The Mechanical Head: The Spirit of Our Age*）。到了 21 世纪，我们不妨把这一杰作重新命名为“弗氏人偶”，因为它似乎在所有的基本面上都体现了新千年的精神。这件雕塑作品让读者在视觉上能比较精准地把握本书各章中论述的弗氏人偶的一些显著特征。豪斯曼这位艺术家似乎有一个异乎寻常的预感：在资本主义技术官僚体制下人的心理会发生很大的变化，人的心灵对客体或假体的依恋与日俱增，因此他用直尺、打字机、相机片段、怀表机件、鳄鱼皮带等来打造这个机器头颅。

在 20 世纪 40 年代，第一代控制论专家登台，沃伦·麦卡洛克和沃尔特·皮茨就试图证明：心理事件完全遵循通信电路的“全或无（all-or-none）”的定律，由此建构出所谓形式神经网络（formal neural net）；而形式神经网络与命题逻辑（propositional logic）是

1. 拉乌尔·豪斯曼（1886—1971），奥地利艺术家、作家，《机械头颅：我们时代的精神》为其代表作。——译者注

关系同构的。20世纪60年代初，人工智能专家肯尼斯·科尔比（Kenneth Mark Colby）和罗伯特·阿贝尔森（Robert P. Abelson）开发认知计算机程序，去模拟人的神经症和妄想症（neurosis and paranoia）。麻省理工学院人工智能实验室的创建者马文·明斯基（Marvin Minsky）[1]尝试从计算中推导出认知模式，并自称是“新弗洛伊德主义者”。拉康也有一个无人论及的故事，他一直密切关注维纳、克劳德·艾尔伍德·香农（Claude Elwood Shannon）[2]和出席梅西会议（Macy Conferences）的控制论学者的研究，重新思考弗洛伊德的精神分析理论，提出有关“符号界（symbolic order）”的理论。所有这一切——控制论和人工智能的发展——汇总起来达到什么结果呢？它们能告诉我们数字媒介新发展里什么尚不为人知的新东西吗？本书显示，有许多新的情况——政治、社会和心理现象——正在发生，因此数字媒介的新发展远不只是为了克服人感知到的需求，绝不限于用技术假体克服人的生理缺陷这件事。

从海森堡的立场看，人与机器在科学知识的追求中总是相互纠缠的。量子力学使我们认识到：“有些情况根本不允许我们客观把握自然过程，这却并不妨碍我们用这样的觉悟去梳理人和大自然的关系。因此，当我们说到当代精密科学中的自然图景时，我们指的其实

1. 马文·明斯基（1927—2016），“人工智能之父”和框架理论的创立者。1969年获图灵奖，代表作有《情感机器》《心智社会：从细胞到人工智能，人类思维的优雅解读》等。——译者注

2. 克劳德·艾尔伍德·香农（1916—2001），美国数学家，信息论创始人，著有《通信的数学理论》《噪声下的通信》等。——译者注

不是自然本身的图景，而是人与自然关系的图景。”[1]海森堡进一步说：“此前我们把世界一分为二，一面是时空中存在的客观过程（objective processes），另一面是反映客观过程的主观思维（subjective mind），笛卡尔将二者分别称为‘广延实体（res extensa）’和‘思维实体（res cogitans）’。这早已不是我们理解现代科学的有效出发点。”他说：“分析、解释和分类的科学方法，已开始意识到自己的局限性，因为科学的干预使科学改变并重塑了探索的对象。”[2]

换言之，自量子力学出现以后，方法和对象就无法分离。而随着弗氏人偶的出现，“人和机器的区分行将消失，或已经消失”[3]。人机拟像的纠缠日渐增强，这把海森堡的观察变得更加复杂，主要是因为这里的人机关系还涉及神经生理和精神分析所关注的内容。

如今，工程师和科幻作家用预言对公众狂轰滥炸，他们试图让我们相信，通过他们发明的植入体和假体延伸，我们将会获得不朽之身。明斯基、莫拉维奇（Hans Moravec）、雷伊·库兹韦尔（Ray Kurzweil）等人都宣告，人类即将超越生物体。库兹韦尔的话更具有代表性：“当我们长得越来越靠近非生物时，我们就具备了备份自己的能力，把我们的知识、技能和个性里潜隐的关键模式储存起来，进而消除导致我们所知的大多数的死亡原因。”[4]弗洛伊德早前辨

1. 海森堡：《物理学家的自然观》（*The Physicist's Conception of Nature*, pp.28–29）。
2. 海森堡：《物理学家的自然观》（*The Physicist's Conception of Nature*, p.29）。
3. 罗德尼·布鲁克斯：《肉身与机器：机器人如何改变我们》（*Flesh and Machines: How Robots Will Change Us*, p.236）。
4. 库兹韦尔：《奇点临近：当计算机智能超越人类》（*The Singularity Is Near: When Humans Transcend Biology*, p.323）。

认的死亡驱力防卫机制是我们大家都熟知的，它与库兹韦尔等人所推崇的弗氏人偶针锋相对。被压抑的死亡驱力回归，很可能就潜伏在他们更新的那个神话的阴影里。他们更新的神话是，人类对死亡的超越将以准宗教的样态回归。

因此我认为，发现弗氏人偶的现象以后，我们就能对网络化社会的危险获得一个更坚实和更有批判力度的把握；这一发现远比休伯特·德雷弗斯（Hubert Dreyfus）和约翰·塞尔（John Searle）[1]的人机竞争理论（human-machine competition theory）更有说服力，也胜过唐娜·哈拉维（Donna Haraway）对"赛博人"的赞美，亦胜过其他人的"跨人类（transhuman）"预言。

事实上，"赛博人"或"跨人类"的理念不但没有澄清数字时代人机纠缠的政治和心理基础，反而造成了普遍的思想混乱。哈拉维认为，"赛博人"是"自控生物体（cybernetic organism）、机器与有机物的杂交体（hybrid of machine and organism）、社会现实生物体（creature of social reality）和虚拟生物体（creature of fiction）"[2]。她说书写是赛博人的首要技术，这一点不错，但她又接着说："赛博格政治（cyborg politics）争夺语言，反对完美交流，反对完美传译一切意义的单一代码，反对男性中心主义（phallogocentrism）。赛博格政

1. 休伯特·德雷弗斯，著名多栖哲学家，美国艺术与科学院院士，批评人工智能，著有《计算机不能干什么》。约翰·塞尔，美国加州大学伯克利分校哲学教授，批评人工智能，1980年设计"中文屋"的思维试验，借以推翻强人工智能（机能主义）提出的过强主张。

2. 唐娜·哈拉维：《赛博格宣言：20世纪后期的科学、技术和社会主义女性主义》（*A Cyborg Manifesto: Science, Technology, and Socialist-Feminism in the Late 20th Century*）。

治坚持噪声，提倡污染，喜欢动物与机器的非法融合，其道理就在这里。”在修辞层面上，这一类论述听起来好像很有力量，然而我们一旦开始反思她的话，就会发现里面充满了困惑和矛盾。哈拉维的赛博格政治究竟针对的是什么样的话语呢？如果她所说的赛博格代码强调动物与机器的融合，那么这和她所提倡的赛博格书写有什么区别？赛博格的政治意志源于什么呢？我们先要厘清的是，什么样的心理和政治转型会为控制论和数字媒介敞开大门，如果哈拉维无法回答这个问题，那么她的赛博人不过就是一个弗氏人偶，屈从于强制性地重复人机拟像的反馈回路而已。

归根到底，我们应该关心的倒是正在形成的弗氏人偶社会的政治后果。美国社会正在走向这样的机器人社会，并试图领导我们的世界。美国的机器人研究、人工智能和神经生理学研究为美国的防务和海军研究项目立下了汗马功劳。这些科研项目获得美国政府的慷慨拨款或纳税人的资金赞助，不会是平白无故的。实际上，许多大力鼓吹和推广这些项目的研究高才都参与了统治世界和征服宇宙的帝国政治，他们未曾感到丝毫的内心不安。[1] 弗氏人偶被用于军

1. 在本书里露面的大多数人工智能和控制论专家参与了这样的项目，受惠于这样的拨款。在《奇点临近：当计算机智能超越人类》（*The Singularity Is Near: When Humans Transcend Biology*, pp.330–335）一书里讨论智能武器时，库兹韦尔提及自己在陆军五人科学顾问团［Army Science Advisory Group（ASAG）］里的角色。我还提到一位勇于持不同政见的参与者，他就是已故的德国-犹太流亡科学家约瑟夫·维森鲍姆。维森鲍姆曾在麻省理工学院供职，他最早启动心理模拟项目，发明聊天机器人 ELIZA。他后来狠批参与这些项目的同事，并指出，其工作仅仅是为获取军备拨款辩护，掩盖了真正的政治冲突。参见维森鲍姆：《计算机能力与人类理性》（*Computer Power and Human Reason*, pp.241–257）。

事或其他手段的控制，并最终被控制论无意识驱动。既然如此，对弗洛伊德机器人的社会而言，民主还有什么实质意义吗？

本书考察的是弗氏人偶如何在战后欧美国家兴起，重点审视信息论和数字媒介，看它如何在我所谓人机拟像中重新界定无意识（控制论者有时将无意识称之为“潜意识”）。数字书写位居我的分析的核心，因为书写符号的计算机操作使数字媒介在最基础的层次上运行。比如，1948 年英语字母表第 27 个字母的引进就是数字媒介发明的重大事件，却始终没有引起所谓新媒体研究的注意，这是很奇怪的事。至于理查兹（I. A. Richards）[1]等人发明的“BASIC English”[2]和詹姆斯·乔伊斯（James Joyce）[3]的《芬尼根的守灵夜》（*Finnegans Wake*）在多大程度上影响了传播理论的实验，人们所知也不多。我尝试让香农与乔伊斯对话，让拉康与冯·诺依曼对话，让弗洛伊德与明斯基等人对话，在这一系列的对话过程中，读者将看到一个焕然一新的故事：原来数字媒介的生成、使之生成的人物还另有一番景象。

本书共分六章，首先考察书写的技术。

第一章聚焦什么是数字媒介书写，我们最可能在什么地方邂逅这样的书写。这些问题引领我系统地审视许多有关心灵、机器、语言、

---

1. 理查兹（1893—1979），英国文学评论家和诗人，新批评学派代表人物，代表作有《意义的意义》《实用批评》《科学与诗》等。与奥格登一道致力于推行“BASIC English”研究，以 850 个英语常用词为基础，试图创制一种世界通用语。——译者注

2. BASIC English 是首字母缩略词，由五个英语单词——British，American，Scientific，International 和 Commercial 的第一个字母构成，BASIC English 直译就是“英美科商国际英语”。

3. 詹姆斯·乔伊斯（1882—1941），20 世纪著名小说家，擅用意识流手法，著有《尤利西斯》《芬尼根的守灵夜》《都柏林人》《青年艺术家的画像》等。——译者注

符号处理和铭文技术（inscription technologies）的预设。我在书中揭示了新媒介研究和现代文学理论里若干重要的思想盲区。这样的盲区使我们看不到塑造无意识的技术，使我们不能将数字媒介的无意识技术概念化。我无意让精神分析理论对数字媒介研究说三道四，而是为了充分解释无意识的技术是如何深入了数字媒介的发明机制。

第二章提供一个历史分析和技术解释的框架，说明英语字母表第 27 个字母来自何方，并解释和分析香农发明的“机识英文（Printed English）”。简言之，“机识英文”是字母表的文字书写经数学重构形成的表意系统（ideographic system），它是信息论的理论基础。因此，探讨新媒介里的文本、主观性、技术和意识形态时，我们必须从理解“机识英文”着手，看看它如何成为未被确认的“明星”，成为战后数十年帝国科学技术（imperial technoscience）的普世通用书写系统（universal writing）。在数字媒介的魔咒下，一切编码系统都被置于单一、通用的系统之下，这个人类文明前所未有的系统囊括了机器、语言、神经网络和基因铭文（genetic inscription）的编码系统。这个发展势头促使我们叩问，何为通用系统，它如何在数字媒介里运行，如何在生命之书（book of life）里运行。接下来，我们就要解释，英美心理帝国（Anglo-American empires of the mind）如何越来越牢固地扎根于书写技术和传播技术的政治。我们一方面分析卡尔·荣格（Carl G. Jung）[1] 的心理测试游戏，另一方面

1. 卡尔·荣格（1875—1961），瑞士心理学家、精神病学家，精神分析学创始人之一，将人格分为意识、个体潜意识和集体潜意识三个层次，师承弗洛伊德并反叛弗洛伊德学说。——译者注

分析梅西会议上信息论专家和科学家采用的控制论游戏（cybernetic games），将两者进行对比，以揭示战后科学技术的心灵机（psychic machine）的本质。

第三章重新思考文学现代主义（literary modernism），聚焦一些极端的语言和文学理论的实验，即那些发生在有意义和无意义的临界区的实验。其中之一主要植根于拼音文字书写的数学图形（mathematical figuring），以及对语言的无意识机制的推测，这样的机制具有心灵机一样的自动功能。在《芬尼根的守灵夜》里，乔伊斯率先凭直觉推测字母表书写的统计结构和心理结构，他把“无意义”词语串的实验推向极端。雅克·德里达（Jacques Derrida）[1]将《芬尼根的守灵夜》称为“记忆增强机（hypermnesiac machine）”。乔伊斯的实验走在香农的“机识英文”之前，帮助香农确定英语行文的熵值和冗余率的极限。本书试图凸显这些极端理论和跨学科实验之间被遗忘的联系，尤其是那些濒临无意义和精神分裂症的理论和实验之间的联系。即使在战后现代主义狂热退潮的岁月里，贝尔实验室的科学家仍在推进这些超现实主义的实验，他们生成自动书写机制，意在用计算机生成诗歌和音乐，并推测精神分裂症的根源。

第四章重点考察拉康的著作以及他在1954—1955年主持的系列研讨班。本章不但要对拉康的语言理论、符号链和无意识的概念提

1. 雅克·德里达（1930—2004），法国解构主义代表人物，当代最重要亦最富争议的哲学家之一，有著作40余部、散文数百篇传世，要者有《人文科学话语中的结构、符号和游戏》《论文迹学》《声音和现象》《书写与差异》《散播》《有限的内涵：ABC》《署名活动的语境》《类型的法则》等。——译者注

出我自己的新解释，而且要探究与拉康这位核心人物相联系的法国理论的思想源头。我们在重新思考拉康对弗洛伊德的重新诠释时，必须同时考虑他研究博弈论、控制论和信息论的收获，而这些理论都是从美国输入法国的。我认为，这样的重新思考意义重大。比如拉康细读爱伦坡的《窃信案》（*The Purloined Letter*），这样的文本溯源提醒大家，人们之所以对拉康的精神分析有误解，是因为我们对他那个时代的科学话语不熟悉，而拉康对此则烂熟于胸。我们不但需要澄清人们对拉康语言理论的误解和他与费迪南德·索绪尔（Ferdinand de Saussure）的关系，而且要说明他所谓符号界（symbolic order）究竟是什么。再比如，冯·诺依曼和奥斯卡·摩根斯坦（Oskar Morgenstern）为了生成博弈论所采用的战略举措，到了拉康那里则被用来思考无意识心灵机的功能。他的精神分析研究让我们异乎寻常地洞察到控制论的无意识怎样在战后的欧美世界秩序中脱颖而出。

第五章检视自动机在精神分析话语里的角色，重点考察弗洛伊德恐惑论（Freudian uncanny）。动画和自动机技术的加速发展使许多批评家回归弗洛伊德原初的表述。更重要的是，研究人形机器人、自动机和社交机器人（social robot）对人的影响时，许多机器人工程师和电脑游戏设计师开始把弗洛伊德恐惑论的理念纳入自己的研究过程。我们必须重新考察弗洛伊德和恩斯特·颜池（Ernst Jentsch）[1]争论的原点，尤其是他们两人对霍夫曼（E. T. A. Hoffmann）

---

1. 恩斯特·颜池（1867—1919），德国精神病学家，在 1906 年的论文《论恐惑心理》（*On the Psychology of the Uncanny*）里提出恐惑论。——译者注

的《沙人》（*The Sandman*）的不同解读。我重新解读恐惑论，意在将其重新定位在人与自动机的关系之中，由此澄清弗氏人偶的源头。

第六章说明弗氏人偶体现了所谓后人类（posthuman）社会结构的无意识。豪斯曼创作的《机械头颅：我们时代的精神》正是对弗氏人偶的冷静的预期。这件艺术作品与香农制造的终极机器（Ultimate Machine）一道，为数字文明（digital civilization）的死亡驱力提供了无与伦比的哲学洞见。如果意识形态的最后一战寓于后人类的无意识工程，那么能不能提出下述问题就变得至关重要：面对未来岁月里数字书写（digital writing）的运筹帷幄，我们还有机会进行自卫或反制吗？

第一章

数字媒介的文字归属

> 声像和视像进入复杂的关系，无主从而言，亦无可公度性，因它们各自的局限而达至共同的极限。在这些意义上，新的无意识行为反过来暗指新的精神自动性。
>
> ——吉尔·德勒兹：《电影二：时间影像》

我们通常认为，数字媒介的发明必定改变人们对书写、言语、记忆、意识和社会实践的理解，这似乎是不争的事实。已有大量的学术研究和通俗文学论述这个现象，层出不穷。不过，这里还有一个同样重要但更为艰难的思考任务，我们不能忽略。我们亟须思考文字书写（writing）在数字媒介变革中的根本作用及其特征。首先必须了解的是，字母符号的重大演进是怎样发生的，这一演进又如何促进了数字媒介的发明。

本章探讨的重点是字母符号在数字革命中所起到的关键作用。由于拼音文字的演化深刻影响了现代主义文学和科技发展，我力图揭示并诠释其在文学与科学交叉路口的显著演进。这一演进不仅推动了 20 世纪现代主义文学的创新，也催生了后来出现的新媒体。

在当今世界上，拼音文字已成为许多地区文学与数字媒介的基础，这一点不容忽视，否则我们将无法梳理近代以来书写变化的发展脉络。这里所谓“书写”，与语言不属于同一个范畴，我们也不能把它和具体的通俗语纳入同一个类别来思考。我们分析的重点是，书写的演变如何导致数字媒介的发明，进而产生出一种当代文明——理论家们将这种文明冠以后现代、后工业、后期资本主义等种种名目。本章以“数字媒介的文字归属”作为先导，旨在批判性地考察数字媒介的生成，开始探究什么是被德勒兹称为“新的精神自动性（the new spiritual automatism）”的现象。[1] 我认为，这一进路有助于开辟新的研究方向，并帮助我们理解当代数字技术的社会心理构成。

我们通常在哪里会遇见数字媒介的书写呢？它是藏在计算机的硬件或软件里，还是深藏于大脑的“硬件”或心灵“软件”？[2] 这些问题没有单纯的答案。但提出这些问题的目的，是为了对我们的知识构成提出新的要求，让我们更好地了解书写在机器中的角色和特征，从而对数字媒介本身获得新的理解。我在这里强调“书写”的观念，并不是从唯心主义的立场出发思考数字媒介的问题。恰恰相反，本书开卷就充分考虑考古学家和历史学家的共识：

1. 德勒兹：《电影二：时间影像》（*Cinema 2: The Time-Image*, pp.265–266）。

2. 这样的心脑二元论给许多当代神经生理学家和认知科学家的研究投下很大的阴影。有人力图脱离笛卡尔剧场（Cartesian theater），开始把动物意识置于大脑神经系统的功能和物理过程中。丹尼尔·丹尼特（Daniel Dennett）的《意识解析》（*Consciousness Explained*）和《心灵种种：意识的理解》（*Kinds of Minds: Toward an Understanding of Consciousness*）就是引人注目的例子。但正如加里·沃尔夫（Cary Wolfe）所言，丹尼特的语言观基本上是二元论的，他认为语言能“表征神经系统的基本原理”。这是再现主义的观点，它在“有形物质主义功能的核心里重新安置无形体的笛卡尔主体”。参见加里·沃尔夫：《什么是后人类主义？》（*What Is Posthumanism?*, p.36）。

文字书写首先是作为物质技术而发明的，文字是最悠久的、人们从古至今一直践行的技术之一。事实上，在创造和传播知识和信息的过程中，文字书写的技术力量大大超过了语言学家们所赞美的拼音文字的优势，他们以为这个优势来自表音文字系统本身，虽然也不排除个别的非拼音文字的表音系统，但归根结底，最重要的而且最值得我们关注的不是什么别的东西，而是文明本身不断转化的面貌和精神。

因此，我们开篇就问，（世界）文明究竟发生了什么大事，是不是某种崭新的自动化的精神机器已然可见。有人已经对现代性和后现代状况进行了各式各样的描述，也有人对资本主义不同的发展阶段以及后工业社会进行了各式各样的概括，但这些描述和概括都不足以解释下列问题：数字化革命是如何发生和发展的？它为什么能在如此众多的层次上影响我们生活的方方面面？由此可见，重新思考和研究文明的概念，尤其是考察文明中最悠久也最重要的文字书写技术的时机已经成熟。

第一节　重新审视文明性

如果没有书写，文明就是难以想象的。[1]“文明”这两个字最简明地捕捉到了这一常识。汉语和日语共用这两个跨语际汉字（transgraphic script）翻译 civilization 的概念，虽然汉语和日语之间没有一个共通的语言，但“文明”这两个跨语际汉字所表达的意思殊途同归，“文”即文字，也包括数字。[2] 当今大众媒体对文字 / 数字的概念也有类似的视觉表达，如电影《黑客帝国》（*The Matrix*），尤其是片首银幕上滚动的比特和代码。片中的电脑屏幕不显边界，剧本描述的视觉奇观是：“光标在黑底闪烁，宛若心脏在荧光里跳动，在黑霓虹灯皮面下燃烧，颇具临床象征意义。全屏布满急速运动的数字行列。在荧屏的右上角，十位数的电话号码湍急闪现，犹如绿光的河流。”[3] 这些急速闪现的数列似乎在重新绘制自然和文明的边界，使其边界既新颖又让人莫名地熟悉。在过去的 100 年间，这一文字 / 数字书写拓展到所有的知识领域，甚至侵入了此前未知的科技领域，把基

---

1. 史学家在文字上的共识并不否定口语文化的价值。但他们指出，大型、异质地区社会组织的兴起依靠有中介的交流，如文字的传播。参见哈罗德·伊尼斯（Harold A. Innis）的《帝国与传播》（*Empire and Communications*）。

2. 顺便提一下，雅克·拉康有过学习中文的经历，他在解读汉字“文”的时候，就是把它作为“文明（civilization）”的意义来诠释的。详参拉康在 1971 年的研讨班上对“书写和言说”的解读（“L'Ecrit et la parole”, p.87）。我对拉康和自控机（cybernetic machine）有关的书写概念有详细的分析，参见本书第四章。

3. 拉里、安迪·沃卓斯基（Larry and Andy Wachowski）：《黑客帝国：拍摄脚本一》（*The Matrix: The Shooting Script*, p.1）。

因工程、控制论、神经科学等一切领域的“文”都给予照“明”。

书写是我们所知的最古老、最悠久的技术之一。就此而言，汉语“文明”二字更彰显文明的技术核心，胜过英语“civilization”的拉丁词根，因为“文明”强调“文字”和“书面文本（written text）”。通过这些跨文化的参照，我们便可以探讨书写技术如何演化成为今天的数字媒介。这一变革传递了什么样的哲学真理并使我们理解数字革命的意义？同理，数字革命对书写理论有何新的启示？

贝尔纳·斯蒂格勒（Bernard Stiegler）[1]曾说：“信息学是记录、阅读和传播信息的技术，是一种书写；有了信息学，知识的信息化才有可能。”[2]此话不错，但我们还要进一步追问，这是什么样的书写。从泥板文字到微芯片，书写技术总是要涉及双重生理过程。一是用来制作书写符号或代码的物理表面，借以铭写符码；二是要协调人的运动技能（或假体机器人手臂），即铭写的技能。这未必意味着，书写必然是视觉媒介，实际上，常见的书写观念非常受限，那是视觉符号在平面上排列的观念。比如，布拉耶盲文的六点矩阵就是一种形式化的机制，依靠空间安排而不是视觉安排。[3]而且本书还要强调，自发明之初，文字符号就与数字符号纠缠在一起，在远古文明中，文字和数字两者具有共同源头的印迹比比皆是，它比古人用

1. 贝尔纳·斯蒂格勒（1952—2020），法国技术哲学家，多次来中国讲学，著有《技术与时间》《象征的贫困》《怀疑与失信》《构成欧洲》《新政治经济学批判》等。《艺术与时间》《象征的贫困》已有中译本。——译者注

2. 贝尔纳·斯蒂格勒：《技术与时间》（*Technics and Time, 2: Disorientation*, p.108）。

3. 关于文字书写是图形的空间组织而不仅是停留在视觉平面的论述，参见罗伊·哈里斯（Roy Harris）：《书写符号》（*Signs of Writing*, p.45）。

视觉符号记录所谓语音更容易追寻。信息学和计算机技术到来以后，文字书写符号进一步渗入人类言语的生物力学，以至语音（包括言语）变成文本的翻译，或为人工智能工程的产品，一个比较突出的例子就是从文本到言说［TTS（text to speech）］的转化合成，而不是所谓言语的视觉再现。[1]

我们今天需要一个整体和整合的书写概念，也是历史的和理论的概念，它引导我们更充分地认识文字书写的重大演化过程。此外，我们也有充足的理由把数值思维和不连续单元的分析都纳入书写理论，尤其是融入拼音文字系统的理论。

第二节 后现代性与新媒介

第二次世界大战以后，社会经济的发展和信息技术的开发使晚期资本主义的发达社会大为改观，关于这一点，后现代的学者已做出全面的分析。他们提到的巨变特征之一是海量电子信息的存储和检索，包括数字化的书写记录和印刷记录。海量的信息存储在数据库、图书馆、博物馆、档案中心和全球通信网络里。20 世纪 70 年代，让-

1. TTS（从文本到言说）转化是人工智能的分支，处理书写文本转化为语言再现的计算问题。这个领域研究书写和言说，在工程和理论上颇有成效。参见史伯乐（Richard Sproat）的《书写系统的计算理论》（*A Computational Theory of Writing Systems*）。

弗朗索瓦·利奥塔（Jean-François Lyotard）[1] 提出“计算机化的社会（computerized society）”，并描绘了发达社会里各种各样的技术突破。自此，数字革命到处发生并站稳脚跟，而且其势能横扫世界各地，生成了我们今天栖居的网络化全球。[2] 数字革命对社会生活产生巨大的影响，堪比印刷机或摄影术进入近代欧洲社会产生的冲击力，而且其被认为比人类社会经历过的任何变革都更强大、更不可逆转。用列夫·马诺维奇（Lev Manovich）[3]的话说，这主要是因为“计算机媒介的革命影响到传播的各个阶段，包括信息的获取、操作、存储和分布；还影响到各种媒介文本、静态图像、移动图像、声像和空间结构”[4]。这些总体性和普遍化的过程显示，文字书写技术的发展重塑了社会生活和人类的未来，甚至对未来的地球生态和星际生态都不无深意。

《新媒体的语言》的作者列夫·马诺维奇告诉我们，几十年间的加速发展再现了两条分离轨迹的融合。一条是现代数字计算机发明的轨迹，数字计算机处理数据的速度大大加快，胜过机械制表机和计算器并取而代之。另一条是现代媒体技术的轨迹，这些技术将图像、图像序列、声像和文本存储在照相底片、电影库房、留声机唱片中。这些技术发展有效地综合起来，使现有的一切媒体

---

1. 让-弗朗索瓦·利奥塔（1924—1998），法国哲学家、后现代思潮理论家、解构主义哲学家，著有《现象学》《力比多经济》《后现代状况：关于知识的报告》《政治性文字》等。——译者注

2. 让-弗朗索瓦·利奥塔：《后现代状况：关于知识的报告》（*The Postmodern Condition: A Report on Knowledge*, p.3）。

3. 列夫·马诺维奇，俄裔美国人工智能艺术家，著有《新媒体的语言》《人工智能美学》《文化分析》等。——译者注

4. 列夫·马诺维奇：《新媒体的语言》（*The Language of New Media*, p.19）。

都可以转译为数据，成为计算机可提取的数据。结果就生成了新媒体，借此，图形、动态图像、声像、波形、形状、空间和文本都可以在数字层面上计算。马诺维奇总结出新媒体组织可计算数据的五条原理：数值再现、模块化、自动化、多样化和跨码性。这五条原理都适用于本书考察的数字媒介的核心要素，其中一些原理普遍适用于书写媒体和印刷媒体。数值再现（numerical representation）原理在本章获得特别的关注，因为它含有不可或缺的“非连续单元（discrete unit）”的概念，数学界将其翻译为“离散单元”。“非连续单元”为数字技术提供了一个普世的概念基础。[1]

在计算机的数学模型里，非连续单元指的是不能被分割的（最小）单元，与连续性单元相对立。任何物体、个体或符号如果不能进一步被分割成比自己更小的元素，且能维持其同一性，那它就构成一个基本单元，也就是独立的非连续单元。人口统计把个人当作非连续单元，人正是在这个意义上被当作数据来计算的。相比之下，连续的长度或连续的波长必须首先被转化为非连续单元，比如使用时间序列进行切割，然后才能被作为数据来计算。为便于计算机的符号处理，印刷字母和数字被视为非连续单元。相比之下，手写的字母就不能以同样的方式被处理，图 1 左侧的手写字母 B 就是一个连续单元，不能直接被计算机处理，它必须转化成非连续符号的矩阵才能被计算机

1. 这里指的是有限状态机（Finite-State Machine，FSM）的“离散系统”，是图灵发明的计算机的数学模型。有限状态机的系统是由有限个状态和状态之间的转移组成，如 0 到 1，或 1 到 0。在任何给定的时刻，FSM 只能处于其中的一个状态，并且根据输入信号从一个状态转移到另一个状态。参见下文分析。——译者注

识别。[1] 我在后文中还会对非连续单元和连续单元的技术区分以及其他类似的区分做详细的讨论，那将有助于澄清这个理论要点。

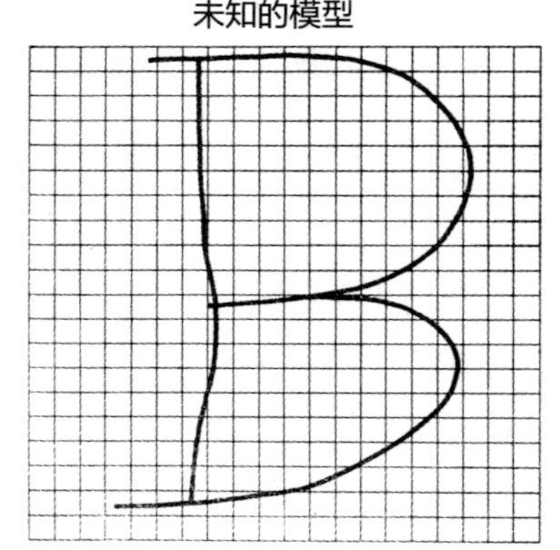

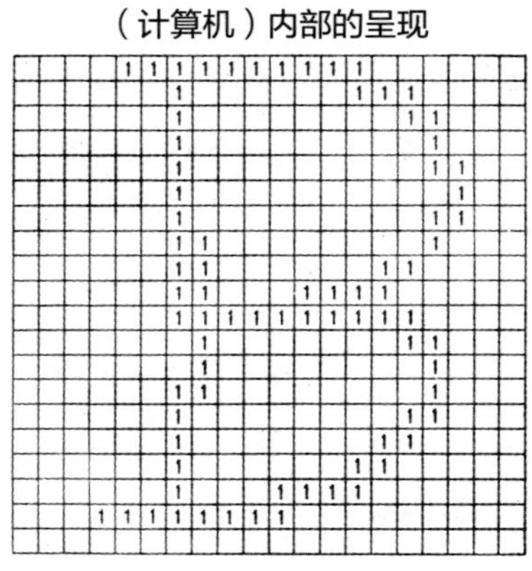

图 1　字母 B 连续手写体的“未知的模型”与其数字转化而成的 20 x 20 的非连续符号的矩阵。选自伦纳德・乌尔（Leonard Uhr）、查尔斯・沃斯勒（Charles Vossler）的文章《生成、评价和自调节运算符的模式识别程序》（*A Pattern-Recognition Program that Generates, Evaluates, and Adjusts Its Own Operators*），载于爱德华・费根鲍姆（Edward A. Feigenbaum）和朱利安・费尔德曼（Julian Feldman）编辑的《计算机与思维》（*Computers and Thought*，New York: McGraw-Hill, 1963, p.253）

数字媒介的数值化原理提出一个问题：为什么现代媒介技术必须要依靠非连续单元才能生成数据？马诺维奇的论述提及若干历史背景，如工业革命、装配线、出版业活字和字体的标准化、电影

1. 参见伦纳德・乌尔、查尔斯・沃斯勒的文章《生成、评价和自调节运算符的模式识别程序》（*A Pattern Recognition Program that Generates, Evaluates, and Adjusts Its Own Operators*）。

的图像尺寸的标准化和临时采样率等。我以为，这些历史条件都是重要的维度，但非连续单元的数值呈现还需要抽象的思维和算法操作，这也是需要我们解释的。奇怪的是，马诺维奇不到现代数学里去寻求答案，却把注意力转向符号学理论和人类语言。他认为，非连续分析的自然基础是语言。马诺维奇提出的证据是，我们在言说中使用的是句子，句子由单词组成，单词由语素构成，如此等等。他引用罗兰·巴特（Roland Barthes）[1]对语言的定义："语言仿佛在切割现实（比如，把颜色的连续体简约为一连串不连续的语词）。"[2]由此设定语言和数字媒介的相似性以后，马诺维奇紧接着说，现代媒介的非连续单元通常不是语素（morphemes）那样的意义单元。这就是说，非连续单元和意义单元的差异存在于感知到的符号和意义上的差异。有关数字媒介里符号和意义的问题，我还会在第三章着重论述，因为问题的焦点在于如何认识非连续单元的本体特征。我在这里仅仅指出，马诺维奇的非连续单元的概念把"书写"排除在他所构想的语言图景之外。他所谓语言和语言呈现必然使他陷入如下困境：如果语言是由意义单元所组成，而意义单元是对连续现实的切割——这是一个常常被人断言而未经证实的假设——那么，数字媒介的非连续符号又在切割什么样的现实或非现实呢？

众所周知，结构主义语言学的强项是音位（phoneme）研究而

1. 罗兰·巴特（1915—1980），法国作家、思想家、社会学家、社会评论家和文学评论家，著有《神话学》《论拉辛》《符号学原理》《符号学美学》《批评与真实》等。——译者注

2. 列夫·马诺维奇：《新媒体的语言》（*The Language of New Media*, pp.28-29），转引自罗兰·巴特《符号学原理》（*Elements of Semiology*, p.64）。

不是语素（morpheme）研究，音位研究是它对非连续单元进行分析的入口。结构主义语言学在各种语言的语音单位和音位中引入了繁复细腻的区分，常常依靠书写的字母符号去测量非连续单元。正如雅克·德里达等人所言，结构主义语言学的前提常常是未公开承认的思想疏忽，它不注意书写和语言的区分，如把书写的字母误认为是语音。其实，给我们了解数字代码和分析非连续单元的语言学带来麻烦的，正是这一形而上的思想疏忽，而不是马诺维奇所主张的、难以言喻的语素或意义单元。

为什么语言本身不能为新媒介的非连续单元提供一个理论的或历史的基础？这里还有另一个原因。我们必须看到，横跨人文学科的纯语言学理论或符号学理论，其实已经受到了信息论和远程通信技术的深刻影响。巴特的符号学和罗曼·雅各布森（Roman Jakobson）[1]的语言学都是对信息论压力的回应，他们尝试依据通信机的范式来重构语言行为和符号行为，其中有成功，亦有失败。[2]序列、分割、非连续单元等概念让他们两人与结构主义语言学家和哲学家结为伙伴，而这些伙伴又从不掩盖一个事实，那就是，巴特和雅各布森的语言符号观点特别受益于信息论。至于20世纪结构主义或后结构主义的主要人物，我们也可以说他们全都受益于信息论。这些人物有克劳德·列维-斯特劳斯（Claude Lévi-Strauss）[3]、

1. 罗曼·雅各布森（1896—1982），俄国语言学家、形式主义的代表人物，诗学家，布拉格学派、美国语言学和文学的领军人物，著有《论捷克诗》《语言学和诗学》《文学和语言学研究的课题》等。——译者注

2. 在《新媒体的语言》里，马诺维奇简略介绍过雅各布森涉猎信息论和控制论的情况。

3. 克劳德·列维-斯特劳斯（1908—2009），法国社会人类学家、结构主义主帅，认

朱莉娅·克里斯蒂娃（Julia Kristeva）[1]、皮埃尔·布尔迪厄（Pierre Bourdieu）[2]、雅克·德里达、吉尔·德勒兹、费利克斯·加塔利和雅克·拉康，不胜枚举。如此，我们不得不回眸战后美国信息论和控制论初创的时刻，并重新发现哪些符号被视为非连续单元，而哪些不被视为非连续单元。我们必须重新思考通信机如何开始主导语言理论，如何形塑结构主义语言学本身。

比如，当米歇尔·福柯（Michel Foucault）[3]在思考什么是跨越现代学科的权力和功能时，他在控制论和通信机领域里找到了决定性的方法论。因此，福柯眼里的权力不再是暴力的使用——一种源于无差别的宰制力（homogeneous domination），也不在有权者或专享权力者和受制于人者之间做出绝对的区分。福柯写道：

> 我认为，权力必须被解析为流通（circulate）的力量，它只有作为链条之一环才能发挥作用。权力绝不会被局限在这里或那里，绝不是握在某些人的手中的东西，也绝不会像财

为人类行为是一个交流系统，著有《亲属关系的基本结构》《结构人类学》《野性的思维》《图腾制度》《忧郁的热带》等。——译者注

1. 朱莉娅·克里斯蒂娃，法国精神分析师、评论家、小说家和教育家，著有《符号学》等。——译者注

2. 皮埃尔·布尔迪厄（1930—2002），当代法国最具国际性影响的思想家之一，著有《实践理论概要》《实践的逻辑》等。——译者注

3. 米歇尔·福柯（1926—1984），法国哲学家、社会思想家，在文学评论、哲学、批评理论、历史学、科学史、批评教育学和知识社会学等领域产生很大影响，著有《古典时代疯狂史》《临床医学的诞生》《词与物》《知识考古学》《规训与惩罚》《性经验史》等。——译者注

富或商品那样被人占有。权力发挥的是功能。权力是在网络（network）中实施的，个人不会简单地在网络中流通，他们既服从权力又实施权力。个人绝不是惰性的或顺从的权力对象，他们永远是权力的中继器（relays）。换言之，权力是在个体之间传递的，而不是施加于个体身上。[1]

福柯仿佛在说，个人是硕大的通信机中的非连续配件。也许他的话有道理，也许他以一些独特的洞见，窥见了战后全球政治里的权力与传播技术的关系。不过，福柯是在用隐喻说话吗？很有可能。但如果我们以为他使用“网络”“流通”“中继器”等词汇仅仅是进行某种隐喻的表达（仿佛非隐喻表达不太可能），那我们就难以解释福柯那一辈的主要思想家在转向控制论的时候，他们的思考在认识论上发生了多么巨大的移位。我们尤其难以解释拉康这位既严谨又难懂的法国理论家，为什么他的语言理论和符号界理论被误解的多，被读懂的少。本书的第四章就从这个角度提出我自己的新解读。

许多媒介理论家都关注非连续单元的问题，他们试图解释非连续和连续何以成为通信机的核心问题。这里有技术原因，也有其他一些原因。凯瑟琳·海尔斯（N. Katherine Hayles）[2]主攻这个问

1. 米歇尔·福柯：《必须保卫社会：法兰西学院课程系列（1975—1976）》（*Society Must Be Defended*：*Lectures at the College de France 1975—1976*, p.29）。

2. 凯瑟琳·海尔斯，美国洛杉矶加州大学讲席教授，著有《我的母亲是计算机：数字主体和文学文本》《我们如何成为后人类》等。——译者注

题，她认为有必要在代码、言语和书写这三者之间做出区分。海尔斯在《我的母亲是计算机：数字主体和文学文本》一书里指出，我们经验中的现象世界基本上属于实量界（order of analog）或连续界（order of the continuous），但人类文明一直在开发假体技术，把数字化加诸实量的过程，就是从口语到文字，再到数字计算机的发展过程。应该指出，海尔斯所谓"实量（analog）"概念指的是一切非数字的东西，这个新的意义不再反映查尔斯·桑德斯·皮尔斯（Charles Sanders Peirce）[1]符号学里的观念，皮尔斯严格区分逻辑推理和类比推理（analogical reasoning）。这里的"类比"概念与海尔斯所说的"实量"无关，皮尔斯的 analog 在旧媒介里指的是"类似""相像"和"对应"（"similarity""resemblance" and "correspondence"），"类比"这个概念后来经过重塑，纠缠在数字计算和媒介技术的快速发展中，变成现在的"实量"概念。从数字媒介的角度来看，生活本身就成了实量体。由此，人体呼出的连续气息就是所谓实量体，它和言说相对。当我们说话时，口语就把连续的呼吸转换为不连续的单元，构成清晰的音位。而文字书写的到来则"进一步推动数字化，给生理过程加上文字；开发铭文技术，用字母代表音位"[2]。我们也可以倒过来看，难道不是数字化才使实量的东西有别于数字本身吗？从"类比"到"实量"的概念迁移引人注目，我们应该

1. 查尔斯·桑德斯·皮尔斯（1839—1914），美国哲学家、逻辑学家、符号学家，著有《论符号》《皮尔斯文集》等。——译者注

2. 凯瑟琳·海尔斯：《我的母亲是计算机：数字主体和文学文本》（*My Mother Was a Computer: Digital Subjects and Literary Texts*, p.56.）。

充分认识到这一点。麦肯齐·沃克（McKenzie Wark）属于少数不把实量向数字的迁移看作是直线演进的作者，他指出："数字在实量和数字之间划出一条线，使两者难以把握的差异看上去清晰可见。不过，这两者区分清晰可见的视角也可以颠倒过来，数字也可以从实量残留物的角度来感知。"[1] 我将在第五章里探索这个另类的观点，从机器人工程师森井弘（Masahiro Mori）梦想中的佛性机器人（Buddha-natured robot）的角度，重新审视实量和数字之间的区分。

海尔斯区分口语和书写，认为它们靠表征手段相互指涉。和马诺维奇一样，她也强调"使某物非连续化而不是连续化的行为，等于是将其数字化而不是实量化的行为"。如此，非连续单元在数字表征里处在核心的地位。不过如上所见，对于马诺维奇而言，自然语言的非连续单元是意义单元，即语素。他认为，语素分割的是"现实"本身，将其分割为清晰的意义单元。与之相反，海尔斯认为语言的基本单元是音位，而音位分割的是连续的呼吸（发音）。海尔斯称，随着语言的进一步数字化，文字书写的技术使这个过程越来越趋于抽象。无论如何，口语和文字书写在历史上具有清晰的界别，它们分别属于不同的数字化领域。

从口语和文字书写的基本区分出发，海尔斯进一步论述说，计算机编码独特，迥异于口语和书写，因为只有在过程、事件和界面的复杂网络中，"编纂（compiling）"才有意义，过程、事件和界面

1. 麦肯齐·沃克：《游戏者理论》（*Gamer Theory*, p.97）。

是人与机器的中介。她写道，编码行为在代码中浮现，不见于口语和书写，只在网络化和可编程媒介里运行，在人类智能特有的自然语言和智能机特有的二进制码之间起中介的作用。因此，代码的概念意味着人与智能机的合作关系，人与机器的实践互相渗透、互相影响。

如果暂时搁置口语问题，海尔斯对计算机代码独特性的强调意味着，她对文字书写的特定理解其实是在捍卫逻各斯中心主义（logocentric）的拼音文字的书写观，因为只有在这个意义上，她所说的代码的独特性才能成立。总体来说，逻各斯中心观主张，书写的文字技术是用字母来表达音位的。当这种书写观被视为理所当然时，我们就无从解释计算机出现之前，字母与数字系统和代码系统之间的关系是什么，如莫尔斯电码。这些历史上存在过的系统究竟应该归于书写的范畴，还是代码的范畴？假如我们认为莫尔斯电码是代码，那么有了计算机编码后，莫尔斯电码算不算海尔斯所说的编码呢？代码不是需要“编码”吗？如果我们进一步发现，书写与计算机编码在概念上更契合，而不是与口语或音位的符号表达更契合，那又意味着什么呢？在这里，我们涉及根本的原理问题，而不仅仅是技术，本书关注的恰恰就是根本的原理问题，而不是技术的细节。如果只是为了说理，我们似乎没有理由不把计算机的代码归为数字媒介的书写。当然，这并不是本书的主张，因为在考虑“归属”（如本章的标题所示）的问题之前就断定计算机代码是数字媒介的书写，那就言之过早，太使人受限了。我们需要发明更有韧性、更广阔的书写理论，以帮助解释新的数字流程、新的事件和界面如何在人和机器之间发生，以更好地说明这个网络化的、可编程的媒介世界。

海尔斯强调人与智能机的合作关系有一个更独特的原因值得我们注意。她说，计算机的使用者被插入机械系统时，使用者本人是否有自觉意识，这不重要。海尔斯认为，人机的合作关系在本质上是一种意识形态，因为它比以前任何时候都更有效地瞄准人的无意识。人的主体被机器规训，直到人的主体成为机器的主体，因为人被“不知不觉地插入时最有效”。海尔斯的这一洞见很重要，与我在本书中对无意识的探索异曲同工。因为根据我的研究，精神分析学对无意识的推测在数字媒介和控制论的形成过程中发挥了实际的作用。此外，海尔斯还特别强调，人文研究介入新媒介至关重要，因为我们既不能忽视代码，也不能把代码拱手让给计算机程序员和工程师。

第三节　思想上的三个盲区

本书研究的若干问题始终被视为新媒介批评的核心问题：非连续单元、数字表征、自动化和机器界面等。此外，在进行研究和解读的过程中，我越来越强烈地意识到：当下的学术研究中存在一些明显的思想盲区。这些盲区所造成的后果是，现代数字技术中的某些根本问题始终不能进入新媒介研究的分析框架，这不能不说是一大遗憾。我说的三要思想盲区如下：

（1）拼音文字的书写已转化为表意系统，这是数字革命的新普世主义的根基。

（2）控制论已对人的无意识进行全面的重构，弗氏人偶已经到来。

（3）数字文明在其展开的过程中，对自身的了解不能不受到局限；我们受限于对书写技术的了解，同时也受限于发明这些书写机器的头脑。

书中各章从不同的角度重点探索书写技术是如何演化的，并思考它对我们研究后人类社会的无意识技术究竟有哪些总体的意义。这些具体的重点意味着，我们必须认真回应马克·汉森（Mark B.N. Hansen）[1]批评的那种后结构主义“技术”或技术的思维方式（technesis or techno-thinking）。汉森专注于非话语的感性人体生活，轻视书写的作用[2]，而我强调书写的重要意义，远远超过海尔斯对这个问题的重视，这倒不是因为我认为法国的后结构主义者是对的

---

1. 马克·汉森，美国杜克大学教授，开展大跨度文理学科研究，探索技术外化的意义、人与机器共享的感性世界等，著有《体现技术：超越写作的技术》。——译者注

2. 马克·汉森：《体现技术：超越写作的技术》（*Embodying Technesis: Technology Beyond Writing*, p.20）。

（实际上所谓法国理论，多半是在美国制造的）。[1] 本书注重文字书写系统的原因是，文字书写是一个强大的技术，它在与新型数字技术交互时的核心关怀是人机互动。关于文字书写是技术这一点，其历史根深叶茂，早已被世界上的几大哲学传统所确认，也被所有具有书写和印刷技术的地方所确认。人们无疑可以对现代符号学和语言学提出这样或那样的批评，但无论这些批评是否有道理，我们都不能否认书写技术和符号生活给社会生活留下如此强烈的印记。不仅如此，书写技术对当代文明影响的方式也包括汉森所谓数字媒介的非话语生活经验。简言之，为了解决上述思想上的第一个盲区，本书将论述拼音文字的书写技术如何改变了信息技术和非话语的个体生活，同时也要说明这种书写如何反过来被它们所改变。我们将探索这个新的普遍现象的物质根基，这一物质根基是由拼音文字书写技术在特定的历史演化中所奠定的，也就是说，我们将聚焦拼音文字的书写技术完成其表意转向的历史时刻。

我在本书里将分析信息论如何给拼音文字书写的表意转向打上完成的封印。在这里，先提一个不为人知但十分关键的细节：香农在 1948 年率先完成通信的数学理论时，他首先做的一件事情是发明英语字母表的第 27 个字母，这个字母表示“空格（space）”，“空格”是信息论使用的符号之一，任何盲目或无意识的通信机都可以读懂它。自此，香农的这个字母就引出了高度非连续代码和精密的通信代码系统，这一发明的意义远不止于通信机的实用功能。这个

1. 详见第四章的讨论。

新异的“空格”字母源于传统的拼音文字书写和莫尔斯电码的基础构件，它虽不为人知，但电子文化素养（electronic literacy）却离不开它。现在几乎没有人能否认，电子文化素养对当代人的生活产生多么重大的影响，有电子文化素养的人赞同这一点，无电子文化素养的人也赞同这一点。也就是说，无论是被电子文化素养支配的人还是被其排除的人都承认其强大的影响。

我们同时还要考虑生物学和哲学等诸多与此相关的发展领域。比如，生物学语言向分子生物学语言的“代码转换”就很有意思，因为它常常被看作是信息论的后续发展，是信息论向生命科学转化的结果。这是不错的。莱利·凯伊（Lily E. Kay）的研究告诉我们，信息论向生命科学转化的结果使得细胞和组织的生化机制的整套概念被重新组织，成为所谓编码讯息、神经网络、信息迁移、通信流等。[1] 这一类的研究带有军事密码的强烈余音，因为信息论本身就是从军事密码发展而来的。在这个意义上，分子生物学家对核酸的字母、密码子（operons）和标点符号的研究演绎出一套成熟的程序，都是为了破解生命之书里面的 DNA 密码。德里达论文迹学的著作同样受益于分子生物学和有关话语的广泛发展趋势，书写和解码在信息论和控制论压力下势在必行。同样，在 20 世纪 50 年代，拉康博览群书，在控制论和博弈论里创新，提出“符号界”的概念，其根据是他对符号处理机（symbol-processing machine）非连续的性质令

1. 莱利·凯伊：《谁写了生命之书：基因密码史》（*Who Wrote the Book of Life?: A History of the Genetic Code*）。

人信服的把握。拉康对符号界的研究让我们看到与新媒介有关的第二个思想盲区，那就是控制论对无意识的重构，于是，弗氏人偶从数字文明中脱颖而出。

无论人们情愿还是不情愿，“机器会思维吗？”这个难题始终纠缠有关数字媒介的讨论，几乎挥之不去。虽然通用非连续机（universal discrete machine）的命题值得研究，而且它和图灵机又有典型的相关性，亦和人脑的控制论（所谓神经网络）研究密切相关，但无意识现象和无意识的精神分析技术长期被“机器会思维吗？”的难题所掩盖，这似乎更值得我们重新考察。这里的无意识技术（*techne*）指的是科技、社会和政治对人们难以捕捉的心理过程进行重构的技术，弗洛伊德将其称为“无意识（unconscious）”。作为一个概念，无意识技术所指的就是这样的建构，也包括对这种建构的否认，因为智能机的追随者和批评者反复重申的两难困境就含有对这个概念的肯定和否认。马丁·海德格尔说，技术的本质绝对不在技术本身。这个论断仍然与我们能否在哲学的高度上重新思考技术有密切的关联，因为技术从不局限于自身的存在方式和运行。此外，techne 与 technology 共有一个希腊语词根 technikon，它和海德格尔提出的座架（enframing）相关，海德格尔借用座架的概念推出高度原创性的方法论。他说：“技术的决定性特征是，它创造、操纵和使用媒介，绝不撒谎，而是……揭示真相。”[1] 海德格尔

---

1. 马丁·海德格尔：《技术问题与其他论文》（*The Question Concerning Technology, and Other Essays*, p.58）。

认为，科学知识不可能是技术的因由或源头，而依赖于进行测量、计量、验证等技术设备的开发。因此技术的本质不在于工具生产或对着材料的操弄，而在于一种特别的认知，即由技术达到的那种认知。如果计算机或机器人的功用是模仿无意识层次的“思维”，这是否意味着，无意识技术一边点出数字媒介的本质，一边又掩盖里面的真相，使人一时无法识破其伪装？比如，神经科学家在大谈神经网络的时候，他们是在纯粹使用隐喻吗？抑或是在设定人脑的无意识过程，确信它的运行和通信机里循环因果的控制过程一模一样呢？

本书将展示，较早前的精神分析研究可以被用来揭示我们这个时代弗氏人偶的实质，让我们正确看待今天的神经科学家和人工智能科学家的工作，这里包括精神分析中的语词联想游戏，以及其他由技术手段所设定的心理过程的架构（framing），如文学里的奇偶游戏、精神分析采用的语词联想游戏，以及种种其他测验游戏，这些都可以被证明是先行一步，给信息论和认知科学的理论和实验议程提供了启发和资源。长期以来，人们相信科学推理都是理性的，科学家也把人视为理性的动物，这些一直在干扰我们的注意力，因为大量的证据指向其他的方向。一方面，贝尔实验室的工程师和认知科学家对精神分裂极感兴趣，并由此去开发出他们的语词联想游戏，以测验人脑的随机过程；另一方面，拉康对弗洛伊德的无意识进行再加工，他是在迎接贝尔实验室的工程师和科学家们提出的令人生畏的挑战，他也在迎接通信机提出的挑战。

这就引出了我对第三个思想盲区的思考：我们究竟在多大程度

上能假设，数字媒介的发展可以暴露出它自身被加以客观认识的条件呢？事实上，文明的自我认知总是有限度的，它既受到自己所知的局限，也受到自己所不知的局限——而当代文明对自身发明的书写机器有多少了解呢？同时，它对发明这些书写机器的头脑又有多少了解呢？

再者，我们自己的批判立场会不会遭到控制论逻辑的反馈回路（feedback loop）、双重束缚（double bind）以及循环因果（circular causality）的反向模仿和遏制？我提出这些哲学方法论，也是为了提醒自己和提醒读者：从后现代的角度对科学技术提出批评往往有一个预设，即人们自我反省的条件是自动的、可及的，并在既定的话语传统中完全可以自我生成。我这里所说的既定的话语传统包括意识哲学（philosophy of consciousness），如主观和客观之论述，还有长达多个世纪的围绕机遇（chance）和自由意志（free will）、具身（embodiment）与离身（disembodiment）等议题的神学思辨。而我们最熟悉的对技术决定论（technological determinism）的批判，其实不过是把有关机遇和自由意志的神学论述隐藏起来。至于如何批判地理解当代文明，有一点很清楚，那就是，对技术决定论的批判并不能给我们带来更多的启示。

在今天，批评技术决定论不会带来任何风险。与其抱怨技术决定论，我们不如考察另一些问题，可能会有更大的收获。比如，我们不妨考察偶然性与决定论的关系，看这个问题如何在博弈论和控制论的随机推测（stochastic speculations）中演化。我们将会看到：一方面，随机推测如何让严密的数学推理为新的数字文明服务；另一方面，对随机推测和偶然性与决定论的反思同时也是实验性的文学创作的突出特征。现代主义诗人和作家以及超现实主义艺术家的作品都打上了这种反思的印记，斯特凡·马拉美（Stéphane Mallarmé）[1]、詹姆斯·乔伊斯、马塞尔·杜尚（Marcel Duchamp）[2]等人就是这样的作家和艺术家。乔伊斯在《芬尼根的守灵夜》里用字母组合的"随机"实验（详见第三章）在随机语词游戏上给人以深刻的启示。香农和他的贝尔实验室同事还采用随机语词游戏，将其输入信息论的模型，由此模拟机器生成的诗歌和音乐，对机器和精神分裂机制进行理论上的测试。

第四节　文学理论面对的根本挑战

我认为，克服新媒介研究中那些盲区的最好办法，就是从根本的问题上说起，从人们初遇识字文化的初级构建开始，比如拼音文字的书写。[3]但迄今为止，文学理论家在这个问题上长期保持沉默。

1. 斯特凡·马拉美（1842—1898），法国象征主义诗人，著有《蔚蓝的天》《海风》《窗子》《牧神的午后》等。——译者注

2. 马塞尔·杜尚（1887—1968），法国画家，达达主义代表人物。——译者注

3. 当然，拼音文字书写的能力并不等于文化素养。世界上有些非拼音文字书写的文字系统（nonalphabetical writing systems）也在充分地参与现代社会生活和商务生活。不过，在我的研究语境中，拼音文字的书写扮演着一个特别的角色，原因是英语在

尽管文学形式是我们百年以来的核心关怀，但对于信息论、控制论和分子生物学无可置疑的存在，以及它们对书写理论的影响，乃至近些年来拼音文字书写的演化对文学形式的影响，我们所能说的却不多。什么是形式？言语和符号序列的规律性与实验潜能比较符合文学理论对形式的理解，无论是出于形式与内容的古老二元论，抑或是格式塔（Gestalt）意义上的形式概念。俄国形式主义绘制的叙事轨迹，英国的新批评，法国的结构主义、精神分析理论、后结构主义，甚至马克思主义文学批评流派似乎都肯定形式在文学研究里的核心地位。[1] 至少在西方文学理论（和社会理论）的教科书式的论述里，形式的核心地位早已深入人心。

然而，一门学科里的形式移到另一门学科是不是会变成内容？相比之下，还有比遗传密码的生命观更形式化的形式吗？人文主义者、数学家和分子生物学家讨论形式的时候，他们使用的是同一种语言吗？控制论和信息技术咄咄逼人的扩张是不是把古老的形式和内容二元论悬置起来了？除了形而上学必不可少的内容关注外，形式固有的二元论似乎不再能够解释当代巨变中的拼音文字书写的本体特征，其似乎还不够强健到把新组成的表面、时间、空间、铭文、机器单元统一起来，形成概念，亦不能达到理论上的概念统一。

科学技术领域里占有主导地位。

1. 关于文学研究里较早的关于马克思主义的“形式”批评，参见弗雷德里克·詹姆逊的《语言的牢笼：结构主义及俄国形式主义述评》（*The Prison-House of Language: A Critical Account of Structuralism and Russian Formalism*）。

拼音文字书写成了跨领域和跨学科的“世界文学（world literature）”共享的代码，成了文学理论、数学、分子生物学、信息论、“国际法（international law）”共享的代码，成了其他被人们索取的知识和知识组织方式共享的代码。但究竟是什么东西让拼音文字书写取得如此至高无上的地位呢？[1]这是拼音文字固有的价值吗？在当今世界，拼音文字书写，尤其是英语字母的书写，已经成为最重要的通用场域。这纯粹是机缘巧合吗？无论我们希望得出什么样的结论，为了回答这些问题，也为了思考数字媒介的最新发展，有一点是肯定的：文学理论必须研究变化中的书写技术，否则很难承担诠释文本和生活、解释社会现实和解释世界的任务。这是我们自己的机遇，我们不仅要深入了解20世纪的文学现代主义是如何发展的，而且要提出新问题，把第二次世界大战前后发展的精神分析学、生物控制论（biocybernetics）和帝国通信网络（imperial networks of communication）都一律纳入我们的视野。

生命科学里的代码转换重塑细胞的生化过程，将其重塑为代码讯息、信息迁移和通信流，不只是用一套科学术语，即文学批评家所谓“博喻（sustained metaphor）”去替代另一套术语。这里的“博喻”意味着，拼音文字甩掉了自己原有的拼音符号的意

1. 如果有人以为“世界文学”指的就是世界上的文学，那就未免太幼稚了。当前的“世界文学”概念是一种排他性机制，很像“国际法”的运作。西方现代世俗教育和学术研究机构借用“世界文学”的概念，表达他们承认或者不承认世界上其他地方的作家和作品的意思。在当下的文学场域，“非大都会语言”（nonmetropolitan languages，通常指英语、法语之外的语言）有时也被赋予这一显著性特权，也就是说，作品被翻译成大都会语言之后，才能成为“世界文学”的一部分。

象，摇身一变，成为“无声（speechless）”的遗传密码的文字书写。这个新的拼音文字书写系统不仅“无声”，而且是彻底的表意系统。为了避免误解，我们首先需要区分表意（ideography）和象形（pictography）。这里的表意是界定一种抽象的形态，它特指概念化的、空间化的和模态（系统）化的物质性符号（material sign），无论这符号是手写的、印刷的、聋哑人的，还是索引的、数值的、光学的等。表意符号可以是视觉的，但不必然是视觉的，比如计算机的符号处理是盲目的，无需视觉展现。表意符号独立于语言的生成，虽然它可以和声音发生对应联系，甚至和整个语言系统发生联系。表意符号的例子里有阿拉伯数字符号，还有交通灯符号，这一类的表意符号可以承载任何语音、任何语言，世界上有多少语言就有多少阅读阿拉伯数字符号的方式和阅读交通灯的语音，这就是表意符号和语言的特殊关系。[1]

与此相反，象形符号主要展现物质符号的视觉、图标和模仿特征——物质符号有电影、摄影、绘画、素描等。和表意符号相比，象形符号的抽象程度较小，传递的信息量较大。[2] 当象形符号达到

1. 把汉字等同于表意文字，这种推想一直很有争议，我在第二章会详细论述这个问题。

2. 图像（drawings）往往存在于表形（pictography）和表意（ideography）的边界线，因为抽象的图形线（abstract graphic line）占据主导地位。图像常常是索引式的、比较抽象的和自我参照式的。瓦尔特·本雅明（Walter Benjamin）在绘画（painting）和绘图（drawing）的区分上提出了类似的思考。他认为，绘画是垂直和纵向的，强调参照和表征的维度；相比之下，绘图宛若文字书写，是横向横切的，主要承载象征意义和符号意义。遗憾的是，本雅明生前来不及充分阐述这些思想。参见本雅明：《绘画和平面艺术》（*Painting and the Graphic Arts*, p.219）。至于称这种图像为“元图

充分抽象和简化的程度时，它是否会变成表意符号呢？答案是，单纯的抽象不足以使象形符号变成表意符号，因为表意符号是模块化的，存在于其他等值符号的系统里，而那些符号的组合是受符号规则管束的。分子生物学家正是在这个意义上理解所谓遗传密码的“无声”字母，其模块化的符号其实排除了声音和言语，因为生命的“无声”书写仅仅容纳字母、数字、标点符号和空格。“无声”的书写也从根本上动摇了隐喻的观念，甚至改变了隐喻的文字游戏，原因是文学批评家通常把隐喻的文字游戏和常规的文本相提并论。雅克·德里达批评西方哲学传统里的语音中心主义（phonocentrism）和形而上学，他眼里的书写系统是语言本位的书写系统，而这个系统总是把数字、空格、书法或密码放逐到文本边缘。因此对于德里达来说，数学代表的就是一块优先的飞地。他声称，在数学这个领域，“科学语言的实践在本质上挑战了拼音文字的理想及其隐含的形而上学，而且其挑战越来越深刻”[1]。德里达对形而上学的批判犹如一块盾牌，用来护卫数学思维。我写这本书旨在澄清，数学推理位于信息论、控制论和分子生物学的符号表意运动（ideographical movement）的核心。在我看来，这场运动与其说挑战了形而上学的思维，不如说是在用二进制数字的基本原理强化形而上学的思维，由二进制数字重新设定数字媒介的逻各斯中心，代表帝国的科学技术去征服所有其他的知识领域。于是，英语虽然为这个表意字

像（metapicture）”的系统研究，参见米切尔（W. J. T. Mitchell）:《图像理论》（*Picture Theory*, pp.35–42）。

1. 德里达:《论文迹学》（*Of Grammatology*, p.10）。

母表提供了自己原初的强势代码，但它也不得不屈从于从“BASIC English”到香农信息论的表意化发展。

事实已然清楚，我们的文学理论已经严重脱离了科技发展的重大发现，而在过去的 60 多年中，技术的重大演进一直在慢慢地侵蚀文学理论的地盘。与此类似，后现代主义和新媒介领域的最新研究虽然日新月异，但它们同样也回避了拼音文字书写本身如何发生重大变化的问题。总之，数字媒介中表意化的通用书写系统，已经对文学理论和社会理论发起了挑战，而本书的主旨就是确认并评估这些根本的挑战。如果本书略有小成，它至少可以朝一个方向迈出坚实的一步，那就是重塑文本、媒介和社会理论的基础框架，并开垦从信息论到计算机编程的数字书写研究。

第五节　针对无意识的技术

香农奠定的信息论的数学基础给我们提出了一些不容忽略的问题，那就是如何认识英文字母表里的数字和空格。数字和空格是不是拼音文字书写的固有元素？英文字母组词造句的机制里是不是有一个随机结构（stochastic structure）？乍看起来，数字书写的诡异之处在于，数学家到哪里去寻找数字书写的思想资源。结论往往令人吃惊，虽然数学推理为信息论提供数理逻辑（symbolic logic）和代码，但它本身并不是数字媒介存在的理由。如前所述，香农和贝尔实验室的同事用随机文字游戏来计算27个字母表里每个字母的频率，不过这种随机游戏并不新鲜，我们可以把它一直追溯到荣格等精神分析师那里去。最早发明语词联想游戏和其他心理测试实验的恰恰是荣格等人，他们设计那些文字游戏是要了解弗洛伊德无意识的运行机制。早在20世纪初，精神分析师就开始打造一个理论：人脑可能是一台心灵机，它受制于偶然性、错误和自动重复的机制。弗洛伊德本人支持这一理论，并在一定程度上发展了它。不出半个世纪，语词联想游戏就演化成为一套令人瞩目的技术，横跨受控制论影响的诸多理科和社会科学。这就是拉康诠释弗洛伊德自动重复机制的语境，也是他解读爱伦坡的名篇《窃信案》的理论基础。

什么是数字媒介的书写？它的归属在哪里？答案不可能是简单的“代码”或“计算机编程”，除非我们甘心受数字机器硬件和软件指令的引导。在计算机的体系结构里，总有其他一些东西在与操作系统并行，因为数字革命里核心的问题是对人的心智的重构，即如何仿照计算机将人的心智重构为一台心灵机。这个重构的工程需要某种无意识的技术，而无意识的技术必须体现随机过程的观念以及捕捉随机过程的界定性程序。因此，回到本章的标题“数字媒介的文字归属”，我们的初步答案是，数字媒介的文字归属恰恰位于大脑的神经网络和计算机之间开拓出来的那个控制论空间（cybernetic spaces）里。麦卡洛克和皮茨在这方面有拓荒性研究，我将在第三章和第四章里讨论。从他们的早期研究中可以看出，控制论的先驱者一门心思研究的是心灵机里的数字和可计算现象。长期以来，无意识技术的继续发展和提炼使得数字媒介特别适合于控制论的心灵工程。我们会看到，直觉的心理测试游戏如何从精神分析和心理物理学迁移到信息技术、神经生理学、控制论和人工智能的工程项目，甚至移入大众媒介，这样的迁移使人深受启发。麦克卢汉论及电视广告对观众视网膜的轰炸时提到，每秒钟三百万光点矩阵的光脉冲仅仅挠及大众媒介的皮毛，大众媒介利用意识和无意识的连续体，以谋取最有效的社会经济和意识形态收益。[1] 回看海尔斯对人机互动系统的描述，她是很敏锐的，因为她观察到人在与机器互动的时候处于不自觉和自动回应的状态。这正是弗氏人偶的状态，它向我们提出了一系列的问题。

当然，文化工业和大众媒介不是唯一促使我们去积极思考无意识的技术如何操弄人的地方。文化批评家面对的令人生畏的挑战场景是：意识形态战线已悄然转移，对政治意识的控制已转向难以捉摸的对无意识的技术操纵；对无意识的操纵绝不限于生化公司巨头为盈利而导致的致幻剂的滥用，很多批评家已对此做了翔实的记录和分析。在这个方面，法兰克福学派批评家的洞见给人以教益，他们帮助我们重新思考批判理论的必要，因为他们对技术专家统治（technocracy）和工具理性的批判相当严谨。但奇怪的是，他们闭口不谈当年甚嚣尘上的信息论和控制论，对此我

1. 麦克卢汉：《理解媒介：论人的延伸》（*Understanding Media: The Extensions of Man*, p.313）。

们需要进行反省。这样的失误给法兰克福学派的理论造成误区，原因是，如果无意识——而不是意识——成为统治阶级借以操纵意识形态的主要战场，那么理性和对理性的批评还有什么前景可言。

在他们著名的研究成果《启蒙的辩证法》(*Dialectic of Enlightenment*)一书里，马克斯·霍克海默（Max Horkheimer）和西奥多·阿多诺（Theodor Adorno）把他们对文化工业批判的矛头指向大众欺骗术（mass deception）。但他们所批判的“骗术”仅限于有意识的心灵，也就是通过道义的推理所能捕捉到的那种欺骗。然而，每秒钟三百万光点矩阵的光脉冲轰击视网膜时，其对无意识的强大作用就不能仅靠道义推理进行分析了（广告业经理对此了然于心）。尤尔根·哈贝马斯（Jürgen Habermas）看到了这一意识形态的诡计，他不得不在有意识的欺骗和无意识的（自我）欺骗之间做出区分。哈贝马斯所谓有意识欺骗是“系统的扭曲交往”的病理表现，起因是防御机制和心灵冲突的压抑。[1] 但只有在他为交往理性论（communicative rationality）提供了有效而稳定的客观规范以计量对抗规范的主观扭曲时，这种区分才会有效。从精神分析学的角度看，意识和无意识及两者间的空间是可以操弄的，催眠术、视觉/听觉饱和、致幻毒品和心理战都使有意识欺骗和无意识欺骗的区分变得不堪一击。[2]

---

1. 尤尔根·哈贝马斯：《交往行为理论（第1卷）：行为合理性与社会合理化》(*The Theory of Communicative Action, vol. 1: Reason and the Rationalization of Society*, pp.332–333)。
2. 这段话无意否定哈贝马斯对精神分析批评的洞见，那是他在《知识和人类利益》(*Knowledge and Human Interests*, pp.214–273）里提出的颇有价值的观点。

弗洛伊德从来都不认同理性的力量和交往理性的信念，他着力探索的是病理征如何扰乱人的心理，而且不能根治。拉康更是在论述弗洛伊德无意识的理论中提出新的思路，他断言，人与人的交往和理性的语言交流相去甚远，通过现代通信技术的交往尤其如此。他说，在交往名目下运行的常常只是辨识“人声的抑扬顿挫”而已，那仅仅是理解的表象，不过意味着“辨认出已知的言辞”。[1]拉康研究交往过程，尤其重视交往过程与控制论和战后通信技术的联系（详见第四章）。为了说明通信和无意识的关系，马克·泰勒（Mark Taylor）在《复杂性时刻：新兴网络文化》（*The Moment of Complexity: Emerging Network Culture*）里把这个关系与黑格尔的客观精神联系起来。他写道：

> 如果没有信息处理，意识、自我意识和理性就不可能成立。虽然如此，信息处理并不预设意识或无意识。从神经生理学活动和免疫系统到计算机，再到金融网络和媒介网络，信息的处理并不留下意识的痕迹。这样的信息处理形成的东西很像黑格尔所谓“客观精神（objective spirit）”，客观精神在自然和社会过程中浮现，并通过自然和社会过程浮现。[2]

泰勒把通信和无意识的关系与黑格尔的客观精神联系起来，在

---

1. 拉康：《电路》（*The Circuit*）。
2. 泰勒：《复杂性时刻：新兴网络文化》（*The Moment of Complexity: Emerging Network Culture*, p.230）。

我看来，这样的联系可以追溯到拉康对符号界的研究。我们将在第四章里看到，在 20 世纪 50 年代中期，拉康在与黑格尔的“会话”中把信息处理机概念化，提出了一个重要观点，我将其称为控制论无意识（cybernetic unconscious）。拉康尤其感兴趣的是，交往的失败、相互不可辨识的时刻产生出更多可计量的熵，而不仅仅是单纯的信息扭曲，也不仅仅涉及传输信息量的比特。我在第五章会进一步透视精神分析理论和信息论的关系，看看它们各自如何利用第二热力学定律中熵（entropy）的概念。

熵的概念——包括其隐喻的用法——是信息论的核心。在《通信的数学理论》里，香农采用熵的概念去计算“机识英文”的随机结构。他的实验为我们提出的重大问题之一是：文字书写的随机观如何一方面与既有的语言、文学和现代主义理论相联系，另一方面又与无意识的精神分析学相联系。这个问题与本书的探询有直接的相关性，因为早期现代主义文学和精神分析实验在语言、自动书写、思维阅读方面的研究预示着，香农的“机识英文”和“读心机（mind-reading machine）”不久将会来临。香农本人就举例说，乔伊斯的《芬尼根的守灵夜》文本在“机识英文”随机模式中，十分典型地代表了“冗余”（redundancy，在计算中与熵相对）的低门槛，也就是熵的高门槛。与此同时，熵和弗洛伊德所说的“死亡驱力”的相关性也是数字媒介研究中亟须探讨的问题，因为这个概念最先进入精神分析学，然后才进入信息论。弗洛伊德的著作和精神分析学含有多重线索，可以帮助我们解释为什么后来的信息论、控制论和现代主义文学之间产生了那么多类似的理论冲动和相互交流，这一切都值得我们深入挖掘。横跨在这些广阔的思想交汇涌流上的则是无意识的技术，因为无意识的技术始终不断地和数字书写、机器以及社会工程建立往来。在下一章，我们将转入讨论香农发明的“机识英文”，阐明它对数字书写的根本理论意义。

第二章

香农发明的“机识英文”

由于“基因书写”和“短程序链”规定了阿米巴原虫或环节动物的行为，也规定了拼音文字书写乃至逻各斯秩序，并且在一定程度上规定了智人的行为，因此有了文迹子的可能性，而文迹子以严格的原初层次、类型和节奏为其历史运动提供了结构。但如果没有文迹子，我们就不能思考“基因书写”和“短程序链”等概念。

——雅克·德里达：《论文迹学》

在《格列佛游记》(*Travels into Several Remote Nations of the World in Four Parts by Lemuel Gulliver*)第三卷里，乔纳森·斯威夫特(Jonathan Swift)[1]想象拉加多国大学苑的一位科学家制造了写作机。发明这台机器意在减轻学习的辛苦，要使“最愚蠢的人学会写哲学、诗歌、政治、法律、数学和神学著作，只需付出合理的学费和少许身体劳作，而无须天才或研究之助”[2]。格列佛来到大学苑的悬想学习部时，

1. 乔纳森·斯威夫特（1667—1745），英国作家，著有《格列佛游记》《一只桶的故事》《书的战争》《一个温和的建议》等。——译者注

2. 乔纳森·斯威夫特：《格列佛游记》(*Travels into Several Remote Nations of the World in Four Parts by Lemuel Gulliver*, p.162)。

他得到一个机会和发明那台机器的教授交谈，且看到了那台机器如何运转。

拉加多国的写作机由四个方形木结构组成，有细丝连接，用一个聪明的杠杆系统推动（图 2）。写作机像儿童的积木游戏，所不同者在于，木结构两边粘贴的是语词而不是图画。语词有语态、时态和变格，无特别词序。教授指示学生用铁柄开机器，学生转动木块，语词的排列随之变化。他们让 40 位学生中的 36 人读出机器上随机出现的一行行语词。遇到三四个字母组成的单词，而单词可能

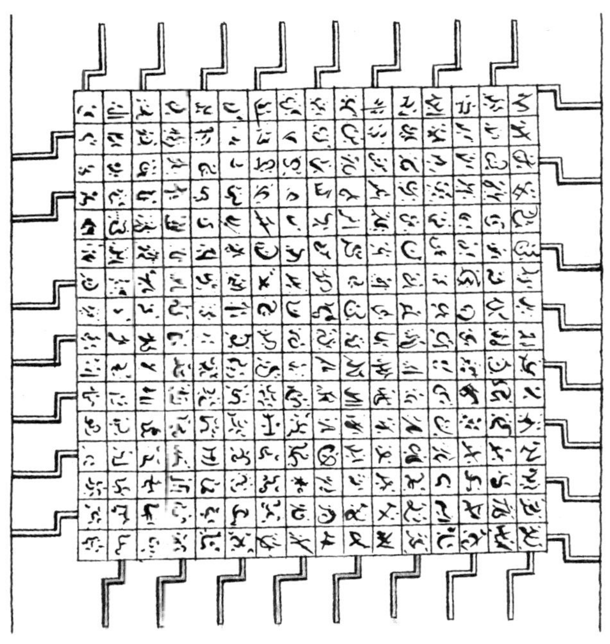

图 2　拉加多国大学苑的写作机原图，载于斯威夫特《格列佛游记》(1726)

组成句子时，教授用口授的方法让其余的 4 个学生记录下来，如此这般重复三四次。教授的机器设计精巧，木块上下翻转，语词移入新的位置，转化为新的句子。

斯威夫特的本意是讽刺，但他的写作机始终令后世的密码学家和文人神往。[1]这台机器原本像一个纯粹的数值矩阵的思想实验，而如今它已成为计算机技术的电子现实。如果拉加多国的写作机很像我们在计算机身上看见的通用非连续机（discrete machine），那是因为其原型的运行原理的确是组合逻辑与概率的数学原理。斯威夫特在拉加多国的大学苑获悉，拉加多国语言的全部词汇输入那台机器后，教授就可以“对普通图书里的小品词、名词、动词和其他词类的数量进行最严格的运算”。法国数学家乔治·吉尔博（Georges Th. Guilbaud）曾经思考过这台写作机概念中的偶然性与数理思维，他写道：“在当代控制论的保护伞之下，斯威夫特的梦想似乎已经成为现实。当然现在的计算不是手动的，而是电子的，甚至能生成有些人冒险称为‘诗歌’的东西。”[2]遗憾的是，格列佛的报告只含有拉加多国机器的速写，但并没有那台机器生成的文字样本。

假如那台写作机能生成一些奇异词汇的诗歌，那些诗歌会是什么样子呢？[3]是不是很像 20 世纪图灵机和贝尔实验室工程师生成的

---

1. 1962 年，法国人皮埃尔·亨利翁（Pierre Henrion）写了一本书，分析《格列夫游记》的代码，参见其《乔纳森·斯威夫特的自白》（*Jonathan Swift Confesses*）。

2. 乔治·吉尔博：《什么是控制论？》（*What Is Cybernetics?, p.69*）。

3. 我们可以把拉加多国的写作机使用的奇怪字母拿来和斯威夫特同时代人乔治·萨曼纳扎（George Psalmanazar, 1679—1763）所编造的字母表进行比较。斯威夫特的描绘可能是对萨曼纳扎《台湾历史地理》（*A Historical and Geographical Description of*

诗歌？若以拉加多国的写作机随机字母组合和贝尔实验室语词联想方式生成的英语诗歌为例，有一行诗会是这样的：

> 冷冰冰的样貌 / 树木优雅摇曳 / 靠着那堵墙。（IT HAPPENED ONE FROSTY LOOK OF TREES WAVING GRACEFULLY AGAINST THE WALL.）[1]

约翰·罗宾森·皮尔斯（John R. Pierce）[2] 是美国卫星通信系统的首席设计师，他也发表了不少科幻作品，也是贝尔实验室诗歌实验的主要人物。[3] 根据他的描述，那场诗歌实验发生在 20 世纪 60 年代，两位数学家和两位工程师在一起开了约两小时的头脑风暴会，于是就生成一些奇异的诗句，它们是用随机过程生成的一些词语序列或句法。我们在上述的引文中看到，那些诗句介于有意义和无意义之间，大致符合斯威夫特幻想中的拉加多国写作机生成的诗歌。

随机过程是掷骰子或碰运气的游戏，它有一个随机序列，可以用数学程序进行准确的分析，并将其形式化。随机过程生成的字母序列、语词或书写符号必然绕开人的意识核心——促成文学批评家

Formosa，London, 1704）里字母表的戏仿。我们知道，萨曼纳扎关于当地土著吃人习俗的描述为斯威夫特《一个温和的建议》（*A Modest Proposal*）提供了灵感。关于其人其书的情况，参见刘禾主编的英文文集《交流的符码：全球流通中的翻译问题》（*Tokens of Exchange: The Problem of Translation in Global Circulations*, pp.15–21）。

1. 约翰·罗宾森·皮尔斯：《科学、艺术和通信》（*Science, Art, and Communication*, p.127）。

2. 约翰·罗宾森·皮尔斯（1910—2002），美国工程师、作家，在微波和通信技术领域有重要贡献，通信卫星先驱之一。——译者注

3. 参见本书第三章的讨论，看皮尔斯在贝尔实验室的诗歌研究。

所说的“作家之死”，因为它使语词的生成受制于偶然的挑选和组合。[1] 上文所引的那行诗的合成，采用的就是香农的实验方法，加上他对“机识英文”冗余和熵的数理计算，具体做法我在下文将详细讨论。基本上，那行诗的合成靠的是偶然性和概率，任意的字母排序（n-letter sequences）可能生成无意义或随机英文短语，这和斯威夫特笔下拉加多国的写作机神似。

当我们发现一个实验性的文学作品不是通过作者的意识生成，而是通过偶然性和无意识的随机过程被打造出来时，我们的第一个反应就是怀疑，以及对这样的作品如何进行好坏的评价。但这一类的评价和实际发生的事情之间有什么联系呢？这里的问题是，我们的艺术判断依靠的标准越来越难以和技术标准，乃至全球市场厘清关系，也越来越难以和生产与评估艺术作品的公共机构厘清关系。由于近些年来新媒介越来越流行，时间的钟摆似乎正在反向摆动。越来越多的人不但不站出来反对计算机生成的文学、音乐、游戏、电影和艺术装置，他们反而拥抱后现代和后人类的表述。当然这些情况似曾相识，因为印刷术、摄影术和电影等旧媒介也曾经是新媒介，它们经历过同样的防守期和兴奋期。如果我们能从历史中获取一些教益，我们至少可以避免重复过去的老故事，比如在面对拉加多国写作机的时候，我们可以变得更明智一些。用吉尔博的话说，新媒介到来之后，写作机已经数字化和电子化了，无论好坏都不可

1. 参见本书第四章对英语 stochastic 翻译为法语 aleatory 的讨论，法语 aleatory 回译成英语也是 aleatory，但这个外来词 aleatory 脱落了 stochastic 里的数理概念。

等闲视之，计算机已成为当代社会政治生活的引擎，看来不能不与我共存了。我们需要做的则是透过机器的技术性去捕捉它本身的哲学意涵，并且把这样的知识与我们对新媒介更广阔的政治理解进行有效的连接。

具体来说，20 世纪拼音文字的书写技术曾经历一次奇特的重塑，这恰好给了我们一个独特的机会，让我们去测试和重新思考现代主义文学理论和哲学话语提出的有关文字书写的大命题。无论我们决定如何利用这个机会，有一件事已经清楚不过，那就是，文学理论家和媒介理论家再也不可能绕开香农发明的“机识英文”而奢谈新旧媒介里的文本性、主体性、技术和意识形态。如我在第一章所言，香农把英文的拼音字母表变成了表意系统，不再将字母作为发音的代码来对待；分子生物学家走得更远，他们把遗传密码当作“没有语言”的文字书写，将其重塑为生命之书的表意符号。在今天，我们理应重返信息论的理论根基，以期了解数字、字母、空格的表意字母是如何在战后成为万能代码的。

本书开篇提出，我们需要重新确定一件事，即如果没有文字书写，文明是难以想象的。具体到数字书写，就会出现一系列有关字母符号的随机性问题，以及围绕其随机性技术体现的科学实验。在控制论专家和贝尔实验室科学家初期的实验里，在皮尔斯记录的诗歌实验里，这些问题都有充分的表达。科学家从不羞于雄心勃勃的宣示，他们大胆肯定自己的研究在人类知识总库里的意义。吉尔博称：“自动书写本身不是目的，对科学家而言，其目的是揭示隐匿在设施里的结构，无论这一结构是通常意义上的机器还是人的无意识机制。”[1] 如果我们觉得他这句话过于雄心勃勃，甚至比我们熟知的超现实主义或前卫宣言还有过之而无不及，那是因为它淋漓尽致地暴露出控制论和信息论普世主义的真实野心。

本章考察的重点是信息论中英文的第 27 个字母，尤其要检视为什么香农的这个发明和“机识英文”在他所建构的通信系统理论框架中处于如此核心的地位。香农的先驱以及他使用的相关资源有莫尔斯电码、马尔可夫链，现代英语里的重大实验如“BASIC English”，还有乔伊斯的文学实验《芬尼根的守灵夜》等。我们知道，信息论是从第二次世界大战的军事密码和信息技术发展来的，不过，20 世纪上半叶的语言和文学的现代主义实验以及无意识研究也都为信息论提供了框架。香农从不讳言语言文学的实验作品在他对英文写作的随机分析中发挥了作用，此外，他研究拼音文字书写的路径后面还有一个没有说出来的预设，即人的心智无异于一台心灵机，因为它受制于偶然性、误差以及自动重复的机制。这一预设把我们引向早期精神分析师的语词联想实验，引向弗洛伊德《日常生活的精神病理》（*Psychopathology of Everyday Life*）里的无意识数字游戏。也就是说，20 世纪曾经有一场通向表意符号的运动，使得数字、字母和空格在文学、科学和精神分析中交相互动，而这一运动恰恰是解开数字游戏最终如何进入数字媒介心灵机这一问题的一把钥匙。

香农分析拼音文字书写的随机过程，使用的方法不仅与文学现

1. 乔治·吉尔博：《什么是控制论？》（*What Is Cybernetics?*, p.70）。

代主义和精神分析有联系，而且还无意之间促成了分子生物学的新用语，进而生成了生命之书的通用书写符号和新的书写哲学。信息论和分子生物学的话语关系广为人知，记述详尽，但遗传密码在德里达文迹学的论述里究竟占有什么位置，这个问题始终模糊不清。本章在澄清这一点的同时还将进一步揭示信息论和分子生物学的关系，思考这两者对哲学和语言研究的诸多思想挑战。其中最根本的挑战是表意书写（ideographic inscription）在通用非连续机和神经网络机里的赫然呈现。表意书写的出现敦促我们这些人文研究者重新思考两个问题：普世的通用符号是被什么力量所授予的？这个通用符号如何在数字媒介里运行，并绕开语言和言说进行非连续单元的构建？表意书写的存在还迫使我们反思那些传统的文字书写进化论的观点，因为这一观点常常把表意文字、象形文字和原始思维混为一谈。

第一节　英语字母表怎样获得了一个新字母？

在香农 1948 年给英语字母表加上第 27 个字母之前谁都没有想过，拼音字母表其实并不完整。香农发明了一个新字母，意思是“空格”，作为“空格”的代码，它是不用发音的正号（positive sign）。这个“空格”字母的发明对于战后初期兴起的信息论意义重大，因为它为信息论的数学基础奠定了第一块基石，其革命性堪比牛顿的苹果。[1] 但学者，尤其是文人迟迟没有把握这个事件的意义，很难想象语言哲学家对数字书写和新媒介能发表什么有意义的言论，假如他们不打算了解这个事件的意义。诚然，我们中的许多人都认识到，在过去的半个世纪里，信息论影响了计算机科学、语言学、密码学、军事技术、神经生理学等众多学科，但到目前为止还没有一个人站出来提一个问题：香农发明的英文第 27 个字母是不是对拼音文字书写的观念构成了挑战？

香农把英文当作统计系统来处理，并将其称为“机识英文”。“机识英文”是 20 世纪最重大的发明之一，是 19 世纪电报代码系统的直系后裔。在第二次世界大战期间，香农仔细分析了莫尔斯电码，但他的研究成果多半被列为机密。1948 年他在《贝尔系统技术期刊》（*Bell System Technical Journal*）发表了一篇开创性的论文《通信的数学理论》，文章奠定了信息论的数学基石。两年后，香农又发表了《“机识英文”的预测和熵》（*Prediction and Entropy of Printed English*），进一步阐述与信息论相关的实验工作。这些研究成果与他在第二次世界大战期间所从事的密码工作有诸多联系。起初他在密码分析时就对拼音文字书写进行了统计学研究，因为他在贝尔实验室为美国军方设计密码系统。比如他起草过备忘录《密码学的数学理论》（*A*

1. 香农、瓦伦·韦弗（Warren Weaver）：《通信的数学理论》（*The Mathematical Theory of Communication*, p.43）。在这之前，香农 1945 年为贝尔实验室写过一份备忘录《密码学的数学理论》（*A Mathematical Theory of Cryptography*），此外就是 1948 年的那篇论文《通信的数学理论》（*The Mathematical Theory of Communication*）。又见费根（M. D. Fagen）编《贝尔系统工程科学史》（*A History of Engineering and Science in the Bell System*, p.317）。

Mathematical Theory of Cryptography)，这是贝尔实验室 1945 年 9 月的备忘录，编号为 MM 45–110–02。这份报告在 1948 年解密后，被《贝尔系统技术期刊》刊出，题名为“密码系统的通信理论”。

“机识英文”在香农的构想中是数学分析的对象。香农思想缜密，他主要用数学公式开发这个概念，有时也用双字母组合的图表，或三字母组合的图表，偶尔才用语言进行说明。“机识英文”的提法出现在他的开创性论文《“机识英文”的预测和熵》(*Prediction and Entropy of Printed English*)的标题里。他还在其他论文里探讨了“机识英文”，这些论文有《通信理论基础》(*Communication Theory-Exposition of Fundamentals*)和《信息论》(*Information Theory*)。[1] 香农偶尔将“Printed English”和“统计英文(Statistical English)”互换使用。[2]“机识英文”映照密码学，有一个相应的文本，由 26 个字母加第 27 个字母的数字符号组成。这最后一个字母的数学代码是“空格”。在通信工程里，这 27 个字母和其数字对应体的符号对应，而不是和口语里的音位对应。“Printed English”应该译为“机识英文”，如果理解为“印刷英语”就可能产生误导，因为“机识英文”与英文字母的书写或机械复制并没有多少共同之处，与我们经常可视的印刷符号亦无多少共同之处。香农的“机识英文”是一个由数学和统计学严格界定的概念。

---

1. 斯隆(N. J. A. Sloane)等编：《克劳德·艾尔伍德·香农文集》(*Claude Elwood Shannon: Collected Papers*, p.175, p.215)。

2. 香农《通信理论基础》(*Communication Theory-Exposition of Fundamentals*)。又见其未刊稿《统计英文样本》(*Samples of Statistical English*)(3 页打字稿，来自贝尔实验室，1948 年 6 月 11 日，收入斯隆等编《克劳德·艾尔伍德·香农文集》)。

香农是数学家和工程师，前期主要致力于战时的密码研究，包括顶级的“X 项目（Project X）”系统。他毕业于密歇根大学，1937—1940 年在麻省理工学院完成硕士和博士学业，旋即加入贝尔实验室，研究第二次世界大战中的火控系统和密码，后来在《贝尔系统技术期刊》发表重要论文《通信的数学理论》。在此过程中，他曾仔细研究莫尔斯电码和前人的密码发明。[1] 他的分析和莫尔斯电码相吻合。莫尔斯电码不仅仅由点和线组成，因为在不连续渠道里传递的字母空格和语词空格也要被放进符号序列里考虑。每个序列受到可能状态（有限状态）制约，一种状态只容许一个集合里的某些符号传递。香农证明了这个过程，按他所示，在电报传输过程中，“只有两种状态，取决于空格是不是最后那个符号。如果是这样，接着传输的信号只能是一个点或线，传输的状态总是在变化中。如果不是最后那个符号，任何符号都可以被传输，如果传输了一个空格，状态随即变化，否则状态不变”[2]。

应该指出，香农并没有发明字母空格和词句空格，因为塞缪尔·莫尔斯在构想十进制代码（图 3）时早已意识到空格的重要性。图 3 显示，前五个数用点表示，后五个数用线表示而不用点。莫尔斯在笔记里写道：“一个空格分离前五个数，两个空格分离后五个数，三个空格分离输完的一个数。”[3]

1. 香农谙熟弗莱彻·普拉特（Fletcher Pratt）从古至今的密码系统概述，可参见他和韦弗合著的《通信的数学理论》（*The Mathematical Theory of Communication*, p.42）。
2. 香农、韦弗：《通信的数学理论》（*The Mathematical Theory of Communication*, p.38）。
3. 卡尔顿·马比（Carleton Mabee）：《美国的达·芬奇：莫尔斯传》（*The American Leonardo: A Life of Samuel F. B. Morse*, p.152）。

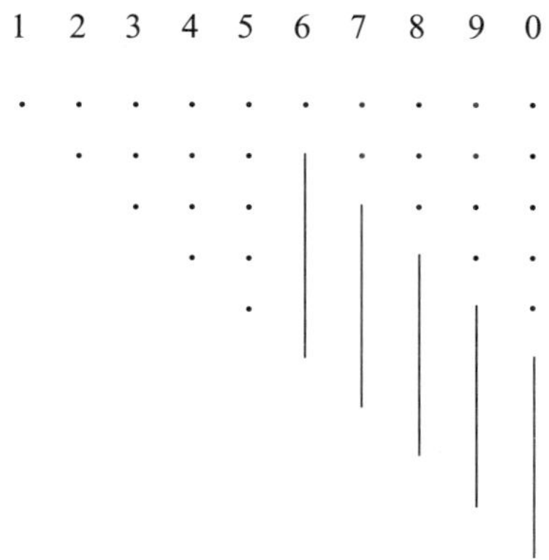

图 3　莫尔斯最早的电报代码。录自莫尔斯笔记本第 25 页。图片来源为史密森学会

莫尔斯设计了锯齿形系列（图 4），以调节电流，与图 3 的代码图对应。齿形推高杠杆，关闭电路，让讯息在一个电路里通过。在莫尔斯电码里，“空格”概念进入了设计，但没有充分表现为等于字母或数字的抽象符号。因此可以说，“空格”字母在莫尔斯电码里是隐形的，香农的 27 个字母的字母表才让它现形。

发明这个追加的字母时，香农同时给拼音文字书写的分析注入了数学的严谨性，前所罕见，有如此贡献者唯有俄国数学家安德烈・安德烈耶维奇・马尔可夫（Andrey Andreyevich Markov）[1]。详见下一节介绍。

1. 安德烈・安德烈耶维奇・马尔可夫（1856—1922），俄国数学家，圣彼得堡科学院院士，研究数论、概率论、随机过程，著有《概率演算》等。——译者注

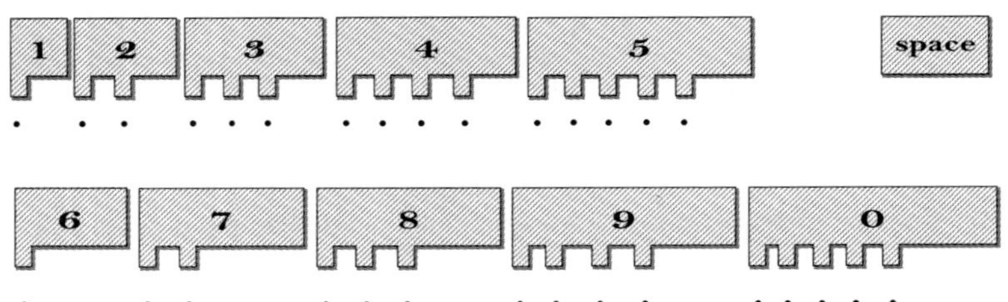

图 4　莫尔斯最早的锯齿形设计。录自莫尔斯笔记本第 28 页。图片来源为史密森学会

1878年，未来先知尼采（Friedrich Wilhelm Nietzsche）[1]如是说："印刷机、机器、铁路、电报是先行的事物，其千年终局尚无人敢做出判断。"[2]事后来看，有一点是清楚的，即莫尔斯的电报术绝不仅限于使语言交流理性化、便当且加速，它同时还引进了一种交流范式，隐隐宣示远程的人机关系。莫尔斯长期的商务伙伴阿尔弗雷德·维尔（Alfred Vail）是一个关键人物，他设计了第一条成功的电报线路，为完善我们今日所见的莫尔斯电码立下了汗马功劳。在维尔撰写的第一本介绍电报术发明的小书里，他写道："显然，巴尔的摩的报务员的作用无所谓，华盛顿报务员照样不误发电，甚至巴尔的摩的报务员人是否在场都根本不重要，发电报前用不着先问

1. 尼采（1844—1900），德国哲学家、语文学家、文化评论家、诗人、作曲家，主要著作有《权力意志》《悲剧的诞生》《不合时宜的考察》《查拉图斯特拉如是说》《希腊悲剧时代的哲学》《论道德的谱系》《瓦格纳事件》《快乐的知识》《善恶的彼岸》《偶像的黄昏》等。——译者注

2. 尼采：《人性的，太人性的：一本献给自由精神的书》（*Human, All Too Human: A Book for Free Spirits*, p.378）。

‘你在不在？’”[1] 维尔说这段话的背景是美国的第一条电报线在华盛顿和巴尔的摩之间成功运行。维尔说报务员本人可以不必在场，这给人一个启示，因为后来的通信技术研究如何使远程收发信息自动化时，这个问题总是一而再、再而三地被提起。维尔当时处在电磁电报开发的黎明期，他这段话提出了通讯的自动化及其发展方向等理论问题，其中也包括所谓主体间性（intersubjectivity）问题，而在我看来，主体间性的概念已经是在模仿通信机的理念了。我们在下面讨论弗洛伊德和拉康时还会看到，人机关系的连续体——如输入和输出——恰恰处于精神分析对无意识现象研究的核心。尼采极具先见之明的那句话已过百年，可是我们对未来百年事情的预测似乎还赶不上尼采那一代人。不过，我们至少可以尝试追问维尔提出的那个问题：你在不在？这个问题是通信机理论的前提性问题。

通信系统要求讯息和信号都被当作非连续符号序列来处理。莫尔斯电码的讯息是字母序列，其信号是点、线和空格序列，由通信系统来处理。通信系统含信息源、发射机、信道、接收器和目的地（图 5）。

在莫尔斯之后的 100 年，香农研究的电报通信模式，为信息论提供了数学基础。除了图 5 横线下的噪声源，莫尔斯和维尔一定会发觉香农的通信系统很眼熟。不仅行为者的在场（你在不在？）不是系统的固有条件（当然与系统连接的人始终是有的），通信的

1. 阿尔弗雷德·维尔：《华盛顿和巴尔的摩的美国电磁电报已开通运营》（*Description of the American Electro Magnetic Telegraph Now in Operation Between the Cities of Washington and Baltimore*, p.21）。

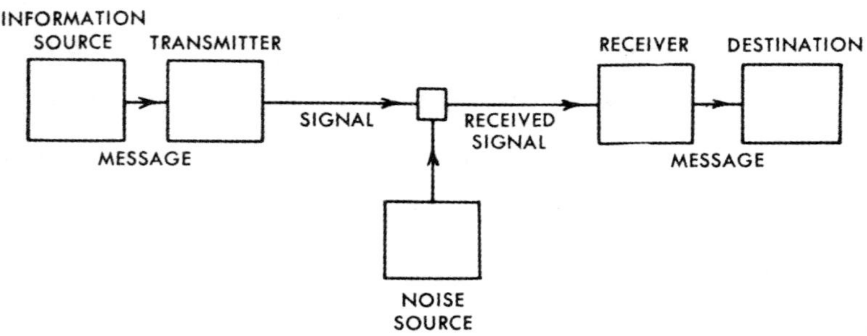

图 5　香农信息论的通信系统。载于香农和韦弗著《通信的数学理论》(*The Mathematical Theory of Communication*)。图片来源为伊利诺伊大学出版社

语义也不是香农的兴趣所在，因为语义和他要解决的工程问题毫不相关。贝尔实验室工程师所谓噪声指的是有可能影响讯息传输的错误、扭曲、外来异物或偶然变量。在这个问题上，香农偏离了莫尔斯和维尔，他把 27 个字母的字母表作为统计系统来对待，让通讯成为概率研究的对象。通过准确地编码，他就能计量讯息里的平均不确定度，使有用信息传输的速率最大化（总体不确定度减去噪声不确定度）。他著名的定理说：如果信息源的速率小于或等于信道容量，信息源的讯息就可以在信道里传输，基本上不会有误差。[1]

1. 香农、韦弗：《通信的数学理论》(*The Mathematical Theory of Communication*, p.108)。

第二节　何为“机识英文”？

以数学观点看，借助简单的实验，我们关于语言统计结构的潜隐知识可以转化为一套数字数据。这个实验的设计可以决定随机过程，名曰马尔可夫链。马尔可夫链描绘系统的有限状态 S_1，S_2，……S_n。此外还有一套转折概率 $p_i(j)$。这个转折是：如果系统处在状态 S_i，下一步它将走向状态 S_j。就“机识英文”27 个字符的有限字母表而言，状态 S_j 可以用 26 个字母之一或“空格”符号来表示。因此，未来状态的分布取决于当前的状态，而不是它如何进入当前的状态。比如，根据目前的状态你就可以预测，在英语里，字母 Q 之后跟着字母 U 的概率很高。当分析对象是拼音文字的时候，香农援引俄国数学家马尔可夫，那就不足为奇了。

马尔可夫率先对亚历山大·谢尔盖耶维奇·普希金（Aleksandr Sergeyevich Pushkin）[1] 的《叶甫盖尼·奥涅金》（*Eugene Onegin*）进行随机分析。他把文学书写数学化，提出著名的马尔可夫链，这一理论成为香农信息论的前身之一。[2] 香农说，为了把马尔可夫过程

---

1. 亚历山大·谢尔盖耶维奇·普希金（1799—1837），俄国诗人、作家，著有《自由颂》《乡村》《鲁斯兰和柳德米拉》《高加索的俘虏》《假如生活欺骗了你》《叶甫盖尼·奥涅金》《青铜骑士》《上尉的女儿》等。——译者注

2. 关于近年的英语研究，参见大卫·林克（David Link）的文章《口语的痕迹：马尔可夫的书写数学化研究》（*Traces of the Mouth: Andrei Andreyevich Markov's Mathematization of Writing*）、《经典文本的译本研究》（*Classical Text in Translation: An Example of Statistical Investigation of the Text Eugene Onegin Concerning the Connection of Samples in Chains*）和《通向西方之链：马尔可夫链关联事件理论及其在西欧的传播》（*Chains to the West: Markov's*

变为信息源，“我们只需假设，（机器的）一种状态转为另一种状态时都生成一个字母，诸状态都对应先前字母的‘影响残余’”[1]。这个工程提供了实验的随机结构，受试者被要求猜测一个未知文本，一个接一个地猜测下一个字母。可以想象皮尔斯和他的贝尔实验室同事怎样演绎出本章抄录的诗句“冷冰冰的样貌 / 树木优雅摇曳 / 靠着那堵墙”，大概就是用这样的方式。

在《话语网络》（*Discourse Networks 1800/1900*）一书里，弗里德里希·基特勒（Friedrich Kittler）[2]写过一位德国心理学家赫尔曼·艾宾浩斯（Hermann Ebbinghaus）[3]，描述他为了研究心理生理学，在19世纪后期设计的一种自我实验（autoexperiment）。艾宾浩斯的自我实验用了“无意义音节”和随机字母组合（辅音 - 元音 - 辅音组合），基特勒说这是技术化的书写（technologized inscription）的直接前身。基特勒写道：“艾宾浩斯处理的是音位，以便能读出声，不过他处理的音位是用书写形式呈现的。他的随机发生器突出一个接一个的字母，送到桌面上，进入经过加工的可选择字母的文档，直到2299个音节全都被用上，而输入输出的程序再次开启。”接受这一测试的人脑不能不放弃认知主体的立场。这意味着，“在艾宾浩斯白板的两边有两种机械记忆——一种生成音节，一种记录经过他眼

Theory of Connected Events and Its Transmission to Western Europe）。

1. 香农、韦弗：《通信的数学理论》（*The Mathematical Theory of Communication*, p.45）。

2. 弗里德里希·基特勒（1943—2011），德国文学批评家、媒体理论家，著作受到拉康和福柯的影响。——译者注

3. 赫尔曼·艾宾浩斯（1850—1909），德国心理学家，创办《心理学和感觉生理学杂志》，著有《关于记忆》《心理学纲要》《心理学原理》等。——译者注

前的音节。两种记忆构成了一台书写机，这台机器什么也不忘，它储存的无意义内容超过任何人的记忆：2299个无意义音节”[1]。艾宾浩斯依靠组合法，使我们想起斯威夫特笔下拉加多国大学苑的教授。更有趣的是他用“无意义音节”追逐通向精神世界的道路；这反过来为香农的猜字游戏赋予了精神层面的意义。毫不奇怪的是，基特勒还注意到一个事实：“香农用他的机器计算英语每个字母的概率，在这样的计算中生成一些美妙的胡言乱语。”我们所谓“意义”只不过是我们“领悟的印象，这样的印象热衷于从无意义中幻想出意义”[2]。但基特勒没有进一步探索香农的机器如何从无意义中幻想出意义。那么从精神分析的角度看，香农的通信机从根本上来说是不是一台心灵机呢？

贝尔实验室的猜字游戏把维尔的问题“你在不在？”迁移到了精神领域，从受试者对字母序列或语词序列的猜测来演绎隐形的语言结构，借以模拟无意识行为。弗洛伊德曾论证，随机数字的挑选有助于揭示无意识结构，证明任何人随机挑选一个数字都很困难。香农的猜字游戏有一个预设的方向，它是线性的，而且不可逆。具体而言，猜字需要根据当前的字母推测下一个字母是什么。每个字母出现时，受试者都根据前一个字母去猜测概率最高的下一个字母。猜错时，受试者被要求一猜再猜，直到猜出那个正确的字母。这样的测试看上去像精神分析师所用的催眠术、析梦和语词联想游

1. 基特勒：《话语网络》（*Discourse Networks 1800/1900*, p.211）。
2. 基特勒：《文学、媒介和信息系统》（*Literature, Media, Information Systems*, p.141）。

戏。不过，这里有一个重要区别：香农的目标不是要显示人脑如何在无意识的层面操纵符号，以证明无意识的存在，而恰恰相反，香农试图揭示的是，“机识英文”结构是可以用数学方式计算的，而这个符号过程则把人的无意识暴露无遗。

“机识英文”是第二次世界大战以后最重大的符号学发明之一。香农将这一结构处理为表意的字母系统，一个具有可定义的统计结构。[1] 如上所示，这个后拼音字母表预设，27 个字母与其对应的数字有符号对应关系，而不是像结构主义语言学家那样把字母映射到音位单元上。[2] 我必须强调：香农“机识英文”的数字逻辑暗含一种字母数字思维（alphanumerical thinking），与我们熟知的纯字母或数学符号（比如代数）截然不同。香农的研究对象不是在数学里，而是在英语里，他研究英文字母和单词的数字化和传输。他研究“机识英文”里有意义和无意义的比率，他一心要发现支配字母序列和语词序列如何生成的统计规律。这样的举动必然意味着与语义和语言结构的决裂。实际上，香农的数字字母表（digital alphabet）与音节、音步和语音学没有任何关系，甚至和物理语音也没有关系。物理语音是雅各布森研究音位和言说时的主要关注对象。

---

1. 香农：《保密系统的通信理论》（*Communication Theory of Secrecy Systems*）。
2. 雅各布森（Jakobson）、冈拿·方特（Gunnar Fant）和莫里斯·哈勒（Morris Halle）1951 年发表《言语分析初步》（*Preliminaries to Speech Analysis*）时，他们用信息论语言明确改写了语言学。1956 年，雅各布森和哈勒进一步合作，发表影响重大的《语言基础》（*Fundamentals of Language*）。至于晚近学界对雅各布森和控制论及信息论的评价，参见尤尔根·范德瓦勒（Jürgen Van de Walle）的《雅各布森、控制论和信息论评价》（*Roman Jakobson, Cybernetics and Information Theory: A Critical Assessment*）。

在日常习语里，人们通常把信息和某个讯息的语义联系起来。其实，语言学对“语义”的定义或对“讯息”的定义并不是信息论的兴趣所在。香农认为，只要有讯息或字母序列可供选择，信息就是存在的。如果世界上只有一个讯息（一个字母序列或字符串），那就等于没有信息，绝不需要传输系统，因为那个讯息已经在接收端被记录下来。从数学的观点看，信息主要是和不确定因素或概率相关联。比如字母E出现的频率高于Q，TH序列的频率高于XP等。[1]

如果某个给定的讯息极有可能出现，那么其信息量或先验的不确定性就很小。从统计学来看，《芬尼根的守灵夜》开卷首页那100个字母组成的字母串在英文里是极不可能成立的，因此它可能承载的信息量或不确定性极大，即使这信息和给定讯息的语义没有关系。对乔伊斯而言，bababadalgharaghtakamminarronnkonnbronntonnerronntuonnthunntrovarrhounawnskawntoohoohoordenenthurnuk 这个字母串首先从视觉上唤起了它所描绘的“坠落”方向；而对香农而言，这个字母串展示的是文字信息的统计结构——在这个异乎寻常的结构里，从b到k这两个首尾字母之间的字母中没有任何“空格”。无论作为“坠落”来解，还是作为无空格来解，上述字母串的信息并不和任何语义单位的“词”相对应。乔伊斯在直觉上把这个字母串作为“非词（nonword）”来处理，他的直觉得到香农理论猜想的佐证。香农认为，任何会讲一门语言的人都隐约掌握了这个语言的统

1. 香农、韦弗：《通信的数学理论》（*The Mathematical Theory of Communication*, p.39）。

计结构的大量知识。[1]我们可以从考察上述100个字母组成的字母串来印证香农的这一猜想，比如字母串“bab”“bad”“kon”“thu”可能出现的频率比较高；字母串“rrh”“nnt”等出现的频率就比较低。我在下一章还会对乔伊斯的文学实验做更详尽的分析。

我们如何界定这个过程所生成的信息量呢？一个信息源究竟每秒比特（bits: binary digits，即二进制数位）能生成多少信息量呢？香农借用玻耳兹曼（Boltzmann）的 H 定理界定信息量，写成一个公式 $H = -\sum p_i \log p_i$，把 H 称为概率集合的“熵”，而 p_i 是符号 i 的概率。[2]信息量的熵的概念源自热力学的熵，而它计量的是信号里字母串的随机性。随机性的量使工程师能根据符号的出现频率，估算出一串符号的编码最低限度需要多少比特数。[3]对工程师而言，“问题的重点是在减少信道所需容量的情况下，有关信源的统计知识的效应”[4]。这里的关键在于信号的输入和输出、传输、噪声、冗余、熵和可预测性，也就是说，传输线一端输入什么，另一端输出什么。但我们在这里关注的不是通讯系统的设计如何省钱省力，我们关注的是这个系统对拼音文字书写的理念产生了什么影响，因为“机识英文”的字母数字结构不仅促进

1. 香农：《通信理论基础》（Communication Theory-Exposition of Fundamentals），载《克劳德·艾尔伍德·香农文集》（*Claude Elwood Shannon: Collected Papers*, p.175）。
2. 香农、韦弗：《通信的数学理论》（*The Mathematical Theory of Communication*, pp.50–51）。
3. 香农用一个简单的例子说明给一串符号编码所需要的比特数。他考虑一串字母 A, B, C, D，将其概率定为 1/2, 1/4, 1/8, 1/8，其后的符号独立选择。用以下方程式表达：H =–（1/2 log1/2+1/4 log1/4+2/8 log 1/8 ）= 7/4 bits per symbol。从这一信源转化为二进制比特，求得这个编码系统的近似值，结果是每个符号平均为 7/4 比特。参见香农、韦弗：《通信的数学理论》（*The Mathematical Theory of Communication*, p.63）。
4. 香农、韦弗：《通信的数学理论》（*The Mathematical Theory of Communication*, p.39）。

了信息系统的讯息编码，而且也迫使我们不得不重新思考语言和交往的理念。我们不妨拿通用图灵机（universal Turing machine）再来做一番比较，主要针对其中的信息处理和机器智能方面的隐形假设。

对英国数学家艾伦·图灵（Alan Turing）[1]而言，机制（mechanism）和书写（writing）差不多就是同义词。他把数字计算机叫作“童脑（child-brain）”机，也叫学习机，它的机制无非就是给程序员或教育者提供无限多的白纸用于书写，这就足够了。[2]图灵所有的实验都要求人们用笔或打字机记下所有的答案。他认为，无论是计算机还是人，只要具备了操纵符号的书写能力，这个能力即使不等同于思维本身，那也类似于思维的能力。[3]他的想法背后有一个关于思维过程的假设，这和我们通常把语言和思维联系起来的方式是截然不同的。图灵并不要求他的计算机模仿人类的语言，就他的实验而言，计算机和人脑都可以被设想为符号处理器或通用信息机，只要它们能组合数字和逻辑符号，能进行拼音文字的书写。[4]图灵在1936年最初想象的计算机，简直就是一台超级打字机，它能在纸带上阅读符号，抹掉符号或印出符号，纸带上划出单元格或方格。实际上，他的这个念头出自他仔细观察的打字机打出字母和符号的

1. 艾伦·图灵（1912—1954），英国数学家、逻辑学家，计算机和人工智能之父，发明图灵机，著有《论可计算数及其在判定问题上的应用》等。——译者注

2. 艾伦·图灵：《计算机与智能》（*Computing Machinery and Intelligence*, p.456）。

3. 艾伦·图灵：《计算机与智能》（*Computing Machinery and Intelligence*, p.434）。

4. 关于人脑作为符号处理器的概览和批评，参见玛格丽特·博登（Margaret A. Boden）的《作为机器的心灵：认知科学史》（*Mind as Machine: A History of Cognitive Science*）。该书共两卷，是关于这个主题迄今为止最有趣、研究最彻底的著作。

过程。图灵一边观察，一边分析空格键和退格键如何决定打印的位置，打字点如何在纸页上移动，但打字动作本身并不重要。对他来说，打字机显然有局限，因为打印头左右移动，每次移动只能打出一行符号，并不能阅读符号或抹掉符号，而且打字机需要人的操作去挑选符号，由人来决定配置及符号位置的改变（图 6）。[1] 自从有了通用非连续机以后，机器扫描或标记纸带就完全可以替代阅读和书写，至于语言学家所关注的音位（phonemes）、义子（semes）和语词等，对于通讯机而言就显得可有可无了。[2] 图灵在开创性的《论可计算数及其在判定问题上的应用》（*On Computable Numbers, with an Application to the Entscheidungsproblem*）里，第一次提出了这个理念。他写道，这台机器应该备有一条"带子"（类似纸带），带子分段（名曰"方格"），方格上有一个"符号"。任何一刻都只有一个"小方格"比如 *r*–th，写一个符号 𝔖（r），意思是这个符号"在机器里"。我们可以把这个"小方格"称为"扫描过的方格"。机器能"直接感知"的唯有这个"扫描过的方格"。但若修改机器的 m–配置（m–configuration），它就可以有效地记住它"看见"（扫描）过的一些符号。[3]

1. 安德鲁·霍奇斯（Andrew Hodges）：《谜样的图灵》（*Alan Turing: The Enigma*, p.97）。
2. 我在上一节里已经提到，语词和非语词在信息论里地位相同，因为通信工程师不太关心语义，而是关心字母序列的传输。
3. 艾伦·图灵：《论可计算数及其在判定问题上的应用》（*On Computable Numbers, with an Application to the Entscheidungsproblem*）。

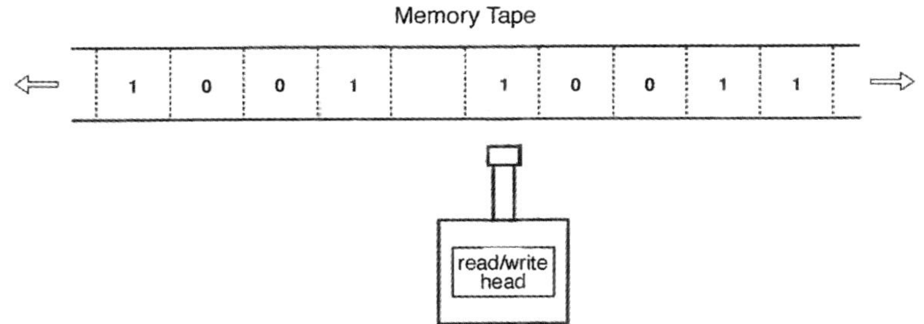

图 6　改编自图灵机。参见《论可计算数及其在判定问题上的应用》，载于《伦敦数学学会论文集》（*Proceedings of the London Mathematical Society*）第 2 卷，1937 年第 42 期，第 231 页

由于打印符号在图灵机里的核心地位，机器能接替人的书写、读取、看、记忆和擦除等行为，从而构成三个不同的机械动作“扫描”“打印”和“擦除”。打印的符号预设的是普世或通用（universal）的表意字符，类似于通用的印度 - 阿拉伯数字，并与之对应；“扫描”出来的字母和空格符号对机器来说有意义，因为它们是表意符号，不必与语音系统发生联系。图灵在技术上对读取的重新构想，出人意料地使人想起马拉美 1897 年在诗歌里所说的“扫描”手法。在《骰子一掷》（*A Throw of the Dice*）一诗的序文里，马拉美坚持这首诗里“留白”的意义，他使用“扫描”这个词去描绘阅读中印刷字在书页上移动的视觉体验，将其引申为读者目光在印刷空间里的一扫而过。马拉美有先见之明，他似乎洞察到打印空间的控制论未来，预见到图灵构想的计算机的读写磁头。[1]

---

1. 马拉美：《诗歌全集》（*Collected Poems*, p.121）。

麦克卢汉曾提到，打字成了作家亨利·詹姆斯（Henry James）[1]根深蒂固的积习，詹姆斯“非常迷恋打字机的声音，以至于在临终前的卧榻上，还要听到他那台雷明顿打字机的嗒嗒声”[2]。再以诗人哈特·克莱恩（Hart Crane）[3]为例。布莱恩·里德（Brian Reed）的研究显示，延伸机器在克莱恩生活里的作用非同小可：“克莱恩写诗时陷入迷狂。典型的一幕是，他先是狂饮，然后在手摇 78 转留声机上放唱片，‘放十遍、二十遍、三十遍’，同时不断敲打打字机，朗朗出声，反复吟唱。”[4]还有基特勒的研究，基特勒出色地分析了打字机在欧美社会史和文学史里的作用，对于他的研究，读者应该不陌生。[5]我在这里不仅仅重申打字机在现代生活中的重要性，更要强调，打字机和电报术一样，与“机识英文”的诞生息息相关。虽然印刷机和打字机同属印刷符号的机械复制，但其实打字机的运作和几百年以来的印刷机排版属于不同的概念体系。打字机的核心是靠移动的打字头在一维空间（横线）运行，并且只限于往左或往右的移动。后来的（图灵）计算机，在打字头上有所创新，添加了读取和擦除的功能，在这个意义上，计算机为拼音文字的书写做出了独特的贡献，大大超越了自毕昇 11 世纪中叶发明活字印刷术以来的所

1. 亨利·詹姆斯（1843—1916），美国作家、评论家，晚年入英国籍，作品涉及美国文化与欧洲文化的对立，写作从心理学角度反映现实主义的小说，著有《一位女士的画像》《鸽翼》《波士顿人》《小说的艺术》等。——译者注
2. 麦克卢汉：《理解媒介：论人的延伸》（*Understanding Media: The Extensions of Man*, p.260）。
3. 哈特·克莱恩（1899—1932），美国诗人，著有《桥》《远航》《白色大楼》等。——译者注
4. 布莱恩·里德：《哈特·克莱恩的胜利牌留声机》（*Hart Crane's Victrola*）。
5. 基特勒：《留声机、电影和打字机》（*Gramophone, Film, Typewriter*, pp.83-263）。

有印刷技术创新。[1]

当然，打字头还开拓了更多的创新空间，这个空间远远比现代小说家和现代主义诗人的经历开阔得多，因为他们多数人的写作仍然局限于口授并由打字员记录，或自己动手打字。香农在第二次世界大战期间曾直接与图灵合作，他深知图灵，并把图灵的“小方格”解读为“特别的‘空格’符号”。实际上，他声称自己发现的第 27 个字母和图灵的通用非连续机的纸带或磁带上的“空白”（无标记）小方格很相似，而这绝不是偶然的相似。[2] 信息论和计算机技术引入了无语音标记的非连续“空间”或“空白”符号，这个符号成为字母数字系统的核心，由此从根本上划定了手写符号和机识符号之间的区别。这个关键的区别却一直被绝大多数研究超文本（hypertext）的语言学家和技术史家忽略。一说起通用图灵机，人们总是热衷于翻出一批伟大头脑的家谱，从查尔斯·巴贝奇（Charles Babbage）、图灵到康拉德·楚泽（Konrad Zuse）、霍华德·艾肯（Howard H. Aiken）等，把这些先驱们对计算机的发明做出的重大贡

---

1. 西方学界和媒体对活字印刷术是何时及如何发明的问题缄口不语，颇为奇怪。信息误传的程度令人瞠目。印刷术的发明记述详尽无遗，英语文献唾手可得。简言之，在中国，毕昇（约 970—1051）发明活字印刷术，起初用泥活字。木活字出现于 1297—1298 年间，到 15 世纪中叶，铜活字和其他金属活字已经在中国和韩国推广。至于中国早期木活字的发展和精细化，以及谷登堡 1456 年前可能接触中国活字印刷的情况，参见钱存训（Tsuen-Hsuin Tsien）著《中国纸和印刷文化史》，李约瑟（Joseph Needham）编《中国科学技术史》（*Science and Civilization in China*，vol. 5 part 1, pp.201-222, pp.313-319）。又见孙宝基（Pow-Key Sohn）著《韩国早期印刷术》（*Early Korean Printing*）。

2. 香农：《具有两种内状态的通用图灵机》（*A Universal Turing Machine with Two Internal States*, p.733）。

献一一列举出来。但几乎没有人注意到：计算机的新技术对我们最熟悉的英文字母表造成什么变化？更重要的是，拼音文字书写技术的演化如何使数字媒介成为可能？

对通信技术而言，机识（机器能识别的）的语词和机识的非语词之间的区分十分关键，这里的关键在哪里？用基特勒的话来说，就是“与手写的流畅笔迹相比，我们如今面对的是空格间隔的非连续元素”[1]。我这里需要指出的是，“机识英文”里的“空格”符号是一个概念符号，不是肉眼可见的语词分隔符号，可见的分隔号常见于现代书写系统，有时也见于古老的书写系统，如阿卡迪亚人的楔形文字。香农的第 27 个字母既可以用数字“0”表征，也可以用传输脉冲系统上的一两种电脉冲来表征。这个字母的存在归功于统计的符号参数，而不是可见的或音位的符号参数。就传统的语义而言，“空格”没有语义，但作为有意义的表意符号或数学概念，它的功能是齐全的。事实上，“机识英文”的第 27 个字母属于截然不同的形而上学领域，不是德里达批评形而上学时所瞄准的靶子，因为语言和书写的二元对立在计算机里本来就不成立。相反，我们看到的是一种数学思维，它用 0 和 1 的二元对立来裁定非连续字母和数字符号的熵。

对香农而言，熵是一个可计算的参数，其用以计量文本里某个字母平均生成的信息量。当文本的文字有效转化为二进制数字 0 或 1 时，熵 H 就是该文本每个字母所需的二进制数字的平均数。在《“机

1. 基特勒：《留声机、电影和打字机》（*Gramophone, Film, Typewriter*, p.16）。

识英文”的预测和熵》一文里，香农又进一步解释道：“在普通的英文写作里，长语段的统计效应（多达 100 个字母）使熵缩减到 1 个字母 1 比特，那么相应的冗余率大约就等于 75%。”[1] 这当然适用于非连续符号传输的信息量。就言语声波或电视信号而言，我们面对的则是连续信息，而不是非连续的字母数字符号的输入或输出。为了把这种连续信息转化为非连续信息，香农归纳出的统计学机制必须包含时间变量。因此，在传输言语信号、视觉信号或其他连续信号时，需要计量的是每秒钟传输的信息单位，而不是每个符号所需的信息单位。[2] 由此可见，信息论的统计范式绝对不会事先预设言语和书写的二元对立，因为一切信息都采用连续的或非连续的输入输出形式。

作为一个非连续的表意符号，第 27 个字母正是在可计算的意义上获得其意义。香农的随机结构实验常常任意挑选一些文本，比如杜马斯·马龙（Dumas Malone）的《弗吉尼亚人杰斐逊》（*Jefferson the Virginian*），生成进一步的成果。香农的实验设计是，每个英文样本包含 15 个字母，要求受试者根据已知的 N 个字母来预测下一个字母是什么。这个实验允许受试者使用统计表、字典、常用词频率表、语词首字母频率表和其他辅助手段，并按照要求逐个猜测每个样本。这个测试和其他的猜字实验暗示，英文的可预测性取决于“空格”字母出现的次数，其概率大大超过了字母表里的其他任何字母。比如，在

1. 香农：《“机识英文”的预测和熵》（*Prediction and Entropy of Printed English*）。

2. 香农、韦弗：《通信的数学理论》（*The Mathematical Theory of Communication*, pp.81–96）。又见香农：《通信理论基础》（Communication Theory-Exposition of Fundamentals），载《克劳德·艾尔伍德·香农文集》（*Claude Elwood Shannon: Collected Papers*, p.175）。

不知道下一个字母是什么的情况下，英文里概率最高的猜测是“空格”符号（概率为 0.182），如果这个猜测错了，接下来可能的猜测就是字母 E（概率为 0.107），等等。[1] 由此，香农得出结论说：“机器或人的最佳猜字方式是猜测递减条件概率排序的字母。因此，以此理想预测方式缩减文本的过程就是要把字母变换为从 1 到 27 的数字，于是概率最高的下一个字母［以已知的前面（N–1）数字为条件］变换为 1。”在这里，“机识英文”几乎成为密码学的镜像，它要求必须有与之相对应的数字符号的文本。原有的文本“用 27 个符号 A，B……Z 加‘空格’的字母表就转换为用数字 1，2……27 的字母表了”。由于内嵌的字母和数字之间的翻译机制，“机识英文”于是就实现了终极的表意符号系统，以 0 / 1 二进制的数学计算呈现出来。

如此，香农宣示，“熵（H）是计量一种语言里每个字母生成的、与之相对应的二进制数字的标尺，所有语言都可以用 H 定理的二进制数位的统一标尺去计量”[2]。香农实际上在说，所有已知的语言一律都要被翻译成“机识英文”的数字模型，其中必然也包括通用英语。于是，“机识英文”一跃而起，成为普世的通用代码（universal code），这对很多语言未来的生死存亡、对机器翻译的研究都具有重大的意义。那么，在信息论的推动下，一个新的巴别塔（Tower of

1. 香农：《“机识英文”的预测和熵》（*Prediction and Entropy of Printed English*）。《弗吉尼亚人杰斐逊》（*Jefferson the Virginian*）是马龙的六卷本传记《杰斐逊和他的时代》（*Jefferson and His Time*）的第一卷。

2. 香农：《通信理论基础》（Communication Theory-Exposition of Fundamentals），载《克劳德·艾尔伍德·香农文集》（*Claude Elwood Shannon:Collected Papers*, p.17）。

Babel)[1]或普世通信的共享基础是不是会在我们的眼前出现？说起来很奇怪（或许并不奇怪），给出这个问题最早答案的不是机器翻译的实验室（机器翻译在当年起步缓慢，并且困难重重），而是来自当年迅猛发展的分子生物学，以及破解遗传密码的竞赛。

第三节　遗传密码和文迹学

哲学家雅克·德里达对信息论驱动下的技术书写中的普世主义做过及时而本能的回应，相比之下，20世纪的其他哲学家都不如他敏锐。在《论文迹学》开卷的一章里，德里达首先引进一个新概念，叫“文迹子（gramme）”，由此展开论述他的新文迹学的基本原理。[2]什么是文迹子？正如本章题记所显示的，在德里达看来，文迹子的概念与细胞内部的信息过程和控制论程序相关。[3]德里达把基因书写的初始过程视为广义的书写（generalized writing），并进一

1. 巴别塔，亚当及其子孙最初只说一种语言，挪亚的后裔决心修一座通天塔。起初，他们交际顺当，工程进展顺利。上帝的万能权威受到挑战，怕世人说一种语言而无法控制，遂让他们说各种不同的语言。由于语言不同而无法协调工作，通天塔以失败告终。——译者注

2. 这一章的标题为“书籍的终结和书写的开始（The End of the Book and the Beginning of Writing）”，这一章在1965年最早以书评形式发表在《评论》（*Critique*）上，而后进入《论文迹学》（*Of Grammatology*）。

3. 德里达：《论文迹学》（*Of Grammatology*, p.9）。

步推测说："倘若控制论要驱逐一切形而上学的观念，包括心灵、生命、价值、选择和记忆的观念，而这些观念迄今一直在机器和人之间做区分，那么控制论本身就必然保留书写、痕迹、文迹子或字素（grapheme），直到它自己的历史－形而上学的性质也被揭示出来。"[1]德里达没有直接分析控制论的历史－形而上学的性质，而是在一个不起眼的注释里对控制论创始人维纳使用的语言提出一些令人反省的思考。他写道，维纳虽然摈弃了"语义学"，同时也摒弃了"生命"和"非生命"之间的概念对立，但还继续使用"感觉器官（organs of sense）""运动器官（motor organs）"等概念去描绘机器的部件。[2]德里达指出，维纳笔下的传统生物学话语与他自己的控制论新语言格格不入，而维纳的新语言正是要消解有机物和无机物的对立、人与机器的形而上学对立等。由此观之，维纳使用的活力论的生物学（vitalist biology）和控制论的混杂语言造成一个后果，就是对原本激进的研究进行了折中和妥协，而维纳的控制论研究本来是可以把旧的生物学观念一股脑儿抛弃的。

德里达在这里提到的新语言，指的是分子生物学家开始采用的一套话语，在当时日渐流行。让我们假设一下，倘若维纳彻底抛弃"器官"和"有机体"的旧语言，而代之以数字代码和信息论的新语言，那么，话语转换是否真的能抵挡形而上学思维的冲击呢？这绝不是我随便提出的问题，因为它恰恰是两代生物化学家之间展

1. 德里达：《论文迹学》（*Of Grammatology*, p.9）。

2. 德里达：《论文迹学》（*Of Grammatology*, p.324n3）。

开舌战的刀光剑影的焦点。老一辈的代表是埃尔文·查戈夫（Erwin Chargaff）[1]，新一代则是分子生物学家。正当德里达1965年著书说文迹子时，“器官”和“有机体”等旧的修辞风光不再，其正受到编码、解码、讯息、信使等分子生物学语言的压制。分子生物学这门崭新的学科跑到信息论那里去寻求自己的理论启示了。

这个转型期值得我们重新思考，尤其要对比信息论发明之前的生物学和基因学的处境。在信息论问世之前，生物学和基因学被认为是描述性的学科，缺乏数学和物理学理论的严谨，很像历史学，其科学地位并不高。当DNA的四位数字系统突然出现，并与核酸和氨基酸建立数学相关性时，分子生物学就一下子成了令人尊敬的硬科学，我们可以想象生物学家和遗传学家是多么兴奋。面对这种科学转型，科学哲学家斯蒂芬·图尔敏（Stephen Toulmin）[2]曾提出一个洞见：“自然科学里的所有重大发现，其核心在于新的表述模式和新技术的发现，这些发现让科学家得出某些推论，因为其方式碰巧适合他们研究的现象。”[3]

1962年，弗朗西斯·克里克（Francis Crick）、詹姆斯·华生（James Watson）和莫里斯·威尔金斯（Maurice Wilkins）因发现DNA双螺旋结构及其对生物中信息传递的重要性而分享诺贝尔奖，打开

1. 埃尔文·查戈夫（1905—2002），奥地利分子生物学家，基因学先驱，发现查戈夫法则，导致DNA双螺旋形结构的发现。——译者注

2. 斯蒂芬·图尔敏（1922—2009），英国逻辑学家、科学哲学家，著有《科学哲学》《论证的使用》《人类理解：概念的群体使用和演进》《维特根斯坦的维也纳》《推理导论》《决疑术的滥用》《回到理性》等。——译者注

3. 斯蒂芬·图尔敏：《科学哲学》（*The Philosophy of Science*, p.34）。

了通向破译遗传密码的大门。此时，巴斯德研究院的法国科学家开始参加解开蛋白质合成谜团的竞赛。他们提出了围绕控制论模型的酶诱导描述，而且开始用信息论的新语汇去解释噬菌体（感染细菌细胞的病毒）的复制。[1] 比如，原先的“结构特异性”变为遗传“信息”，DNA 的自动催化功能变为“复制”，杂催化功能变为“转写”“转录”和“转译”。[2] 促成遗传信息的传递机制被称为遗传书写（writing of heredity）。[3] 1965 年，法国分子生物学家弗朗索瓦・雅各布、安德烈・利沃夫（André Lwoff）和雅克・莫诺（Jacques Monod）团队获诺贝尔生理学或医学奖。1965 年 11 月 11 日，雅各布在介绍他们团队的科学发现时，写道：

> 蛋白质的合成只能在 DNA 上直接发生，这个观念与核糖体的细胞质定位及其在蛋白质合成里的作用并不兼容，唯一可能的设想是：假设第三种 RNA 即信使（messenger）的存在是必需的，这种信使是短命的分子，其功能是将遗传信息传递至细胞质。根据这一假设，核糖体是非特异性结构，宛若机器，

---

1. 汉斯・约格・莱茵伯格（Hans-Jörg Rheinberger）的研究显示，巴斯德研究院的帕迪（Pardee）、弗朗索瓦・雅各布（François Jacob）和莫诺（Monod）1958 年发表文章用上了“细胞质信使”“细胞质讯息”等术语。关于雅各布及其同事从 20 世纪 50 年代后期到 60 年代所用术语变化的情况，参见莱茵伯格的《弗朗索瓦・雅各布著作里规则、信息和语言的观念》（*The Notions of Regulation, Information, and Language in the Writings of François Jacob*）。
2. 冈瑟・斯滕特（Gunther S. Stent）：《黄金时代到来：展望进步论的终点》（*The Coming of the Golden Age: A View of the End of Progress*, p.53）。
3. 弗朗索瓦・雅各布：《法兰西学院讲演词》（*Leçon inaugurale au Collège de France*, p.25）。

在转移核糖核酸（RNA）的帮助下把信使携带的核酸语言转译（translate）为肽语言。换句话说，蛋白质的合成必须是一个两步流程：DNA 的脱氧核糖核苷酸序列先被转录进信使，这是初级基因产物；信使和核糖体绑定，将其送进一个特定的“程序（program）”。于是，信使的核苷酸就被转译为氨基酸序列。[1]

实际上，雅各布任意挥洒的信息传递术语早在 1954 年就被乔治·伽莫夫（George Gamow）普及了，1953 年克里克和华生已经发现了 DNA 的双螺旋结构。[2] 这些术语不仅描绘了 DNA 和 RNA 的生化过程，而且有助于将其概念化为“信使”“传递”“转录”和“转译”，从而替代了“器官”“有机体”“组织”“特异性”等术语。此时，德里达在维纳著作里发现的有机体和活力论思想的残余快要被消除殆尽了。[3]

正如莱利·凯伊充分记述的那样，领头的生物化学家以矛盾的心态看分子生物学的代码转换（code switch）。[4] 其中就有杰出的生物

1. 弗朗索瓦·雅各布：《细菌细胞遗传学》（*Genetics of the Bacterial Cell*, pp.223–224）。

2. 克里克和华生起初研究结构化学理论，其灵感来自莱纳斯·鲍林（Linus Pauling）的 α- 螺旋展示。两人还用 DNA 的三维 X- 光结晶来证明双螺旋结构的假设。他们两人都钦佩薛定谔的成就，知道其“代码脚本（code-script）”，但几年以后他们才转向信息论的语言。关于他们自己的发现，参见华生《双螺旋》（*The Double Helix*）和克里克《疯狂的追求》（*What Mad Pursuit*）。

3. 雅各布清楚地看到了 18 世纪以来有机体功能的演化。参见其《生命的逻辑：遗传学史》（*The Logic of Life: A History of Heredity*, pp.74–129）。

4. 关于凯伊所述从有机体到信息的转变，参见其《谁写了生命之书：基因密码史》（*Who Wrote the Book of Life?: A History of the Genetic Code*, pp.38–72）。

化学家埃尔文·查戈夫，他被公认为基因化学结构最早的发现者。查戈夫研究了腺嘌呤（A）对胸腺嘧啶（T）的基础比率之间的规律性，以及鸟嘌呤（G）对胞嘧啶（C）的基础比率之间的规律性，这些研究极富开创性，在确定 DNA 的结构上迈出了决定性的一步。可是面对汹涌而入的信息论话语，查戈夫试图抗拒，他问道："有没有可能整个强势压人的术语脚手架只不过是皇帝新衣的衣箱？有没有可能实际并不存在什么讯息，也不存在什么信使，也许整个问题的提法和答案都错了呢？"[1] 接着他发明了一个词"分子本源主义者（molecular fundamentalist）"，用来批评被他视为生命问题的错误研究路子。1962 年查戈夫发表《双头蛇》（*Amphisbaena*）一文，呈现了一段苏格拉底式的对话——一位老化学家和一位年轻的分子生物学家的对话。年轻人说："远古之初有 DNA……"年迈的化学家打断他说："我听见你开始讲 DNA 的伪经福音，你把它当成我们时代的逻各斯了。"[2]

我们自然不能指望科学家的舌战反映在德里达于《论文迹学》中提议的文迹子理论里。不过，当我们把它放在彼时更大范围的、围绕书写和活细胞的辩论时，德里达的介入就开始显露出其意义。比如，福柯在《世界报》（*Le Monde*）发表长篇书评，正面肯定雅各布的《生命的逻辑：遗传学史》（*The Logic of Life: A History of Heredity*）一书。[3]

---

1. 埃尔文·查戈夫：《核酸论集》（*Essays on Nucleic Acids*, pp.188-189）。
2. 埃尔文·查戈夫：《核酸论集》（*Essays on Nucleic Acids*, p.185）。
3. 这篇评论题为《多产而多元》（*Croître et multiplier*），发表在《世界报》（*Le Monde*）1970 年 11 月 15—16 日。后收入福柯的《言与文》（*Dits et Écrits*, 1954—1988, vol. 1.）。

罗曼·雅各布森和克劳德·列维－斯特劳斯对话，甚至与雅各布一起出现在法国电视节目“生命和言说”中，大谈所谓言语信息和生命语言之间非凡的类比性。[1] 雅各布在《生命的逻辑：遗传学史》一书里干脆引进“程序”的概念来描述有机体的分子结构，明显在效仿电子计算机的语言。他写道，这一程序将“在卵细胞的遗传物质和计算机的磁带之间画等号，它意味着实行一系列操作，依据严谨的序列和隐含的目的进行操作”[2]。机器就像活细胞，活细胞就像机器。把基因书写和计算机磁带或图灵机的纸带之间画等号，这在自控机的话语里已经变成常识，雅各布不是提出这个理念的第一人。事实上，早在雅各布把运筹学［operations research（OR）］的话语转译为遗传程序之前，还有一个更大的战后科学研究的语境，运筹学应运而生，它就是在这个大语境中产生和实施的。

保罗·爱德华兹（Paul Edwards）在研究冷战时期的计算机技术时显示，运筹学源于战争数据的数学分析，其最著名的运用是第二次世界大战中的反潜艇战。[3] 运筹学的操作程序在冷战中演化为核战争的强大科学范式，最终成就了维纳－香农信息论和控制论的霸主地位。[4] 计算机模型、计算机模拟、野战游戏、回馈机制、统计

1. 有关这次论辩的情况，参见莱利·凯伊：《谁写了生命之书：基因密码史》（*Who Wrote the Book of Life?: A History of the Genetic Code*, pp.307-310）。

2. 雅各布：《生命的逻辑：遗传学史》（*The Logic of Life: A History of Heredity*, p.9）。

3. 保罗·爱德华兹：《封闭的世界：冷战时期的计算机与美国话语政治》（*The Closed World: Computers and the Politics of Discourse in Cold War America*, p.115）。

4. 至于图灵机器实验室的贡献，参见辛斯利（F. H. Hinsley）和斯特里普（Alan Stripp）的《破译密码的人：布莱切利庄园的内幕故事》（*Codebreakers: The Inside Story of Bletchley Park*）。

分析等主导了 20 世纪 50 年代和 60 年代跨学科的科学话语。爱德华兹写道，在直接经验缺失的情况下，核武器迫使军事战略采用基于假设、计算和交战规则的模拟技术。“核大国的目的是维持一个打赢的剧本——戏剧式的或模拟性的胜利，心理和政治的效应，而不是实际上打一场核战争。”[1]在这样的情况下，模拟的实际效果不再重要，因为核战争的后果太可怕，难以想象，太危险，不能真正去测试。彼得·加里森（Peter Galison）[2]将其叫作“敌人本体论（ontology of the enemy）”，在它的阴影下，许多自然科学和社会科学学科都急忙把自己的研究转化为操作程序的语言。[3]

在这样的背景下，我们再回到德里达的《论文迹学》。这本书的第一章起初是德里达在 1964 年发表的一篇书评，评论安德烈·勒鲁瓦–古朗（André Leroi–Gourhan）的新作《手势与言语》（*Le Geste et la Parole*）。《手势与言语》是一部雄心勃勃的古人类学大作，涵盖漫长的历史，始于人类文明发轫期，穿越赞比亚古人、尼安德特人，直到 20 世纪的自动化技术。[4]

勒鲁瓦–古朗在书中强调，所谓人类的进化，其实就是发明技

---

1. 保罗·爱德华兹：《封闭的世界：冷战时期的计算机与美国话语政治》（*The Closed World: Computers and the Politics of Discourse in Cold War America*, p.14）。
2. 彼得·加里森，哈佛大学教授，著有《爱因斯坦的时钟和庞加莱的地图：时间帝国》《实验如何结束：意象与逻辑》《客观性》《敌人本体论》等。——译者注
3. 彼得·加里森：《敌人本体论：诺伯特 - 维纳与控制论视野》（*The Ontology of the Enemy: Norbert Wiener and the Cybernetic Vision*）。
4. 贝尔纳·斯蒂格勒批评安德烈·勒鲁瓦–古朗这本书，论点有趣，有助于我们了解德里达的区分（différance）和痕迹（trace）概念，参见《技术与时间》（*Technics and Time, 1: The Fault of Epimetheus*, pp.134–179）。

术的历史（人与工具关系的历史），尤其是文字书写的技术。值得我们注意的是，勒鲁瓦－古朗对前面讨论的运筹程序表现出异乎寻常的兴趣，尤其是自动机里的记忆运筹。他论证说，运筹程序的历史演化开始在我们的时代模糊了人与机器的边界。[1] 德里达在他的书评里回应勒鲁瓦－古朗对操作程序的兴趣时，写道：

> 这里要提到程序的概念。当然它必须在控制论的意义上去理解。然而唯有从历史痕迹的角度看，控制论本身才是可以被理解的。历史的痕迹是预存（protention）和保留（retention）的双重运动的统一。这样的双重运动远超“有意向的意识（intentional consciousness）”的可能性。“有意向的意识”的发生使文迹子很像预存和保留的双重运动（根据一个不在场的新结构），这无疑使狭义的书写系统的出现成为可能。由于“基因书写”和“短程序链”规定了阿米巴原虫或环节动物的行为，也规定了拼音文字书写乃至逻各斯秩序，并且在一定程度上规定了智人的行为，因此有了文迹子的可能性，而文迹子以严格的原始层次、类型和节奏为其历史运动提供了结构。但如果没有文迹子，我们就不能思考“基因书写”和“短程序链”等概念。[2]

如上所述，到底是文迹子概念先于控制论？还是控制论的“程

1. 安德烈·勒鲁瓦－古朗：《手势与言说》（*Gesture and Speech*, pp.237–255）。
2. 德里达：《论文迹学》（*Of Grammatology*, p.84）。

序（programs）”概念激发出德里达的文迹子概念呢？德里达在“程序”概念和“文迹子”概念之间玩了一个微妙的文字游戏，把勒鲁瓦-古朗的复数名词 programs 写成单数名词 the program，于是对勒鲁瓦-古朗笔下的操作程序做了修正。德里达的修正企图说服我们，文迹子先于程序，前者使后者的出现成为可能，但他的写作背景似乎表明，情况刚好相反。

不过，有一点是清楚的：德里达试图在文迹学里确立程序和文迹子的根本联系。如果说操作程序有助于他发现文迹子，我们就能得出结论说，自控机的磁带其实是文迹子和痕迹尚未认可的思想形迹。我们是不是可以进一步追问，虽然表面上德里达提出“预存和保留的双重运动”时使用了现象学的术语，但实际上他这个概念是不是和自控机的操作和序列更有关联呢？我的回答是肯定的，因为自控机的运筹方式和序列正是勒鲁瓦-古朗和雅各布都关注的。德里达认为，控制论和操作程序消除了“意图（intention）”“意识”和诸如此类的形而上学观念，这个理解是不错的。但是，基因书写何以就能为德里达提供他所需要的证据？何以证明文迹子是一个能成立的概念？文迹子何以解释遗传密码？最后，拼音文字的书写、信息论和控制论之间到底是什么关系？

事实上，战后英美科学界通信系统的工程师和数学家们在积极设计能思维、会执行智能任务的通用非连续机时，他们总是把机识词语或机识字母作为出发点。这一选择意义重大，它意味着我们必须重新评估控制论里的拼音字母技术，也必须重新评估德里达文迹学的意涵，从而得出不同的结论。基特勒就牢牢把握住了这一点，他把书写行为定位在计算机的硬件里，而不是基因书写的修辞里。他写道："最后的历史书写行为很可能就是20世纪70年代初，英特尔的工程师们铺开几十平方米的设计图（就英特尔8086微处理机的芯片而言，需要64平方米的设计图），以设计第一个集成电路的微处理机的研究架构。"[1] 基特勒的话或许有一点夸张，不过，在我们下面继续讨论书写的物质性和书写的技术时，他的这个观察视角是很有助益的。

由于信息技术发展而实现的拼音文字书写的演化，是20世纪中叶出现的一件大事，我们要予以确认并将其置于关注的焦点。许多人都知道，信息论和控制论使神经科学、语言学、经济学、精神分析、生物学等学科经历了一场革命，使不同的学科交汇跨界。但这些意义重大的思想跨界交往是在什么基础上发生的呢？比如，雅各布森用信息论研究语言和诗学时，他偶尔会在"音步"和"频率"之间滑动，比较音位与遗传密码的非连续元素和氨基酸的相似性。[2] 相比之下，香农在创立信息论的数学基础理论时，他把焦点放在"机识英文"上，用来计算和比较英文字母和语词的冗余率和熵率。香农采用的是统计参数而不是音位参数。比较香农和雅各布森，我们可以看出两个人在处理拼音文字及其与语言的关系时，用的是完全不同的概念。而这种巨大的差异是怎么发生的呢？

为了说明概念上的差距和差异，我们首先需要检讨先入为主的

1. 基特勒：《文学、媒介和信息系统》（*Literature, Media, Information Systems*, p.147）。

2. 雅各布森：《文学语言》（*Language in Literature*, p.71）。

表音概念。我们知道，拼音文字书写长期被视为表意书写的对立面，表意就是非表音的另类。这一对立证实了人们熟悉的形而上学的思维习惯，德里达试图揭示这种思维习惯，为的是解构它，但德里达理解的表音和表意以及两者的关系，与本书的理解不同。我们来看表意书写和表音字母的对立究竟来自何处，第一步是先不要匆忙地把表意书写与汉字书写系统绑在一起，因为这两种系统是迥然不同的两个历史建构，它们之所以被绑在一起，而且被错误地比较，一是出于误解，二是出于有意图的翻译。几个世纪前的基督教传教士和语言学家是其中的作梗人，他们描述的汉字系统甚至愚弄了欧洲的哲学家。莱布尼茨（Gottfried Wilhelm Leibniz）[1]以来，这种情形其实并没有什么改善。麦克卢汉以后的媒介研究和数字媒介研究一直坚持逻各斯中心论（logocentricism），导致后续研究难以突破其框架。因此，拼音文字的表意系统究竟是怎么一回事的问题，变得扑朔迷离，始终不被纳入思考的范围。研究者们围绕逻各斯中心论做了两件事：其一是把拼音文字书写和所谓象形文字、表意文字或语标文字对立起来，究其原因，是他们只看到肤浅的文字系统的差异；其二，他们把语言系统（linguistic system）和书写系统（writing system）混为一谈，然后又把这两个系统与文字符号（script）的概念进一步混淆（事实上，书写系统与特定的语言有关，而文字符号总是跨越特定的语言）。

1. 莱布尼茨（1646—1716），德国自然科学家、哲学家、数学家，在许多学科中产生了广泛的影响，在17世纪末18世纪初德国的知识界占据主导地位，他在中国古文化中看到了二进制的雏形。——译者注麦克卢汉是少数几位研究文学而真正懂得乔伊斯的现代主义实验对于了解媒介技术的重要意义的学者，但奇怪的是，麦克卢汉却没有从这个洞见出发去修正他自己关于拼音文字的错误观念。许多媒介研究者也都是这些错误观念的信徒，因为他们不厌其烦地重复自从活字印刷术进入欧洲以来，西方如何发展出先进的印刷技术、电信技术、生物控制技术等过程，尤其是他们还讲述了关于谷登堡如何发明活字印刷的故事。这种莫名其妙的傲慢早已根深蒂固，我们不必太介意，反而倒是麦克卢汉那广为人知的有关拼音文字的论述值得我们关注，原因是他强调拼音文字是一种技术。在《理解媒介：论人的延伸》里，麦克卢汉断言：

> 拼音文字是一种独特的技术。历史上有许多象形的和分音节的文字，但是把没有意义的字母和同样没有意义的语音对应起来的拼音文字，却只有一种。视觉世界和听觉世界之间的这种决然分割、平行发展，是粗暴无情的，从文化上说是这样。用拼音文字书写的词汇牺牲了大量的意义和感性，而埃及的象形文字和中国的表意汉字（Chinese ideogram）之类的文字却能将意义和感性固定下来。但是，这些文化内涵比较丰富的文字形态却不能向人提供突然转换的手段——从部落词语充满魔力的非连续性的传统世界转入很妙的整齐划一的视觉媒介（cool and uniform visual medium）的手段。许多世纪以来对表意文字的使用，并没有威胁中国天衣无缝的家族网络和微妙的部落结构。相反，在今天的非洲，只需一代人使用拼音文字——正如两千年前的高卢人一

样——至少就足以初步把个人从部落的网络中分离出来。[1]

如果这一论点听上去有说服力，那是因为它印证了常识，但在概念层次上，它却有很深的缺陷，究其原因，恐怕还不是因为无知。麦克卢汉把原始象形思维归因于非拼音文字书写（nonalphabetical writing）——他在这里已经把象形特征和表意特征混为一谈——尽管这一观点在他之前就早已引起很多质疑。[2] 但凡懂一点初级符号学和数学的人都会明白，非拼音的视觉符号不一定是“象形的”或者是“原始的”，才能充当符号媒介被使用。把非拼音文字原始化，它的成功秘诀在于给拼音文字加上了一层神秘的面纱。事实上，拼音文字才是我们要追究的真实对象。我的问题是：拼音文字凭借什么魔力使无意义的语音符号，所谓“很妙的整齐划一的视觉媒介”开始获得意义？我们既没有对拼音文字的科学解释，又无法解释它的魔力究竟从哪里来，那就只能靠我们熟悉的现代语言学的理论去解释，可是，语言学认为拼音文字仅仅标记言说中的“无意义”语音。[3]

1. 麦克卢汉：《理解媒介：论人的延伸》（*Understanding Media: The Extensions of Man*, pp.83–84）。

2. 参见卜弼德（Peter Boodberg）《表意文字抑或偶像崇拜？》（*Ideography' or Iconolatry?*）和赵元任（Yuen Ren Chao）《国语入门》（*Mandarin Primer*）。

3. 麦克卢汉的种族中心主义（ethnocentrism）使他看不见自己在技术与文明问题上前后不一和自相矛盾的观点。倘若区区拼音文字就能把个人从家庭和部落的网络中解放出来，并发挥决定性的作用，那为什么欧洲人在采用拼音文字后花了几千年才发现“个人主义”的价值，而在“今天的非洲，只需一代人使用拼音文字”就把个人从家庭和部落网络中解放出来了呢？在《自动控制与文化》（*Cybernation and Culture*）一文里，麦克卢汉援引林·怀特（Lynn White）的《中世纪技术与社会变迁》（*Medieval Technology and Social Change*）并指出，希腊人和罗马人尚未闻知马镫一个书写系统究竟依靠什么样的文字符号、以什么媒介形式为人所知呢？我提出这个问题是为了思考拼音文字系统本身的演化，尤其是作为数字媒介中表意系统的拼音文字系统。我们首先要做的，就是拒绝在汉字和表意文字（ideography）之间画等号，就像拼音文字系统也不能被简约为语音中心主义（phonocentrism）一样。[1] 另一点也不能忽视，即表意书写（ideographic inscription）一直以来都是欧洲人使用的概念，就像埃及人的所谓象形文字也同样是欧洲人的说法一样。“表意书写”从来都不是中国学者使用的概念，汉代许慎著《说文解字》，他在书中分析的对象是“字”，不是“表意书写”。此后两千多年的中文学术里，研究“字”或“文”的著作汗牛充栋。[2]

是腿脚的延伸。马镫从东方（中国）的引进使中世纪早期“重甲骑马”的欧洲人成为“坦克”。耗资巨大的重甲骑士催生封建制，马镫的引进使封建制应运而生。但火药一登场就立即“使封建制的基本规则产生巨变，就像马镫使古代经济的基本规则产生巨变一样。火药和印刷术一样民主”。倘若马镫、火药和印刷术这三种技术都源于中国，为什么它们能使欧洲产生巨变，却让“中国天衣无缝的家族网络和微妙的部落结构”完好无损呢？种族中心主义是他这种奇怪推理方式的唯一解释。

1. 勒鲁瓦-古朗认为，汉字书写的表意和表音两个方面是“互补的，同时又是相异的，所以它们在中国境外产生了分离而不同的文字标注系统”。他说的是日本和其他亚洲国家借用汉字为己所用的情况。他是掌握了汉字书写第一手材料的少数理论家之一。不过，他似乎可以更多注意时间和空间的作用，在聚合部首和语音要素使之成为常规符号的过程中，时间和空间的作用成为结构的力量。书法是汉字书写精神的结晶，展示了表意和表音两条原理持久的聚合力量。参见勒鲁瓦-古朗：《手势与言说》（*Gesture and Speech*, p.209）。

2. 现代汉语的语法书在这个问题上发生很多混淆，常常用“word”的概念去附会“字”的概念。关于这一点，参见刘禾：《帝国的话语政治：从近代中西冲突看现代世界秩序的形成》（*The Clash of Empires: The Invention of China in Modern World Making*, pp.181-209）。

但另一方面，我们也没有理由将“表意书写”作为错误的概念来对待。这一概念虽然不能帮助我们理解汉字的书写系统，但它在西方却享有独立的生涯，并充满了对未来的预期。西方人一直梦想着有那么一天，拼音文字系统终于卸掉不同地域的语音束缚，成为普世通用的代码。普世的通用语言（universal language）是莱布尼茨式的梦想，它给西方思想的“表意书写”赋予了他异性（aura of alterity）的光环和终极论。这个梦想就是不依托言语或声音的中介，设计某种图形符号直接表达抽象思想，就像数学符号或者用盲文直接表达概念一样。[1] 至于有没有汉字书写都无所谓，这种梦想始终存在。近些年来，随着分子生物学家对遗传密码的破解，接近梦想的步伐加快了，千百年以来对普世通用语言的追求终于到站，即使还没有完全抵达终点。这一里程碑式的事件及后续的人类基因组图谱就是转折点。正在这一切发生的时候，正在人们对生命、生殖、社会控制、语言、通信和健康等基础问题需要在公共领域公开辩论的时候，科学家和人文学者的对话反而变得愈加困难。由于难以逾越的学科壁垒和制度力量，学科的盾牌使科学家难有批判的眼光，同时也使人文学者难以生产客观的知识。

虽然障碍重重，遗传密码到来的消息还是催生出人文学者的一些批判研究。他们开始审视拼音文字书写的作用，发现它成了分子生物学的万用比喻。由于分子生物学到冷战时才成气候，人文学者的批判

---

1. 参见德里达针对莱布尼茨颂扬非拼音书写而进行的批判反思，见其《论文迹学》（*Of Grammatology*, pp.24-26）。

研究针对的主要问题是：美国军事 – 工业 – 学界复合体的庞大资源如何为武器工业技术服务？新的“敌人本体论”如何通过信息论和控制论而成型？此外，DNA 序列乃遗传密码的话语建构是如何从信息论和控制论中浮现出来的？这些学者的研究充分显示了数学家如何依靠密码破解的逻辑去解锁敌人的秘密字母表，分子生物学家如何用同样的方法去解码 DNA“无声”的语言，并借此识别核酸的字母、密码子（语词）和标点符号。[1] 比如，乔治·伽莫夫及其合作者就清楚地把活细胞的分子当作征服的对象，“类似军队情报处仅根据不到两行印刷词的讯息去破解敌人的密码一样”[2]。

在《生物媒介》(*Biomedia*）一书里，尤金·萨克（Eugene Thacker）区分了生物信息学历程中的隐喻化（metaphorization）和自动规范化（autonomization）。他认为，在 20 世纪中叶早期，分子生物学家主要是将“信息”概念用作隐喻，正如凯伊所述；但在稍后的生物技术和生物信息学阶段，“信息不再被视为 DNA 的隐喻，而是被视为 DNA 固有的技术原理。由于计算机里控制和储存 DNA 的新技术兴起，信息学模型隐喻的比方塌陷，回落到DNA本身”[3]。萨克所谓“隐喻”指的是一个领域借助其他领域的言说方式。他极力区分认识的内化和信息的自动规范化。他认为，信息的自动规范化是 DNA 的构

1. 密码子被视为单词的对应体，拼写成三个相邻的核苷酸，构成一个遗传密码。在蛋白质的合成中，这个序列说明氨基酸的插入在多肽链里的结构位置。

2. 乔治·伽莫夫、亚历山大·李赫（Alexander Rich）、玛蒂纳·耶卡斯（Martynas Yčas）：《从核酸到蛋白质的信息传导问题》(*The Problem of Information Transfer From the Nucleic Acids to Proteins*)。

3. 尤金·萨克：《生物媒介》(*Biomedia*, p.39)。

成机制，基因组是生物计算机，人体是生物媒体。[1]问题是，这和早前克里克、华生、伽莫夫等分子生物学家描述自己的科学发现的那种语言有什么根本不同吗？难道伽莫夫所谓敌人代码（enemy code）的隐喻里就没有包含认识论的断裂吗？这一切需要等到生物信息学的未来启示才变得清晰可读吗？

在科学门类的发展中，在概念和范式的转移中，隐喻和思维的类比必不可少。认识到这一点后，凯伊、海尔斯和理查德·多伊尔（Richard Doyle）等批评家细察了分子生物学的转义用语并论证了"修辞软件（rhetorical software）"在科学家发现遗传密码的过程中发挥的作用。[2]他们进一步说，代码、转注、转译等隐喻实际上为科学家提供了概念框架，这些科学家借用文学的手法去想象和确定核酸和氨基酸的相互关系；不过，修辞语言的不定性以及"多重含义、定义的滑动、意义的变化，还有悖论，这些最终还是动摇了基因组书写的有效性和预测力"[3]。洪贝尔托·梅图拉纳（Humberto Maturana）和弗朗西斯科·瓦雷拉（Francisco Varela）提出的"自创生（autopoiesis）"这个概念经常被人引述，它提供了另一个例子。"自创生"的概念是典型的控制论概念，它原指生物有机体的自调节自

1. 尤金·萨克：《生物媒介》(*Biomedia*, p.40)。

2. "修辞软件"一说，参见理查德·多伊尔：《超越生命：生命科学里的修辞转化》(*On Beyond Living: Rhetorical Transformations of the Life Sciences*, pp.6–10)。又见詹姆斯·波诺（James J. Bono）：《科学、话语和文学：隐喻在科学里的作用》(*Science, Discourse, and Literature: The Role/Rule of Metaphor in Science*)。

3. 凯伊：《谁写了生命之书：基因密码史》(*Who Wrote the Book of Life?: A History of the Genetic Code*, p.14)。

组织（self-regulation and self-organization）的系统，但在梅图拉纳和瓦雷拉看来，“自创生”不仅适用于生物系统，而且适用于社会系统。在“自创生”概念从一个系统向另一个系统迁移和传播的过程中，就会发生一些奇怪的、不协调的现象。理查德·多伊尔在《湿件：后活力生命的实验》（*Wetwares: Experiments in Postvital Living*）一书里问：“社会组织究竟在生物学定律的范围之内，抑或是在它之外呢？”[1] 梅图拉纳和瓦雷拉两人在这个根本问题上持有不同的意见。尼古拉斯·卢曼（Nikolas Luhmann）和后来的许多人在发展自己的系统理论时，主要是参照这两人的生物学定律的假设。对于这些学者，我们也可以问同样的问题：社会组织究竟在生物学定律的范围之内，抑或是在它之外呢？显而易见，自创生的概念变成了另一个构建理论的转义修辞（trope），这一修辞是否也像伽莫夫的“敌人代码”那样，派生出自我参照的模式呢？

虽然研究转义和隐喻在科学知识建构里的作用不无裨益，但我们不要忘了，科学家们，尤其是最出类拔萃的科学家，根本不在意这一点，也不会在转义和隐喻的问题上争论不休。维纳自己就写道：“我们大多数人都认为，数学是最实在的科学，却构建了最宏大而富有想象力的隐喻，无论从审美上还是从思想上，这个隐喻的

1. 理查德·多伊尔：《湿件：后活力生命的实验》（*Wetwares: Experiments in Postvital Living*, p.38）。多伊尔在这里讨论的是梅图拉纳和瓦雷拉两人很有影响力的书《自创生与认知：生命的实现》（*Autopoiesis and Cognition: The Realization of the Living*）。艾拉·利文斯顿（Ira Livingston）用拉康的方式解读自生系统，很有意思。他说，自生系统“能误导自己，自认为是独立自治的”。参见利文斯顿：《科学与文学：自生诗学导论》（*Between Science and Literature: An Introduction to Autopoetics*, p.89）。

成功与否才是判断的标准。”[1] 数学家埃米尔·博雷尔（Emile Borel）也说过：“微积分必须依托通俗语存在的假设。”[2] 弗里德里希·魏斯曼（Friedrich Waismann）在20世纪初就写到，无论我们怎么论述逻辑或微积分，我们的论点必须“用一个事实来补足，那就是要揭示数学符号和通俗语词汇意义的相互依存性”[3]。更不用说以下事实了：克里克、华生等科学家形容双螺旋DNA结构“漂亮”“优雅”，仿佛他们追求的是审美体验。[4]

当然，无论我们是赞成还是反对这些科学家的看法，这里隐含的一个道理值得注意：我们对科学知识的批评仅仅靠揭穿它的修辞隐喻是不够的，它不能使我们的理解达到更高的层次，其实科学家和人文学者早就知道这一点。[5] 不错，科学事实总要用修辞隐喻来

1. 诺伯特·维纳：《人有人的用处》（*The Human Use of Human Beings: Cybernetics and Society*, 95）。布莱恩·罗特曼（Brian Rotman）发表了同样的观点，只是角度略有不同。他指出，没有任何数学家会否认一个命题：“数学是一种语言。”参见罗特曼：《数学说理技术》（*The Technology of Mathematical Persuasion*）。

2. 埃米尔·博雷尔：《函数理论》（*Leçons sur la théorie des fonctions*, p.160）。

3. 弗里德里希·魏斯曼：《数学思维导论：现代数学中概念的形成》（*Introduction to Mathematical Thinking: The Formation of Concepts in Modern Mathematics*, p.118）。

4. 霍勒斯·弗里兰·贾德森（Horace Freeland Judson）造访了许多参与破译遗传密码的科学家，他们几乎异口同声地谈及研究模型和推理的优雅风格，并不多谈证据。参见贾德森：《创世纪的第八天：20世纪分子生物学革命的缔造者》（*The Eighth Day of Creation: Makers of the Revolution in Biology*）。

5. 魏斯曼之后论及数学隐喻的最新著作是乔治·拉科夫（George Lakoff）和拉斐尔·努涅斯（Rafael E. Núñez）的《数学来自何方：论思维体如何成就了数学》（*Where Mathematics Comes From: How the Embodied Mind Brings Mathematics into Being*）。该书分析概念的隐喻（conceptual metaphor）在算术、代数、集合、逻辑和无穷大等数学理念里发挥的作用。其研究似乎证实了这两位认知科学家对维纳论述的认可，他们坦承“对数学的美丽理念怀有持久的激情”。

建构，我们对科学家的修辞举措提出质疑，完全在意想之中，没什么了不起。这是不是因为我们没有做出足够的努力，还没有弄清楚自己批评的对象，就急急忙忙去进行批评呢？比如说，我们可以考虑小说虚构和数学是互补的符号建构，也可以考虑精神分析与博弈论之间的关系（或者控制论和信息论的关系，因为两者都是相互关联的）。这是因为精神分析与博弈论都各自把文学当作符号操演的资源，数学理论家由此而走向形式化的思想飞跃。

说到遗传密码乃隐喻的揭示，其局限深藏在概念的前提之中，这里牵涉到什么是拼音文字，什么是语义，什么是语言和表征符号。通常的情况是，批评者执着于某些概念的假设，而不是代码本身。他们能看见隐喻，却看不见全新的东西，看不见非常独特的东西，看不见叫人惊讶的东西。为了破解这些概念的假设，我们不妨提三个问题，也许会有助益。首先，科学家们是不是已经对拼音文字和隐喻性的书写进行加工并将其改变，而人文学者全然不知，却依赖旧有的理念去批评科学家呢？其次，分子生物学家所谓蛋白质文本（protein text）的说法，究竟算不算我们所说的隐喻游戏之一呢？最后，信息论和分子生物学的符号范式是不是非要被禁锢在字面表达或意象的表征等老一套修辞范式里呢？难道这些符号范式不能丝毫震撼我们，让我们摆脱通常的感知方式，让我们所熟悉的"语词""讯息""代码"和"转译"发生出乎意料地复制和裂变吗？

我们对第一个问题的回答是"是"，对其余两个问题的回答是"非"。这三个问题至少在以下三个方面与拼音文字书写本身的变迁有深刻的联系。首先，无声的遗传密码，它的编码依靠的是不连续的字母、数字、空格和标点的符号秩序，就是我们在数字媒介里理解的那种秩序。其次，这种表意字母的引进必然改变意象表征的规则，动摇跨隐喻游戏的概念基础，动摇我们通常将其与常规文本联系的概念基础。最后，由数字、字母和空格所组成的表意字母文字的系统，它追求的是通用文字的普世地位，它要为作为帝国的科学技术过关斩将，征服一切已知的语言，包括通俗用语。这才是真正的要点。因此无论我们怎么说遗传密码是隐喻，它都不会有多少进展。如果我们想要了解字母、数字和标点符号是如何进入基因书写的，我们就不应该以常规语义学的名义把研究的大门预先关上，玩弄以下的循环论证：字面意义如何成为隐喻，隐喻又如何变为字面意义等。

因此，与其在隐喻的形而上学地位及其真实值的问题上争论不休，我认为更有效的方法是集中精力研究机识符号的理念如何发生，并如何获得信息论和分子生物学赋予它的意义。这也许才是数字媒介领域真正的问题所在。机识英文的第 27 个字母和核酸分子的代码都显示，拼音字母经过再加工以后，已经或多或少变得不是它原先的样子了。与之类似，诺贝尔奖获得者弗朗索瓦 · 雅各布说 DNA 密码是用法文字母或莫尔斯电码写成的，他其实是用一个表意符号（开或关）的概念描述密码子和操纵子（operons），他描述的绝不是法文的音位或言语单位。[1]

---

1. 弗朗索瓦 · 雅各布：《法兰西学院讲演词》（*Leçon inaugurale au Collège de France*, 22）。关于“法国血统”如何影响法国人类基因组工作的分析，参见保罗 · 拉比诺（Paul Rabinow）：《法国 DNA：炼狱之旅》（*French DNA: Trouble in Purgatory*）。

第四节　拼音文字的表意转向

莫尔斯电码是信息论和基因书写的原型，其相关意义绝非小事，因为它回眸的是一种历史遗产，我曾将这一段历史遗产概括为19世纪国际政治的符号学转向（semiotic turn of international politics）。现代技术的历史证明，通信系统总是瞄准军事需求，与海陆空三军的通信需求纠缠在一起。[1] 符号学先驱皮尔斯和索绪尔并没有发明"代码""符号""信号"等概念，但他们的确是在与皇家海军工程师和莫尔斯电码的发明者共享对这些概念的理解。在那个时代，主权国家和帝国强权商讨和起草有约束力的协定，以规制国家海事信号、路标、电器规范和其他符号系统。直至第二次世界大战和冷战期间，英文字母书写转化为普世通用的数字代码才前景可观，这就给香农的密码实验和通信工程赋予了特殊的意义。相比而言，数字和字母的通用代码比莫尔斯电码获得了更大的普世性。

在通信机里跨符号系统的通用可译性（universal translatability）前景的引领下，物理学家乔治·伽莫夫早在1954年就对DNA的统计结构做过大胆的推测。[2] 这位倡导宇宙大爆炸理论的物理学家

1. 刘禾：《帝国的话语政治：从近代中西冲突看现代世界秩序的形成》第一章。

2. 理查德·多伊尔在《超越生命：生命科学里的修辞转化》（*On Beyond Living: Rhetorical Transformations of the Life Sciences*）中评述了伽莫夫所用的翻译概念，但他对这一问题的处理局限于伽莫夫"词语"和"数字"的隐喻，并没有从概念上将其与香农的第27个英语字母联系起来。参见多伊尔：《超越生命：生命科学里的修辞转化》（*On Beyond Living: Rhetorical Transformations of the Life Sciences*, pp.39–64）。

在《自然》杂志刊出一篇文章，题为《脱氧核糖核酸与蛋白质结构可能的关系》（*Possible Relation Between Deoxyribonucleic Acid and Protein Structures*），提出 DNA 双螺旋结构的数学模型。而就在不久前，克里克和华生刚刚宣告了 DNA 的双螺旋结构。双螺旋的平行链由四种核苷酸（腺嘌呤、胸腺嘧啶、鸟嘌呤和胞嘧啶）组成，核苷酸与糖和磷酸盐分子相连。伽莫夫基于此提出，任何有机体的遗传特性都可以被形容为“用四位数字系统写成的长数字”。染色体（蛋白质）是长肽链，约由 20 种氨基酸组成，可以被视为“20 个字母组成的长‘词’。于是就产生了四位数如何被转译为‘词’的问题”[1]。他提出的“钻石代码（diamond code）”后来被证明是错误的，但他从信息论引入分子生物学的“转译程序（translation procedure）”起飞了，并以进击的态势形塑了这门年轻的学科。于是，对生命秘密的探索成为编码和解码的问题，成为转译的问题。10 年后，伽莫夫的主要合作者玛蒂纳·耶卡斯（Martynas Yčas）回眸分子生物学的迅猛发展时指出，伽莫夫的提议并不依靠“钻石代码”的特征，伽莫夫承认“钻石代码”不正确。更准确地说，耶卡斯坚称伽莫夫对分子生物学持久的贡献在于，他呈现的生命问题是“从一个文本转译为另一个文本的形式问题”，与生命中的具体化学过程无关。[2] 我们已经看到，查戈夫怎样反对这种后活力论的、形式主义的做法，查戈夫反驳说，编码问题是对生命提出的错误问题。

---

1. 伽莫夫：《脱氧核糖核酸与蛋白质结构可能的关系》（*Possible Relation Between Deoxyribonucleic Acid and Protein Structures*）。

2. 玛蒂纳·耶卡斯：《生物学代码》（*The Biological Code*, p.25）。

然而，克里克及其同事试图用形式化的进路获取遗传密码的正确解读，从浩瀚数量的可能性中去解读。在伽莫夫四位数组合系统的基础上，他们把“语义”引入三个核苷酸序列，三个核苷酸和一种氨基酸相关联生成64种核苷酸序列。值得注意的是，克里克等人认为有些序列生成“有意义”，有些生成“无意义”。[1] 令人好奇的是，语义居然在这个层次对他们很重要。毕竟，分子生物学家是从香农那里借来信息论的，但香农和语义学是毫无关系的。香农起初构想通信机问题时，有意义和无意义对他来说，与代码的正确或错误解读相去甚远。香农坚持认为，信息是随机决定的。我在下一章将讨论香农的贝尔实验室同事怎样追随他的足迹从事随机实验，探索有意义和无意义的边界。通过有意义和无意义的交互，他们甚至开始思考数字媒介的所谓精神分裂机器（schizophrenic machine）的性质。

当信息论被转译进另一门学科时，语义的概念也同时被引进三个核苷酸序列的解读，结果造成许多扭曲。围绕代码这个理念本身的混乱也十分普遍，遗传密码是语言，还是文字呢？我们看到，德里达征引基因书写来证明文迹学里的文迹子（grammè in grammatology）。对他而言，基因密码和文字书写关系紧密，绝不和言语相联系。相反，对语言学家雅各布森而言，基因密码是和口语、言语、音位相联系的。在1970年刊发的关于语义学现状的长篇报告里，雅各布森代表结构

1. 弗朗西斯·克里克、J. S. 格里菲斯（J. S. Griffith）和奥加尔（L. E. Orgel）：《没有逗号的代码》（*Codes Without Commas*）。这篇文章的猜想被证明是错误的。至于克里克本人对这一游戏吸引力的反思，参见霍勒斯·弗里兰·贾德森：《创世纪的第八天：20世纪分子生物学革命的缔造者》（*The Eighth Day of Creation: Makers of the Revolution in Biology*, pp.318–321）。

主义语言学发布了最雄心勃勃的论断。他说："语言代码通用的结构设计无疑是每个智人的分子禀赋（molecular endowment）。"[1]雅各布森的"语言代码"指的是言说，而不是文字书写。他接着又说："神经生理学家和语言学家互相帮助，对大脑皮质损伤和继后的失语症进行比较研究，在人类有机体和语言能力的关系上达成了最深刻的洞察。"[2]

雅各布森论述了遗传密码和言语代码的相似性，其逻辑包含一系列的替代和置换——从音位到言语代码再到莫尔斯电码的置换。他认为，字母替代音位，莫尔斯电码替代字母——多年后海尔斯也呼应了这个观点。随之而来的说法是，遗传密码类似表征的次级单位应该与音位直接做比较。雅各布森写道："我们可以说，在一切承载信息的系统中，唯有遗传密码和言语密码是基于非连续的成分的使用，这些成分没有固有的意义，只构成最小的意义单位。"[3]遗传密码和言语密码之间非连续符号的相似性这个假设，并没有完全向我们阐明其中的

---

1. 雅各布森：《语言学》（*Linguistics*）。
2. 雅各布森：《语言学》（*Linguistics*）。近年来，FOXP2 基因的破译显示，科学家对言说障碍基因基础的研究不仅在继续，而且是沿着雅各布森探索失语症描绘的方向稳步前进的。这个基因被认为是人获取口语能力的基因，它掌握着一把钥匙，能解开言说和语言能力的遗传级联和神经通路的秘密。参见西蒙·费希尔（Simon E. Fisher）、S. L. 赖（S. L. Lai）和安东尼·莫纳克的文章《解读言说和语言障碍的基因基础》（*Deciphering the Genetic Basis of Speech and Language Disorders*），以及加里·马库斯（Gary F. Marcus）和西蒙·费希尔的文章《FOXP2 基因聚焦：基因能告诉我们言说和语言什么信息？》（*FOXP2 in Focus: What Can Genes Tell Us About Speech and Language?*）。关于雅各布森的言说障碍研究，参见其《语言的两个方面和言说障碍的两种类型》（*Two Aspects of Language and Two Types of Aphasic Disturbances*）。这篇文章初刊于《语言基础》（*Fundamentals of Language*），与莫里斯·哈勒共同署名。
3. 雅各布森：《语言学》（*Linguistics*）。

奥秘。换句话说，雅各布森 20 世纪 50 年代初的音位研究本身就受到了信息论的启发，并一定程度上效仿了信息论。这就意味着，莫尔斯电码和机识符号不可能是语言的纯粹替代物，或者替代物的替代物。如果我们更仔细考察，雅各布森自以为发现了遗传密码和言语密码之间的对应关系，事实上，这两者之间的对应是以通信机的机识符号为中介的。我们将在下文中看到，雅各布森言语代码的非连续单位（音位）也是尾随通信机的机识符号，而不是走在其前头。

我们在雅各布森研究音位的基础性论文《语言逻辑描绘的音位初探》（*Toward the Logical Description of Languages in Their Phonemic Aspect*）里，可以找到确凿的证据。不过，在分析这篇文章前我要指出，早在 1949 年，雅各布森就得到一本韦弗亲自赠送的香农著作《通信的数学理论》，从此他成为信息论的热情鼓吹者。[1] 20 世纪 50 年代后期，雅各布森成为麻省理工学院的双聘研究员，再次与那里的同事互动，担任新成立的通信研究中心的执行委员。该中心的研究人员包括香农、杰罗姆·魏斯纳（Jerome Wiesner）、沃尔特·罗森布利斯（Walter Rosenblith）、杰罗姆·莱特文（Jerome Lettvin）、诺姆·乔姆斯基（Noam Chomsky）[2]、明斯基和约翰·麦卡锡（John McCarthy）。通信研究中心附属于麻省理工学院的电子研究实验室，

1. 凯伊：《谁写了生命之书：基因密码史》（*Who Wrote the Book of Life?: A History of the Genetic Code*, p.300）。我在本书下一章会谈到韦弗在推动信息论中所发挥的重要作用。

2. 诺姆·乔姆斯基，美国语言学家、哲学家、社会活动家，著作宏富，要者有《句法结构》《句法理论的若干问题》《语言和心智》《语言理论的逻辑结构》《语言论》等。——译者注

由美国陆军、空军、CIA、美国国家科学基金会和国家标准局资助。[1]

雅各布森的《语言逻辑描绘的音位初探》这篇论文有两位共同署名人，他们是信息论专家科林·切里（Colin Cherry）和麻省理工学院的语言学家莫里斯·哈勒。论文的作者们把香农的方法和数学公式直接用于判定语言的非连续单位的统计学边界。他们从音位出发对语言进行逻辑的描述，这完全是在效仿香农对熵率的计算，并采用同一个公式 $H = -\sum p_i \log p_i$ 去计算每个音位的比特数。读者应该记得，香农计算通信工程里每个字母的平均比特数，用的是完全相同的方法，不过他的这些统计数字不是为了证明字母的非连续性。雅各布森意义上的“每个音位的比特数”指的是什么呢？它指的是根据音位的区分性特征将一组语音数据连续细分成两个等概率的子集，以识别一个音位所需的平均数是正号还是负号（是或非）问题的数量。这就是说，音位 i 的判断与其说是根据语音，不如说是根据数字序列的统计概率 p_i，使之成为非连续单位。[2] 图 7 显示出三位作者如何用这一方法判定俄语的音位。雅各布森所说的音位非连续性来自通信机里的机识符号（每个字母的平均比特数），而不是来自真实的语言数据。（这仿佛是一个完整的循环，从俄国文学到数学再回到俄语——如前所述，用统

---

1. 凯伊的研究显示，到 20 世纪 60 年代，这些资助机构共出资 300 万美元，支持该中心和语言研究相关联的自动翻译项目，主要是将俄语译成英语，尤其关于科学论文的翻译。到 1963 年财政年结尾，资助额度增加到 800 万美元。参见凯伊：《谁写了生命之书：基因密码史》（*Who Wrote the Book of Life?: A History of the Genetic Code*, p.301）。

2. 科林·切里、莫里斯·哈勒和雅各布森：《语言逻辑描绘的音位初探》（*Toward the Logical Description of Languages in Their Phonemic Aspect*）。

a	*b*	*c*	*d*	*e*	*a*	*b*	*c*	*d*	*e*
a	1316	2.94	.337	4	d	177	5.81	.100	9
i	977	3.35	.328	6	l,	162	5.95	.096	4
t	602	4.05	.244	9	ˈu	153	5.96	.091	6
ˈa	539	4.23	.228	4	r,	133	6.20	.083	4
j	457	4.45	.202	2	z	130	6.25	.081	8
n	392	4.66	.183	6	d,	126	6.30	.080	9
ˈo	379	4.72	.179	5	b	119	6.39	.075	8
s	359	4.80	.172	8	x	102	6.60	.067	5
ˈe	343	4.86	.167	5	g	91	6.80	.062	7
k	284	5.14	.146	7	v,	89	6.84	.061	8
v	273	5.15	.140	8	ʒ	89	6.84	.061	6
ˈi	243	5.38	.131	6	f	85	6.86	.058	8
u	240	5.40	.129	6	s,	85	6.86	.058	8
p	232	5.42	.126	8	ŝ	59	7.40	.044	9
r	230	5.45	.125	4	m,	56	7.50	.043	6
n,	221	5.50	.121	6	b,	52	7.60	.039	8
l	212	5.55	.118	4	p,	50	7.64	.038	8
ʃ	207	5.56	.115	6	k,	36	8.10	.029	7
m	202	5.64	.114	6	z,	21	8.90	.018	8
c	197	5.65	.111	5	f,	8	10.30	.008	8
t,	196	5.65	.111	9	g,	7	10.50	.008	7

TABLE C

a = Phoneme (i); $b = p_i \times 10^4$; $c = -\log_2 p_i$; $d = -p_i \log_2 p_i$; e = number of features listed in Table B (i means 'any given phoneme'; p_i means 'the probability of a given phoneme')

图7　科林·切里、莫里斯·哈勒和雅各布森的数值决定示意图，载于他们共同署名的《语言逻辑描绘的音位初探》(*Toward the Logical Description of Languages in Their Phonemic Aspect*)。图片来源为美国语言学会

计分析研究俄国文学的先驱是数学家马尔可夫，香农正是借用了马尔可夫的随机方法。)

雅各布森做过一些事情，对现代诗学产生了深刻的影响。他提出一个预设，“诗歌的功能是把对等原理从选择轴投射到组合轴上”[1]。他认

1. 雅各布森：《语言学和诗学》(*Linguistics and Poetics*)。

为，选择轴和组合轴分别是制约文学语言符号排列的基本规则，就像信息论一样，这些规则遵守组合数学，而且遵守二元对立的逻辑。选择律基于对等、相似和相异、同义和反义，而组合律则基于邻接性或序列的积累。如此，隐喻由替代原理表达，转喻遵循邻接性原理。这两条原理为诗歌里的复沓语音提供结构，而且激发了一切平行、对比和语义的结构。雅各布森写道："这是任何给定音步的诗行必要的特征，还有一些特征发生的概率很高，却又不必随时在场。除了必然出现的信号（概率为 1），一些可能出现的信号（概率不到 1）也进入音步的概念。借用切里对人和人交流的描绘，我们可以说，诗歌的读者显然'可能无法给格律的成分附加数值频率'，但就读者构想诗的形态而言，他无意中得到了它们'等级顺序'的暗示。"[1]雅各布森的诗学造就了一些混杂的词汇比如"信号""音步""概率"等。由于雅各布森热心于信息论，满脑子都是代码、信号和概率这些东西，他显然忽略了德里达后来提出的文字书写的问题，同时也忽略了香农最初表述"机识英文"的时候所强调的拼音文字的问题。雅各布森不但没有把握拼音文字的书写问题，他更没想到拼音文字书写是完全不同于音位、音节和言说之类的问题。雅各布森将拼音文字当作是替代语言的注音符号，却没有意识到对于信息论来说，拼音文字是信息论的基础符号，与语音无关——那么，究竟是什么东西阻碍了雅各布森将拼音文字把握为根本性的书写呢？德里达大概会回答说：逻各斯中心主义（logocentrism）。

但是，被雅各布森忽略的东西反而引起他的同时代分子生物学

---

1. 雅各布森：《语言学和诗学》（*Linguistics and Poetics*）。

家的高度注意。[1] 在 1965 年的《法兰西学院讲演词》中，雅各布说遗传结构是“沿染色体书写的化学讯息。这里让人惊讶的是，遗传特异性不是用汉字那种表意文字书写的，而是用法语这样的字母文字书写的，或者更像是用莫尔斯电码书写的”[2]。无意间，雅各布又在汉字和“表意文字”之间画了一个等号，然后又抬高了法语和莫尔斯电码，将汉字取而代之。问题是，谁说过遗传密码是用汉字写的呢？至于汉字系统的古老和它与 DNA 的“无声”生命密码有无联系，这都不在考虑之列。奇怪的是，当时还没有人提出汉字和遗传密码之间有什么相关性，可是雅各布连忙出来否认 DNA 密码是表意文字书写。雅各布在表意文字和拼音文字之间做出轻率的区分，同时又把表意文字和汉字混为一谈，似乎是在争夺代码和文字书写普世性的所有权。他真正想说的大概是：哪一种文字书写系统更具有普世性，是汉字，还是拼音文字？我们必须进一步追问，那么莫尔斯电码是表音的，还是表意的呢？如果莫尔斯电码的点、划和空格纯粹是表意的，那么法语如何够得上表意书写呢？它又如何能达到遗传密码的普世性呢？

不久以后，雅各布就不得不面对那个迎面扑来的被压抑的念头，因为当时有些分子生物学家开始囫囵吞枣地接受雅各布对汉字的说法。比如，加州大学伯克利分校的分子生物学家冈瑟·斯滕特就提出，就数字游戏而言，遗传密码酷似中国古代《易经》的符号系统。

1. 对维纳 - 香农信息论是否能应用于控制工程领域外的其他知识领域，切里似乎是有疑虑的。他告诫说：“如果把人或生物有机体一律都看作‘通信系统’，那就会造成认识上的模糊。”他对此存疑。不过这样的疑虑没有妨碍他与雅各布森和哈勒的合作。参见科林·切里：《论人类通信》（*On Human Communication*, p.40）。

2. 弗朗索瓦·雅各布：《法兰西学院讲演词》（*Leçon inaugurale au Collège de France*, p.22）。

他展示阴阳二元律，阳爻用实线（—），阴爻用虚线（--），三爻成一卦，可得八卦，八卦两两组合可得六十四卦。每卦自下而上解读，代表生命 DNA 的六十四种基本卦象。DNA 六十四种三链体看上去很匹配《易经》的六十四卦。[1] 这一惊人的巧合甚至启发其他的人建构繁复的图表，把《易经》表意的六十四卦象和 DNA 的六十四种三链体联系起来。[2] 其实，这种巧合没有什么神秘之处，从随机观点来看，它是可以解释的，因为数字 64 是给定二进制码的重卦组合可得出的最大数字。本书第四章将继续讨论有关的数字游戏。

但居然有人把这些联想的结果当真，让人惊讶无比。我提到这一点是因为它与雅各布对表意书写的论述有关，也因为它能向我们透露拼音文字书写的变化及其转向的信息。不管雅各布怎么说，遗传密码"无声"的语言对分子生物学家之所以有意义，在我看来，是因为它代表数字和拼音文字的表意书写。冈瑟·斯滕特等人用《易经》表意符号进行的研究当然不能证明遗传密码已然写入中国的古书；那种研究只不过反映出表意符号在分子生物学研究中如何获得全面可译性。我在前面已经说过，信息论引入了一个由密码、数字、字母、空格、二进制数位、算法等构成的可计算的网络，这

1. 冈瑟·斯滕特：《黄金时代到来：展望进步论的终点》（*The Coming of the Golden Age: A View of the End of Progress*, pp.64–65）。

2. 马丁·舍恩贝格（Martin Schönberger）：《易经与遗传密码：生命背后的隐秘之钥》（*The I Ching and the Genetic Code: The Hidden Key to Life*, p.145）。另一位生物化学家约翰逊·严（Johnson F. Yan）别出心裁地创造了一个新词"易 - 基因方块（I-Gene Cube）"，巧用双关，以表示易经和 DNA 的一致性。和舍恩贝格一样，严看见了《易经》占卜的一面与组合数学和概率数学的关联性。参见约翰逊·严：《DNA 和〈易经〉：生命之道》。

是一个彻头彻尾的表意符号的网络，它把一个普世主义新秩序强加给世界，同时也敞开了对“文字书写”或“文本”等概念的极端新解。回顾20世纪60年代，欧美的分子生物学家曾掀起一场公共运动去说服大众，成功地论述说大肠杆菌的真理也是大象的真理。分子生物学家强调基因程序的普世主义，不厌其烦地说，遗传密码决定了阿米巴或环节动物的短程序链，它也同样决定了更复杂的智人核苷酸序列和蛋白质——而德里达也如是说。当全世界都被这个观点说服的时候，聆听查戈夫的警示就有意义了，查戈夫告诫人们要警惕分子生物学的本源主义，警惕DNA成为当代的新逻各斯。

我们在此要进一步提一个问题：当代的拼音文字是不是已经转化为后拼音字母（postphonetic）了呢？我在写下postphonetic这个字时，并没有暗示说，字母不再具有拼音的功能，我只是强调，拼音文字不再等同于它原本的“身份”，而越来越走到自己的反面，接近表意了。毋庸置疑，英文字母仍然能读出声，就像汉字也能读出声一样，但这并不能证明，英文字母的表意化过程没有发生过。二进制代码里0和1的数值不同于十进制或其他代码系统里0和1的数值；同理，拼音字母的外貌和读法依旧，同时它却已经与自身疏远了。德里达可能会反驳说，拼音文字从来都是与自身疏远的，他甚至指出“每一个书写符号都可能具有双重价值——既表意又表音”。不错，他说的是传统文字书写系统的状况，但数字机器里的字母书写也表意又表音吗？按照德里达的说法，自控机里的“表音”字母理应含有他所说的双重价值，但对机器来说，字母的表音价值又从何体现呢？其实，自从信息论到来之后，拼音字母的身份早已改变——我们恐怕无法继续否认这个事实。

不过，真正想做到了解机识英文和遗传密码，并将其视为表意运动的一部分，殊为不易。部分原因是人们习惯于把字母书写仅仅当作拼音系统来看，而具体的拼音系统又视语言而定，在某种程度上成为具体的区域语言的书写系统，这种书写系统绝没有可能上升为普世的代码系统。唯有当字母书写被重构为“后拼音”的书写系统时——也就是从具体语言拼写系统的束缚下解脱出来，经过进一步抽象化，拼音文字系统才有希望成为普世主义的通用系统。这个过程在莫尔斯电码和第 27 个字母的辅助下已然完成，在今天的电子媒介的全球网络中，就连非拼音文字书写系统，比如中文，也日益被纳入机识英文的表意书写之下。很显然，我们眼看着一个新的巴别塔在普世主义的交往过程中耸立起来，它立于希望之乡的沃土之上。在下一节，我将进一步分析普世主义的交往性怎样离不开数字游戏的历史演进，而它的演进曾经发生在英国首相温斯顿·丘吉尔所宣称的“心灵帝国（empires of the mind）”中。

第五节　心灵帝国里的数字游戏

瓦伦·韦弗无疑是战后美国科学界强健的守门人。他率先看到信息论的重要性，因此不遗余力地推进它。韦弗不但积极推动了香农《通信的数学理论》的出版，还为之作序。1949 年 7 月 15 日，韦弗撰写了一份备忘录，分送给约 200 位美国领先的数学家、科学家和公共政策制定者。在备忘录里，他提出通用英文代码的未来规划，并写道："一本中文书只不过是转换为'中文代码'的英文书——我觉得这个前景很诱人。我们既然已经采取有用的方法破解了几乎所有的密码，那可不可以说，只要解读是正确的，我们也已掌握了有用的翻译方法？"韦弗在这里指的是香农的"通信的数学理论"及其在第二次世界大战期间的密码研究。韦弗认为，随着密码研究在战后解密，机器翻译的领域就会开花结果，"也许在此刻，唯有香农本人才是最优秀的裁判，才能判断这个发展方向是不是有可能"[1]。但香农是一位谨慎的科学家，他常常告诫人们警惕过度应用信息论的危险，尤其是当人们把他的信息论用于其他领域，比如分子生物学，他说要倍加谨慎。然而一旦通信的数学理论进入公共领域和流行媒介，香农也就失去了对自己理论应用的控制。毕竟他本人曾经发表过普世主义的断言："所有语言都可以用 *H* 定理的二进制数位的统一标尺去计量。"

在机器翻译问题上，维纳也抱定类似的态度，他表示了强烈的保留意见——韦弗曾谈起维纳的反对意见。1947 年 4 月 30 日，维纳致信韦弗说："坦率地说，我真担心不同语言里词语的边界太模糊，情感色彩和国际内涵太广阔，因此制定任何准机器翻译的方案都不是很有希望。"接着他针对"BASIC English"发表了一番有趣的

1. 韦弗：《翻译》(*Translation*)。

意见。BASIC English 仅有 850 个词汇，它是由奥格登和理查德发明和推动的，第二次世界大战以前已经开始普及。维纳写道："我承认，BASIC English 似乎表明，在语言的机械化上，我们可以往前再走一步。但你要记住，在某些方面，BASIC English 正是机械化的反面，它给这些词汇的负担太重，比常规英语大多数词汇的压力要大得多。目前，除了盲人的光电阅读机外，超越这个阶段的语言机械化似乎为时过早……"[1]

韦弗在 1947 年 5 月 9 日的回信里写道："你对翻译问题的意见令我失望，但我不奇怪。你提到 BASIC English 的困难，但我觉得这个问题很容易回答。"显然，韦弗对 BASIC English 性质的评估和维纳的看法相去甚远，因而他写道："BASIC English 给行为动词，如 get，赋予很多的用法。即便如此，BASIC English 里两个单词的复合动词，如 get up、get over、get back，其实并不是很多。"若取 2000 个单词，且承认所有的二词组合，这些组合仿佛都是单词，其词汇总量也不过就 400 万个。对现代计算机而言这不是一个令人生畏的数字，对吧？[2]韦弗和维纳两人眼里的 BASIC English 显然是截然不同的东西。韦弗将其视为一个统计系统；维纳则强调"情感色彩和国际内涵"，显示出他在很大程度上是从语义上去理解 BASIC English 的。

无论如何，韦弗的信念没有被撼动，他决心用机器翻译去追求这个计划，以实现通信交往的普世主义。在寻求维纳的帮助未果后，

1. 韦弗：《翻译》（*Translation*）。
2. 同上。

韦弗在语言学家和计算机工程师中找到一些盟友，如肯尼斯·洛克（Kenneth Locke）、埃尔文·赖夫勒（Erwin Reifler）、维克特·英格夫（Victor Yngve）和安德鲁·布斯（Andrew Booth）。这些学者愿意分享他的愿景，开始着手他们的第一代机器翻译计划。丽塔·雷利（Rita Raley）已对半个多世纪机器翻译的发展情况有所评述，我在这里无须赘言。我只想简单提一下 SYSTRAN 翻译软件公司。截至我这本书的写作之时，这家公司已经开发出 SYSTRAN 专业版 5.0，这个软件为远景公司（AltaVista）的翻译网站“Babelfish”提供支持，为欧盟和美国情报界的内部系统提供翻译服务。SYSTRAN 软件和我们讨论的机识英文是相关的，我的意思是，它把英语作为所有其他语言文字的“中继语”，比如像一篇德语文献，它必须先经过英语的中继，然后才被翻译为另一门欧洲语言，如意大利语。[1]

理查兹早在 1935 年就道出了发明 BASIC English[2] 的野心，他的以下这段话可以充分描绘韦弗对战后研究项目的普世主义憧憬。理查兹说：“在模棱两可的翻译中，如何避免在汉语和与之相‘对应’的西方语义单位之间出现错误和误导，唯一的办法就是借用乃至同时使用一个间接设备进行语义比较——那就是通过使用一种明确的分析语言。”[3] 在理查兹的时代，他所谓设备或分析语言就是 BASIC English。但有什么工具能超过二进制代码系统的分析工具？很显然，

1. 丽塔·雷利：《机器翻译与全球英语》（*Machine Translation and Global English*）。目前的翻译工具，如谷歌翻译，纯粹依靠算力，维纳那个时代没有这样的算力。

2.BASIC English 直译为“英美科商国际英语”。在创制者和推广者看来，它有两个目标和用途：（1）将其用作推动世界霸权的工具；（2）将其用作普及英语的教学工具。

3. 理查兹：《BASIC English 教学，东方和西方》（*Basic in Teaching: East and West*, p.47）。

机识英文是有史以来首次获得表意文字地位的分析工具。相对于机识英文，所有的其他语言都不过是通俗语。

韦弗本人对计算机处理400万个词的算力抱乐观态度，这被后来的机器翻译（MT）和机器辅助翻译（MAT）程序有限的进步所证实。然而，这样的进展并没有清楚地回答BASIC English究竟是一种语义建构，还是一个统计系统的问题。其实，我们已经看到，这个悬而未决的问题早在韦弗和维纳关于机器翻译的讨论中就开始浮现，它也是我们讨论机识英文和BASIC English的关系的不可或缺的环节。下面我们还会看到，香农的数学定理固然严谨，但他绝不是第一位把英文作为数字统计系统来研究的人，他也不是第一位尝试用系统方法来进行上述研究的人。

不过，在展开对BASIC English的讨论之前，我要先回顾一下与BASIC English有密切关联的思想精英，包括英美学界控制论领域的科学精英的圈子。香农在麻省理工学院当学生的时候，受业于维纳，他在贝尔实验室和普林斯顿大学工作时又与图灵结识。[1] 上文已述，1948年雅各布森应邀参加第五届梅西会议时，韦弗曾亲手送给他一本香农和韦弗共同署名的书《通信的数学理论》。奥格登和理查兹在1914年着手写《意义之意义：有关语言对思维的影响以及象征符号研究》（*The Meaning of Meaning: A Study of the Influence of Language upon Thought and of the Science of Symbolism*）时，韦弗就

1. 安德鲁·霍奇斯：《谜样的图灵》（*Alan Turing: The Enigma*）。

已经认识他们。[1] 著名语言学家赵元任早年在哈佛大学求学时，就结识了维纳、理查兹等人，成为朋友。赵元任在20世纪30年代回国在清华大学执教，曾帮助理查兹在中国推广BASIC English。第二次世界大战以后，他赴加州大学伯克利分校担任教授，1953年4月22日至24日，赵元任参加了第十届也是最后一届梅西会议。他和香农同时赴会，并应邀给控制论的核心小组成员做演讲，发表了令人瞩目的论文《语言之意义，意义如何获取》（*Meaning in Language and How It Is Acquired*）。理查兹则应邀参加过1951年3月14日至16日的第八届梅西会议，宣讲了论文《人际交流：语言的意义》（*Communication Between Men: Meaning of Language*），理查兹听了香农的讲演，也观摩了香农演示老鼠忒修斯解决迷宫的机械装置。[2] 赵元任和理查兹都应邀出席控制论界的梅西会议（维纳是梅西会议的发起人之一）非同小可，因为它标志着BASIC English、信息论和控制论的历史性邂逅，三个不同学科领域的同一代思想精英汇聚在一处了，这不能不说是个事件。[3]

BASIC English创始于1929年，最早是奥格登设计的。BASIC English把英文的大量词汇压缩到850个单词，同时也把语法大大简

1. 佩西·鲁斯通·马萨尼（Pesi Rustom Masani）：《诺伯特·维纳传》（*Norbert Wiener*, p.56）。

2. 关于控制论界的梅西会议历届与会人员名单，参见史蒂夫·海姆斯（Steve J. Heims）：《控制论小组》（*The Cybernetics Group*, pp.285–286）。又见本书下一章对理查兹、赵元任和梅西会议的介绍。

3. 关于理查兹和赵元任的关系，以及理查兹在中国的经历，约翰·保罗·鲁索（John Paul Russo）做了深入的研究，参见其所著《理查兹传》（*I. A. Richards: His Life and Work*, pp.397–429）。

化了，奥格登的目标是要创造普世的国际化的第二语言，让 BASIC English 为其提供一个健全的统计数据基础。经过奥格登和理查兹在世界各地不懈的推销，BASIC English 的国际运动得以发展，最终得到英国官方和美国官方的支持。理查兹是文学批评家，他开创了文学的实用批评，创建了新批评学派。他和奥格登合著了《意义之意义：有关语言对思维的影响以及象征符号研究》一书，并同时在美国和中国大力推动 BASIC English 的应用。从 1929 年至抗日战争爆发，理查兹断断续续在清华大学任职，他力图说服“中华民国”政府教育部在中学采用 BASIC English 教学。理查兹当时与北平的朋友和同事共同合作，一心要把 BASIC English 纳入中国的英语教学，他们的努力一直持续到日本人侵略和轰炸北平才不得不中止。[1]

1943 年 7 月，英国首相丘吉尔表达了以下观点：“我对 BASIC English 的问题很感兴趣。推广 BASIC English 能让我们持久地获利，并且收获丰富，我看这种利益总体超过了我们去海外兼并别国领地的做法。它也符合我期待和美国打造更密切关系的想法，我们更要让美国人觉得，参与英语俱乐部是很值得做的事。”[2] 丘吉尔于是指示英国内阁，组织一个专门的大臣委员会研究 BASIC English，提出报告，并要

---

1. 约翰·保罗·鲁索：《理查兹传》（*I. A. Richards: His Life and Work*, p.420）。关于理查兹在中国推广 BASIC English 新近的研究成果，参见罗德尼·科内克（Rodney Koeneke）：《心灵帝国：理查兹和 BASIC English 在中国》（*Empires of the Mind: I. A. Richards and Basic English in China, 1929—1979*）；Q. S. 童（Q. S. Tong）：《普世主义的命运突降：理查兹和 BASIC English》（*The Bathos of a Universalism, I. A. Richards and His Basic English*）。

2. 丘吉尔 1943 年 9 月 6 日在美国国会讲演，其摘要作为附录 B 收入奥格登的《BASIC English：第二国际语言》（*Basic English, International Second Language*, p.111）。

求信息部长、殖民地事务秘书、教育部长也都参与这样的计划。1943年丘吉尔在加拿大魁北克与罗斯福总统会晤时，两人商谈了BASIC English的未来可能性。据白宫的备忘录记载，罗斯福总统热心呼应，他一心要把BASIC English变成国际通用语，让英语取代法语，成为国际"外交语言"。[1]

丘吉尔应邀于1943年9月6日去哈佛大学讲演的时候，他成了BASIC English的亲善大使。他敦促美国人，应该明白"未来的帝国是心灵的帝国"。丘吉尔大大称赞哈佛大学在向拉丁美洲输出BASIC English时所做出的突出贡献。[2]在领导反纳粹德国战争时，丘吉尔很快表现出对语言价值的领悟，因为它有益于帝国的建设。美国媒体也注意到丘吉尔的远见。1943年10月18日，《生活》杂志刊载林肯·巴内特（Lincoln Barnett）的一篇文章，题为《BASIC English：全球语言》（*Basic English: A Globalanguage*）。这个笨拙的新词Globalanguage是作者生造出来的，巴内特怕当时的读者或者以后的读者误解，他把自己的立意表达得清清楚楚，没有丝毫的含糊。他解释说：BASIC English是一种"超民族的语言——当地球正在迅速缩小的时候，这个语言能便于所有的人相互交流"[3]。巴内特接着又说，BASIC English的提倡者"和纳粹文人主张的语言帝国主义（linguistic imperialism）毫无共同之处，纳粹文人的梦想是，有

1. 罗斯福1944年6月5日致国务卿备忘录［转引自奥格登：《BASIC English：第二国际语言》（*Basic English, International Second Language*, p.115）］。

2. 丘吉尔1943年9月6日在美国国会讲演，其摘要作为附录B收入奥格登的《BASIC English：第二国际语言》（*Basic English, International Second Language*, pp.112–113）。

3. 林肯·巴内特：《BASIC English：全球语言》（*Basic English: A Globalanguage*）。

朝一日英语变成‘日耳曼语言的一个小方言，失去其对世界的意义’”。不过，就罗斯福的愿景而言，BASIC English 不太像和德国人的竞争，倒更像是美国和盟国法国之间的竞争。

BASIC English 成为英美帝国主义议程的一部分，这是显而易见的，因为议程就写在字面的缩写上。BASIC 五个字母中，B 代表英国（British），A 代表美国（American），S 代表科学（Scientific），I 代表国际（International），C 代表商贸（Commercial），统称 BASIC。理查兹的传记作者约翰·保罗·鲁索提到一些数字：1920 年时，说英语的有 3 亿人，英语是 5 亿人的政府用语。奥格登和理查兹频频使用这些人口数据来作为推进 BASIC English 的理由，欲将其变成普世的世界语。奇怪的是，相反的数据也被他们用来作为推进 BASIC English 的理由。比如，理查兹就写道："就在我们写作这本书的时候，地球上三分之二的人口是全文盲。在现有的 22 亿人口中，15 亿人目不识丁，或者只会读非拼音字母的文字。这足以说明，在可预见的未来，世界范围的民众若想有一点真正的相互交流，那他们就需要学某种拼音字母的语言，这在我们有生之年有可能实现，并且应该通过英语来实现。"[1] 归根结底，英语在当时之所以独占优势，倒不是因为大部分讲英语的人口属于大英帝国，而是因为英语迅速地成为科学和商务语言，而且被广播、电影、广告、动画和电信技

1. 理查兹：《英语教学的责任》（*Responsibilities in the Teaching of English*）。文章初刊于《英语联盟 1947 年报》（*Essays and Studies by Members of the English Association, the 1947 Annual*）。

术在全球大力推广。[1] 这种世界范围的媒介交流和传播才是 BASIC English 存在的理由，这也解释了理查兹为什么总是依赖媒介技术去传播他的 BASIC English，包括插图书、电视、录音和电影。理查兹和沃尔特·迪斯尼的成功合作被这张 1943 年的照片（图 8）表现得清清楚楚，理查兹身后墙上的卡通画里都是 BASIC English 的句子。[2]

理查兹采用线条人物绘本（stick figure books）教英语，还和克里斯汀·吉布森（Christine Gibson）合作用连环图画书教英语。这种创新的视听教学法给当时的教育界人士、作家和电影制片人留下了很深的印象。理查兹在迪斯尼的电影制片厂花了 6 个星期学习卡通画的基本功。[3] 他协助制作的第一部卡通电影是 10 分钟的试点作品。他的第二部电影就是《BASIC English 教学电影》，这是六卷有声片，每卷 10 分钟，由演员表演。这部电影的导演是雷恩·莱（Len Lye），制片人是"时代进行曲（March of Time）"的剧组。批评家海伦·文德勒（Helen Vendler）曾说过，如果没有理查兹用电影普及 BASIC English 的努力，像《芝麻街》那样的电视节目是无从见天日的。[4]

1. 约翰·保罗·鲁索：《理查兹传》（*I. A. Richards: His Life and Work*, p.397）。关于 BASIC English 和美国之音的关系，参见黄运特（Yunte Huang）：《BASIC English、中式英语和跨地域方言》（*Basic English, Chinglish, and Translocal Dialect*）。
2. 理查兹：《英语教学电影和教师培训》（*English Language Teaching Films and Their Use in Teacher Training*）。
3. 约翰·保罗·鲁索：《理查兹传》（*I. A. Richards: His Life and Work*, p. 467）。
4. 海伦·文德勒：《理查兹在哈佛》（*I. A. Richards at Harvard*）。

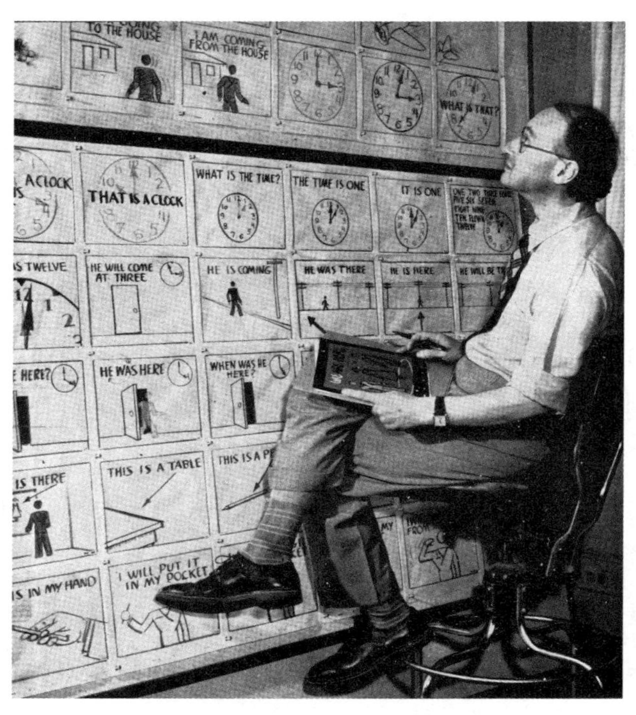

图 8　理查兹 1943 年和沃尔特·迪斯尼合作，用电影教 BASIC English，该图选自《生活》杂志（1943 年 10 月 8 日），载于林肯·巴内特的文章《BASIC English：全球语言》（*Basic English: A Globalanguage*）。图片来源为摄影师马克·考夫曼（Mark Kauffman）

BASIC English 的原设计师奥格登认为，为国际交流和政治而简化语言学习，使之实用，那只不过是提倡 BASIC English 的部分理由，而不是所有的理由。他认为，BASIC English 研究直接的理论推进力来自当年的统计学领域的进步，这些领域有：

数字系统

公制系统

经纬度的测量

数学符号

化学公式

时间和历法

音乐的记谱[1]

奥格登论证说："把英语用作普世通用语言有两大理由：（1）出于上述统计系统的考虑；（2）英语是目前唯一向分析形态转化的大语种，它的形态转化已经达到可以被简化的程度。"[2] 奥格登把英语词汇压缩到850个单词，这在当时是很新奇的做法。所谓新奇倒不在于他对普世主义通用语的想象有多么新鲜，那种想象我们可以一直追溯到欧洲17世纪甚至更早。BASIC English的新奇之处在于奥格登把英语设想为一种统计系统。奥格登后来翻译路德维希·维特根斯坦（Ludwig Wittgenstein）的《逻辑哲学论》（*Tractatus Logico-Philosophicus*）也绝非偶然，因为维特根斯坦在书中论证了编号命题（numbered propositions）的逻辑系统，以显示其嵌套的相互关系。[3]

---

1. 奥格登：《BASIC English：第二国际语言》（*Basic English: International Second Language*, p.14）。
2. 奥格登：《BASIC English：第二国际语言》（*Basic English: International Second Language*, p.15）。
3. 参见奥格登翻译的维特根斯坦的《逻辑哲学论》（*Tractatus Logico-Philosophicus*, p.8）。奥格登很欣赏维特根斯坦的著作，完全不像维特根斯坦曾联系过的其他德国和英国在大西洋彼岸的美国，我们已经看到香农如何在第二次世界大战期间深入研究密码破解，他把英国人奥格登的语言逻辑和统计论向前又推进了一步，启动了信息论的新学科。维纳在《控制论：动物和机器的控制和通信》(*Cybernetics: or Control and Communication in the Animal and the Machine*) 一书里提到，香农、R. A. 费希尔和维纳本人几乎同时提出讯息的新定义，那就是“在时间上分布的非连续或连续的可测量事件——就是统计学所谓时间序列”。维纳接着说，讯息是“信息量单位，是在同等概率选择中的单一选择”[1]。此外，维纳还提请我们注意：对于通信工程学来说，统计意义上的“讯息”是相对晚到的概念，因为在此之前，科学家使用的都是统计力学的概念，这几乎在所有的科学领域都一样，并持续了一个世纪左右。

当然，这还不是故事的全部。奥格登的 BASIC English 给排印的单词（而不是手写的单词）赋予优先的地位，他对 850 个单词的排印有特别的要求，它们必须可视化、清晰度高、携带灵便。在《BASIC English：第二国际语言》开卷第一段里，奥格登就断言：

> 显而易见，普世通用语言的问题是可以解决的，只要我们能把通常想说的话用不超过一张便笺背面所能容纳的有限词汇

的出版商和编辑。《逻辑哲学论》遭到剑桥大学出版社退稿后，奥格登对维特根斯坦的遭遇表示同情，后来他翻译了这本书，并说服开根·保罗（Kegan Paul）出版这本书。当时，奥格登正在主编“心理学、哲学和科学方法国际文库”（International Library of Psychology, Philosophy and Scientific Method）这套著名的系列图书。

1. 维纳：《控制论：动物和机器的控制和通信》(*Cybernetics: or Control and Communication in the Animal and the Machine*, 2nd ed., pp.8–9, p.10)。

说出来，这些词汇必须用肉眼清晰可读、排列有序。因此，书的衬页上只要区区850个单词，它仅占普通的商业票据背面的四分之三空间，这些单词就能说出所有的我们通常想要说的话——这一事实使BASIC English超越了单纯的教育实验。[1]

这里的问题是，为什么引文中提到“说话”就必须和“便笺”或“肉眼”相提并论，所谓“说话”是不是指“阅读”？上述引文中还提到“排列”和“票据”，这无疑在暗示BASIC English总体上的实用功能。同时，这里开始出现排印语词的理论问题。奥格登没有说明他到底指的是手写的词汇还是印刷的单词。至少在通常的意义上，他似乎在暗示印刷的单词。举例来说，奥格登特别赞赏《每日邮报》（*Daily Mail*）上的一句话：“这种BASIC English的全部词汇都可以舒舒服服地印在一张便笺上。”图9是一张可折叠的约18×25厘米的插页，载于1935年版的《BASIC English：规则和语法导论》，据此我们一看便知。[2]

许多袖珍版的《BASIC English：规则和语法导论》都用了一模一样的插页，这个插页和普通排印本几乎没有差异。在斯威夫特笔下，拉加多国那台写作机里的数字矩阵含有1024个单词，相比而言，BASIC English的850个单词只需要比较小巧但更高效的机制。我们在这里进行的比较不是随意而为，因为在计算机发明之前，奥格登

1. 奥格登：《BASIC English：第二国际语言》（*Basic English: International Second Language*, p.5）。
2. 奥格登：《除语病》（*Debabelization*, p.76）。

BASIC ENGLISH

OPERATIONS ETC. 100	THINGS 400 General				THINGS 200 Pictured		QUALITIES 100 General	QUALITIES 50 Opposites
COME	ACCOUNT	EDUCATION	METAL	SENSE	ANGLE	KNEE	ABLE	AWAKE
GET	ACT	EFFECT	MIDDLE	SERVANT	ANT	KNIFE	ACID	BAD
GIVE	ADDITION	END	MILK	SEX	APPLE	KNOT	ANGRY	BENT
GO	ADJUSTMENT	ERROR	MIND	SHADE	ARCH	LEAF	AUTOMATIC	BITTER
KEEP	ADVERTISEMENT	EVENT	MINE	SHAKE	ARM	LEG	BEAUTIFUL	BLUE
LET	AGREEMENT	EXAMPLE	MINUTE	SHAME	ARMY	LIBRARY	BLACK	CERTAIN
MAKE	AIR	EXCHANGE	MIST	SHOCK	BABY	LINE	BOILING	COLD
PUT	AMOUNT	EXISTENCE	MONEY	SIDE	BAG	LIP	BRIGHT	COMPLETE
SEEM	AMUSEMENT	EXPANSION	MONTH	SIGN	BALL	LOCK	BROKEN	CRUEL
TAKE	ANIMAL	EXPERIENCE	MORNING	SILK	BAND	MAP	BROWN	DARK
BE	ANSWER	EXPERT	MOTHER	SILVER	BASIN	MATCH	CHEAP	DEAD
DO	APPARATUS	FACT	MOTION	SISTER	BASKET	MONKEY	CHEMICAL	DEAR
HAVE	APPROVAL	FALL	MOUNTAIN	SIZE	BATH	MOON	CHIEF	DELICATE
SAY	ARGUMENT	FAMILY	MOVE	SKY	BED	MOUTH	CLEAN	DIFFERENT
SEE	ART	FATHER	MUSIC	SLEEP	BEE	MUSCLE	CLEAR	DIRTY
SEND	ATTACK	FEAR	NAME	SLIP	BELL	NAIL	COMMON	DRY
MAY	ATTEMPT	FEELING	NATION	SLOPE	BERRY	NECK	COMPLEX	FALSE
WILL	ATTENTION	FICTION	NEED	SMASH	BIRD	NEEDLE	CONSCIOUS	FEEBLE
ABOUT	ATTRACTION	FIELD	NEWS	SMELL	BLADE	NERVE	CUT	FEMALE
ACROSS	AUTHORITY	FIGHT	NIGHT	SMILE	BOARD	NET	DEEP	FOOLISH
AFTER	BACK	FIRE	NOISE	SMOKE	BOAT	NOSE	DEPENDENT	FUTURE
AGAINST	BALANCE	FLAME	NOTE	SNEEZE	BONE	NUT	EARLY	GREEN
AMONG	BASE	FLIGHT	NUMBER	SNOW	BOOK	OFFICE	ELASTIC	ILL
AT	BEHAVIOUR	FLOWER	OBSERVATION	SOAP	BOOT	ORANGE	ELECTRIC	LAST
BEFORE	BELIEF	FOLD	OFFER	SOCIETY	BOTTLE	OVEN	EQUAL	LATE
BETWEEN	BIRTH	FOOD	OIL	SON	BOX	PARCEL	FAT	LEFT
BY	BIT	FORCE	OPERATION	SONG	BOY	PEN	FERTILE	LOOSE
DOWN	BITE	FORM	OPINION	SORT	BRAIN	PENCIL	FIRST	LOUD
FROM	BLOOD	FRIEND	ORDER	SOUND	BRAKE	PICTURE	FIXED	LOW
IN	BLOW	FRONT	ORGANIZATION	SOUP	BRANCH	PIG	FLAT	MIXED
OFF	BODY	FRUIT	ORNAMENT	SPACE	BRICK	PIN	FREE	NARROW
ON	BRASS	GLASS	OWNER	STAGE	BRIDGE	PIPE	FREQUENT	OLD
OVER	BREAD	GOLD	PAGE	START	BRUSH	PLANE	FULL	OPPOSITE
THROUGH	BREATH	GOVERNMENT	PAIN	STATEMENT	BUCKET	PLATE	GENERAL	PUBLIC
TO	BROTHER	GRAIN	PAINT	STEAM	BULB	PLOUGH	GOOD	ROUGH
UNDER	BUILDING	GRASS	PAPER	STEEL	BUTTON	POCKET	GREAT	SAD
UP	BURN	GRIP	PART	STEP	CAKE	POT	GREY	SAFE
WITH	BURST	GROUP	PASTE	STITCH	CAMERA	POTATO	HANGING	SECRET
AS	BUSINESS	GROWTH	PAYMENT	STONE	CARD	PRISON	HAPPY	SHORT
FOR	BUTTER	GUIDE	PEACE	STOP	CART	PUMP	HARD	SHUT
OF	CANVAS	HARBOUR	PERSON	STORY	CARRIAGE	RAIL	HEALTHY	SIMPLE
TILL	CARE	HARMONY	PLACE	STRETCH	CAT	RAT	HIGH	SLOW
THAN	CAUSE	HATE	PLANT	STRUCTURE	CHAIN	RECEIPT	HOLLOW	SMALL
A	CHALK	HEARING	PLAY	SUBSTANCE	CHEESE	RING	IMPORTANT	SOFT
THE	CHANCE	HEAT	PLEASURE	SUGAR	CHEST	ROD	KIND	SOLID
ALL	CHANGE	HELP	POINT	SUGGESTION	CHIN	ROOF	LIKE	SPECIAL
ANY	CLOTH	HISTORY	POISON	SUMMER	CHURCH	ROOT	LIVING	STRANGE
EVERY	COAL	HOLE	POLISH	SUPPORT	CIRCLE	SAIL	LONG	THIN
NO	COLOUR	HOPE	PORTER	SURPRISE	CLOCK	SCHOOL	MALE	WHITE
OTHER	COMFORT	HOUR	POSITION	SWIM	CLOUD	SCISSORS	MARRIED	WRONG
SOME	COMMITTEE	HUMOUR	POWDER	SYSTEM	COAT	SCREW	MATERIAL	
SUCH	COMPANY	ICE	POWER	TALK	COLLAR	SEED	MEDICAL	
THAT	COMPARISON	IDEA	PRICE	TASTE	COMB	SHEEP	MILITARY	
THIS	COMPETITION	IMPULSE	PRINT	TAX	CORD	SHELF	NATURAL	
I	CONDITION	INCREASE	PROCESS	TEACHING	COW	SHIP	NECESSARY	
HE	CONNECTION	INDUSTRY	PRODUCE	TENDENCY	CUP	SHIRT	NEW	
YOU	CONTROL	INK	PROFIT	TEST	CURTAIN	SHOE	NORMAL	
WHO	COOK	INSECT	PROPERTY	THEORY	CUSHION	SKIN	OPEN	
AND	COPPER	INSTRUMENT	PROSE	THING	DOG	SKIRT	PARALLEL	
BECAUSE	COPY	INSURANCE	PROTEST	THOUGHT	DOOR	SNAKE	PAST	
BUT	CORK	INTEREST	PULL	THUNDER	DRAIN	SOCK	PHYSICAL	
OR	COTTON	INVENTION	PUNISHMENT	TIME	DRAWER	SPADE	POLITICAL	
IF	COUGH	IRON	PURPOSE	TIN	DRESS	SPONGE	POOR	
THOUGH	COUNTRY	JELLY	PUSH	TOP	DROP	SPOON	POSSIBLE	
WHILE	COVER	JOIN	QUALITY	TOUCH	EAR	SPRING	PRESENT	
HOW	CRACK	JOURNEY	QUESTION	TRADE	EGG	SQUARE	PRIVATE	
WHEN	CREDIT	JUDGE	RAIN	TRANSPORT	ENGINE	STAMP	PROBABLE	
WHERE	CRIME	JUMP	RANGE	TRICK	EYE	STAR	QUICK	
WHY	CRUSH	KICK	RATE	TROUBLE	FACE	STATION	QUIET	
AGAIN	CRY	KISS	RAY	TURN	FARM	STEM	READY	
EVER	CURRENT	KNOWLEDGE	REACTION	TWIST	FEATHER	STICK	RED	
FAR	CURVE	LAND	READING	UNIT	FINGER	STOCKING	REGULAR	
FORWARD	DAMAGE	LANGUAGE	REASON	USE	FISH	STOMACH	RESPONSIBLE	
HERE	DANGER	LAUGH	RECORD	VALUE	FLAG	STORE	RIGHT	
NEAR	DAUGHTER	LAW	REGRET	VERSE	FLOOR	STREET	ROUND	
NOW	DAY	LEAD	RELATION	VESSEL	FLY	SUN	SAME	
OUT	DEATH	LEARNING	RELIGION	VIEW	FOOT	TABLE	SECOND	
STILL	DEBT	LEATHER	REPRESENTATIVE	VOICE	FORK	TAIL	SEPARATE	
THEN	DECISION	LETTER	REQUEST	WALK	FOWL	THREAD	SERIOUS	
THERE	DEGREE	LEVEL	RESPECT	WAR	FRAME	THROAT	SHARP	
TOGETHER	DESIGN	LIFT	REST	WASH	GARDEN	THUMB	SMOOTH	
WELL	DESIRE	LIGHT	REWARD	WASTE	GIRL	TICKET	STICKY	
ALMOST	DESTRUCTION	LIMIT	RHYTHM	WATER	GLOVE	TOE	STIFF	
ENOUGH	DETAIL	LINEN	RICE	WAVE	GOAT	TONGUE	STRAIGHT	
EVEN	DEVELOPMENT	LIQUID	RIVER	WAX	GUN	TOOTH	STRONG	
LITTLE	DIGESTION	LIST	ROAD	WAY	HAIR	TOWN	SUDDEN	
MUCH	DIRECTION	LOOK	ROLL	WEATHER	HAMMER	TRAIN	SWEET	
NOT	DISCOVERY	LOSS	ROOM	WEEK	HAND	TRAY	TALL	
ONLY	DISCUSSION	LOVE	RUB	WEIGHT	HAT	TREE	THICK	
QUITE	DISEASE	MACHINE	RULE	WIND	HEAD	TROUSERS	TIGHT	
SO	DISGUST	MAN	RUN	WINE	HEART	UMBRELLA	TIRED	
VERY	DISTANCE	MANAGER	SALT	WINTER	HOOK	WALL	TRUE	
TOMORROW	DISTRIBUTION	MARK	SAND	WOMAN	HORN	WATCH	VIOLENT	
YESTERDAY	DIVISION	MARKET	SCALE	WOOD	HORSE	WHEEL	WAITING	
NORTH	DOUBT	MASS	SCIENCE	WOOL	HOSPITAL	WHIP	WARM	
SOUTH	DRINK	MEAL	SEA	WORD	HOUSE	WHISTLE	WET	
EAST	DRIVING	MEASURE	SEAT	WORK	ISLAND	WINDOW	WIDE	
WEST	DUST	MEAT	SECRETARY	WOUND	JEWEL	WING	WISE	
PLEASE	EARTH	MEETING	SELECTION	WRITING	KETTLE	WIRE	YELLOW	
YES	EDGE	MEMORY	SELF	YEAR	KEY	WORM	YOUNG	

NO 'VERBS'

IT IS POSSIBLE TO GET ALL THESE WORDS ON THE BACK OF A BIT OF NOTEPAPER BECAUSE THERE ARE NO 'VERBS' IN BASIC ENGLISH.

A WEEK OR TWO WITH THE RULES AND THE SPECIAL RECORDS GIVES COMPLETE KNOWLEDGE OF THE SYSTEM FOR READING OR WRITING

EXAMPLES OF WORD ORDER

THE CAMERA MAN WHO MADE AN ATTEMPT TO TAKE A MOVING PICTURE OF THE SOCIETY WOMEN, BEFORE THEY GOT THEIR HATS OFF, DID NOT GET OFF THE SHIP TILL HE WAS QUESTIONED BY THE POLICE.

WE WILL GIVE SIMPLE RULES TO YOU NOW.

RULES

ADDITION OF 'S' TO THINGS WHEN THERE IS MORE THAN ONE

ENDINGS IN 'ER', 'ING', 'ED' FROM 300 NAMES OF THINGS

'LY' FORMS FROM QUALITIES

DEGREE WITH 'MORE' AND 'MOST'

QUESTIONS BY CHANGE OF ORDER, AND 'DO'.

FORM-CHANGES IN NAMES OF ACTS, AND 'THAT,' 'THIS,' 'I,' 'HE,' 'YOU,' 'WHO', AS IN NORMAL ENGLISH

MEASURES NUMBERS DAYS, MONTHS AND THE INTERNATIONAL WORDS IN ENGLISH FORM.

THE ORTHOLOGICAL INSTITUTE
10
KING'S PARADE,
CAMBRIDGE,
ENGLAND.

图 9　850 词汇图。载于奥格登《BASIC English：规则和语法导论》（*Basic English: A General Introduction with Rules and Grammar*, London: Kegan Paul, Trench, Trubner, 1935）

对单词的统计处理就已经预设了语言的技术性。为了这个目的，他把英语的词类进行重新划分和重新命名——动词变成“操作词”，名词变成“物词”，形容词是“属性词”，介词是“方位词”等——于是，BASIC English 根本上就是和数字系统、公制系统等其他前述的各种技术系统并驾齐驱的。图 10 里挥手表示操作词的人，完全有可能从流行的卡通书里走出来。这个人表现的是通信兵使用莫尔斯电码的动作。图 11 把支配话语（人 / 空间）情境的介词转换成了纯粹的几何关系。

奥格登和理查兹两人坚信，人类社会正在走向普世主义的通用可交往性（universal communicability），而 BASIC English 体现的技术思维将帮助消除言语的混乱。很多作家、语言学家、统计学家以及政府官员、商务人士和教育家都认同他们对通用可交往性所持的乐观主义精神。诗人埃兹拉·庞德（Ezra Pound）[1]1935 年就对奥格登的《除语病》一文大加赞赏，他说：“如果一位小说家的作品能被翻译成‘BASIC English’而不失真，那就说明他的语言功底很扎实。”庞德甚至认为，BASIC English 的作文“胜过《泰晤士报》（*Times*）的云遮雾罩或《曼彻斯特卫报》（*Manchester Guardian*）里的叽叽喳喳”[2]。我们并不知道，奥格登在剑桥大学时对图灵论述的通用非连续机的研究到底有多少了解。围绕图灵提出的思维机器，剑桥大

1. 埃兹拉·庞德（1885—1972），美国诗人、翻译家、学者，现代派代表人物，对许多大名鼎鼎的作家产生了重大影响。——译者注

2. 庞德：《〈除语病〉与奥格登》（*Debabelization and Ogden*）。又见庞德 1935 年 1 月 28 日致奥格登的信，载于《庞德书信选》（*Selected Letters: 1907—1941*, pp.265-266）。

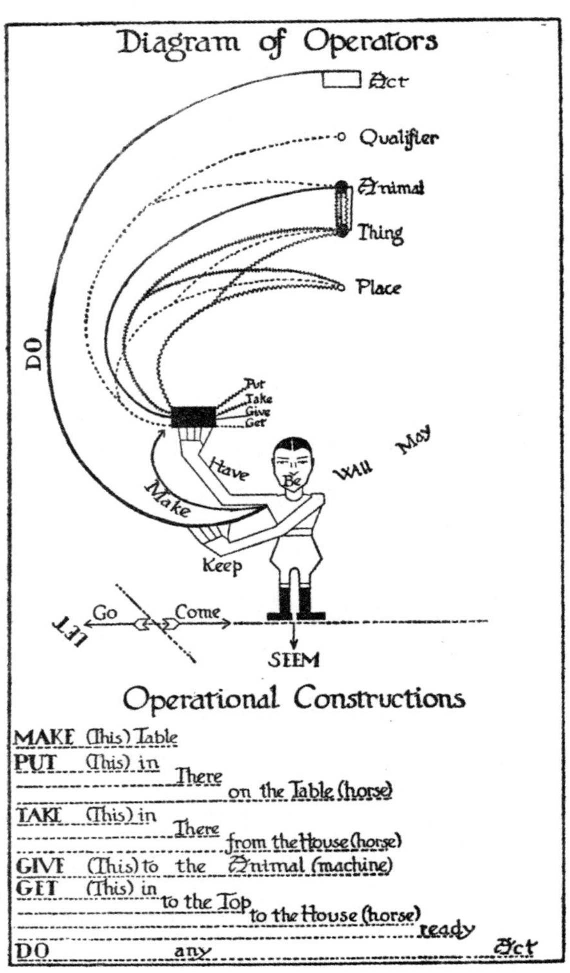

图 10　奥格登的动词示意图。载于奥格登《BASIC English：规则和语法导论》(*Basic English: A General Introduction with Rules and Grammar*, London: Kegan Paul, Trench, Trubner, 1935, p.56)

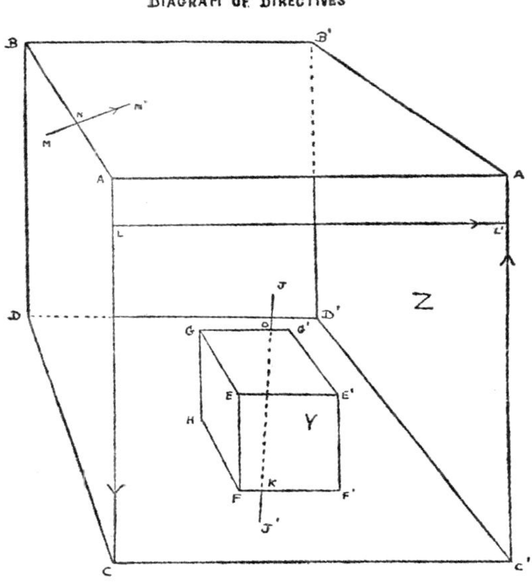

图11　奥格登的介词示意图。载于奥格登《BASIC English：规则和语法导论》（*Basic English: A General Introduction with Rules and Grammar*, London: Kegan Paul, Trench, Trubner, 1935, p.62）

学校园里的大量争论开始改变很多人的想法，尤其是有关什么叫语义、什么叫语言、什么叫文字书写、什么叫思维等问题。奥格登未必能预见通用非连续机后来的发展，但毫无疑问，他的工作预示了香农之辈的到来。早在 1931 年，奥格登就宣告："在过去的十年里，有一个新的声音开始进入所有的有关国际社会未来的讨论。语际语言学家（Inter-linguist）的任务就是让世人知道，如今电气工程师已经把世界送进人们的家里。国际广播、国际步话机、国际电话等诸如此类的事物，都是未来百年的决定性因素。"[1] 贝尔实验室的电气工程师香农所攻坚的领域就是通信技术，他的解密研究最终引向了信息论的发明。正是在这个意义上，奥格登和理查兹的 BASIC English 预示了信息技术和机识英文的到来。

1. 奥格登：《除语病》（*Debabelization*, p.71）。

第三章

有意义与无意义：心灵机器的出场

> 纸创口有四种类型，逐渐并正确地分别被理解为：停，请停，停下来，一定停；追寻纸创口唯一真实的线索，顽固不化的疯人院的回音壁，玻璃和瓷器的破碎使创口加重——院子里追寻的结果显示：严肃的教授在用早餐，创口由他的刀叉引起；他要精心挑选并引进时间观念，他要在 iSpace 里扎孔（在平面上扎孔）？！
>
> ——詹姆斯·乔伊斯：《芬尼根的守灵夜》

早在信息论和机识英文出现之前，我们就看见科学实验、文学实验和精神分析学的多种思想已经在相互交叠，而这些思想之间的逻辑关系是不难论证的。如第二章所示，BASIC English 850 个词汇的统计维度自始至终是奥格登的首要关怀。这个统计维度意味着，香农后来对 BASIC English 和《芬尼根的守灵夜》的兴趣有源可寻。对于香农的信息论来说，BASIC English 和《芬尼根的守灵夜》分别代表着英语中冗余率和熵率这两头的极端例子。接下来，我将探索的是香农如何确立 BASIC English、《芬尼根的守灵夜》、心灵机器以及数学模型在概念上的相关性，因为这个相关性对于他想要创造的信息论十分重要。

香农在《通信的数学理论》里明确指出，“BASIC English 和乔伊斯的《芬尼根的守灵夜》分别代表冗余率和熵率这两头的极端例子”[1]。尽管他没有明确点出奥格登或理查兹的名字，但他解释说，BASIC English 的词汇量被“限定为 850 个单词，冗余率非常高。这一点往往体现在，当一段话被翻译成 BASIC English 时，篇幅就会扩大。相比之下，乔伊斯把小说的词汇量扩大，据说就实现了语义内容的压缩”。香农这里所说的篇幅扩大，的确代表奥格登和理查兹在 20 世纪 30 年代经常的、有系统的做法。他们两人把 BASIC English 拿来翻译各式各样的文本，如《圣经》(创世纪第 1 章，撒母耳记第 5 章，约伯记第 1、2 章，马太福音第 2 章，马可福音第 2 章)，还有现代主义文学和通俗读物，如路易莎·梅·奥尔科特(Louisa May Alcott)的《小妇人》(*Little Women*)、萧伯纳的《武器与人》(*Arms and the Man*)、史蒂文森(Robert Louis Stevenson)的《金银岛》(*Treasure Island*)等。在《BASIC English》一书的附录里，奥格登尤其提到了一些值得读者注意的样本，无论是文学的还是科学的，他提到的样本全部都从英文原著的文本转换成了 850 个词的 BASIC English，由此大大扩展了其篇幅。

奥格登的研究兴趣之一是对世界不同地区的阶层和族群所掌握的词汇量进行统计。比如，他从随机挑选的样本中得出这样的统计数据：“萨默塞特郡农夫的词汇量平均为 300 个单词，威尔逊总统国情咨文的词汇量是 4000 个单词，日本外交官的词汇量是 7000 个单词，爱斯基摩渔夫或本科生的词汇量是 12000 个单词，日内瓦便携手册

1. 香农、韦弗：《通信的数学理论》(*The Mathematical Theory of Communication*, p.56)。

里的词汇量是30000个单词，詹姆斯·乔伊斯的词汇量是250000个单词。”[1]乔伊斯作品的词汇量给他的印象最深，这说明，奥格登对乔伊斯文学实验的意义有相当深刻的了解，这很接近于电气工程师香农在战后所开展的研究方向。其实，香农不但用乔伊斯的作品，而且也用奥格登自己的《BASIC English》进行他的统计计算。

不能否认的是，文学学者对科学家香农阅读乔伊斯这件事可能不以为然。我们的第一个反应就是怀疑：这究竟有多大的实质意义？香农并没有交代《芬尼根的守灵夜》中的哪些段落是被他拿去让受试者进行猜测字母游戏的，他甚至没有交代他是不是布置了小说中的具体段落，不过，香农的确把乔伊斯的著作作为极端的统计案例来对待，为了说明冗余率的限度在哪里——这里指的是英语叙述文所容许的随机偶然性的下限。话说回来，香农用统计分析的方式研究乔伊斯，文学研究者其实也不必大惊小怪；香农对乔伊斯文本中的语义问题缺乏兴趣，文学研究者不必因此对他的理论产生反感。无论如何，这位数学家在《芬尼根的守灵夜》这个文本里发现的是文字组合的随机偶然性，而香农只对文本中的随机过程感兴趣，因为这对了解机识英文的边界在哪里有着重要的意义，也对分析拼音文字书写的性质提出了很有价值的问题。我认为，恐怕乔伊斯本人也会对这类问题产生兴趣。

但说到底，香农把现代主义兴盛期的一个著名的文学文本拿来做随机过程的研究，这样的做法究竟有多少道理？他的数理逻辑兴趣能给我们提供一些让人想不到的启示吗？尤其在乔伊斯文学实验

1. 奥格登：《BASIC English：第二国际语言》（*Basic English: International Second Language*, p.9）。

的某些方面，这种研究能揭示出哪些令人意想不到，甚至迄今一直被压抑的面向？我在第二章中已经讨论过 BASIC English 以及信息论对英文书写的统计分析，下面，我将着重思考通信机器和心灵机器，尤其是在这两者之间提出的语言有意义和无意义的问题。与此同时，我还会对乔伊斯在《芬尼根的守灵夜》中使用的拼音文字书写的方法提出新的解释。

第一节 《芬尼根的守灵夜》：一部记忆增强机？

对批评家和普通读者而言，乔伊斯的《芬尼根的守灵夜》几乎是一部天书，因此才出现了大量的评论和大部头的导读著作，帮助那些有足够的好奇心，愿意坚持读下去的读者渡过难关。不过，阅读乔伊斯的不光有作家、文学评论家和大学生，还有很多其他人，比如奥格登、香农和皮尔斯，这些人都被乔伊斯的大胆实验震撼了，而且愿意接受其挑战。乔伊斯小说的实验涉及面极广，从跨语际的双关语到大量无意义的废话，还有英语字典里找不到的生造词，比如 alaphbedic、televisible、iSpace、verbivocovisual 等。早在控制论诞生以前，乔伊斯就已经打开了一个包括无比大胆的实验符号和字母序列的赛博空间，他堪称是文字上的现代主义工程师，正因为如此，他才把文学理论远远地甩在后面。[1] 一方面，我们看到小说家乔伊斯声名显赫，但另一方面，很少有人知道在现代主义高峰期，乔伊斯和他同时代的作家及科学家推出来的成果到底如何去理解，这种奇怪的不协调十分鲜明，落差很大，我们应该进一步追究。

比如，德里达 1982 年就坦承，他一直努力不懈地阅读乔伊斯的作品，奋斗了将近三十年。他不否认，他写《柏拉图的药房》（*Plato's Pharmacy*）那篇东西也是阅读《芬尼根的守灵夜》的产物。更有甚者，德里达说他的《柏拉图的药房》尚未问世时就已经在乔伊斯的期待之中，并已经被阅读了，他说："《柏拉图的药房》以读取头的身份呈现出来，或以解码原理（另一软件）的面目出现，以求理解《芬尼根的守灵夜》。"[2] 与此同时，《芬尼根的守灵夜》也在预先读它，继后读它，成为它的谱系中的一员。德里达的写作是在马拉美、格特鲁德·斯泰因（Gertrude Stein）[3]、庞德和乔伊斯之后，而

1. 唐纳德·特沃尔（Donald F. Theall）在《超越语词：重建乔伊斯时代的技术、文化与传播的意义》（*Beyond the Word: Reconstructing Sense in the Joyce Era of Technology, Culture, and Communication*）里，详细讨论了乔伊斯如何预测微电脑的到来，并分析了微电脑与电信的关系。又见路易·阿尔芒（Louis Armand）的《技艺：詹姆斯·乔伊斯、超文本和技术》（*Techne: James Joyce, Hypertext & Technology*）。亦见达伦·托夫茨（Darren Tofts）与默里·麦基奇（Murray McKeich）的《内存交易：赛博文化史前史》（*Memory Trade: A Prehistory of Cyberculture*）和托马斯·杰克逊·赖斯（Thomas Jackson Rice）的《乔伊斯、混沌和复杂性》（*Joyce, Chaos, and Complexity*）。

2. 德里达：《送给乔伊斯的两个词》（*Two Words for Joyce*）。《柏拉图的药房》的一条脚注里也指向《柏拉图的药房》和《芬尼根的守灵夜》的关系。参见德里达：《传播》（*Dissemination*, p.88n20）。

3. 格特鲁德·斯泰因（1874—1946），美国女作家，旅居法国巴黎，提倡先锋艺术，成为"迷惘的一代"的代表人物，美国许多作家投奔她的门下，其中尤以海明威最为著名。——译者注

后继者不得不对前人表示致敬，对乔伊斯之后的现代主义世系表示致敬。这里值得我们关注的是，德里达使用了“读取头”和“软件”等比喻，把文字上的致敬转喻为计算机技术的程序语言。这一转喻要求我们反思阅读行为本身，让阅读变成对乔伊斯语词机器磁带上的技术化书写形式的解码。于是，阅读机器成为德里达元书写（arche-writing）的物质条件和现代主义的精神归宿。作为写作场上的后来者，德里达注定要被乔伊斯的幽灵所笼罩。

在《送给乔伊斯的两个词》（*Two Words for Joyce*）一文里，德里达端出一些有趣的悬想，好像《芬尼根的守灵夜》的存在就是为了憧憬计算机技术的未来。德里达写道：

> 乔伊斯早就说过需要一种记忆增强机，由于这一点，我们就不可能把他和施虐狂造物主混为一谈。一旦有了这个机器，它会事先在多少年前就已经计算你，控制你，禁止你启用任何首音节（inaugural syllable），因为除了这样的第一千代计算机——像《尤利西斯》《芬尼根的守灵夜》——所编程的语言，你什么新话都说不出来。和这两本书相比，现代计算机和微机化档案的技术与翻译机只不过是史前儿童玩具那样的拼凑的区区小玩意。最重要的是，现代计算机部件的运行相对缓慢，岂能和乔伊斯文字电缆上那近乎无穷快的速度相比呢？他把一个符号、一点标记的信息和同一个词里的另一个成分放在相邻的位置，或放在和书末某个词相邻的位置，如此这般，你怎么能计算出它的运行速度呢？比如，巴别塔的主题或“Babel”，这个词的成分（你如何计算它

们？）以什么样的速度与《芬尼根的守灵夜》里的音位、语义子（semes）、神话因子（mythemes）等成分协调呢？计算这些联系，计算这些成分的运行速度是绝无可能的，至少事实如此，只要我们尚未制造出整合一切变数、一切定性定量因子的机器，这样的计算都是不可能的。这样的事情明天也不会发生，无论如何，计算机都不过是乔伊斯"事件"的替身或模拟、乔伊斯的"名义"、乔伊斯署名的作品、当代乔伊斯软件（joyceware）。[1]

引文中提到"记忆增强机"的设计，意思是机器能说出人在某种语言里想说的一切，并穷尽其中一切可以想象的语言因子的充分组合，这样的"记忆增强机"念头令人恐惧。德里达对乔伊斯既钦佩又嫉妒，这种情绪植根于现代主义本身的矛盾心理，毕竟假体机器的主导地位在人类事务中日益增强，令人愈加不安。那么，德里达所谓"乔伊斯软件"到底是什么东西呢？这种说法算不算是德里达或任何人所能给予乔伊斯的终极致敬？反过来，乔伊斯自己又会如何回应德里达的敬意呢？

首先，乔伊斯肯定会同意德里达的观点，同意《芬尼根的守灵夜》是一个（语言文字的）工程壮举，意在超越最先进的计算机，无论是现在还是将来。比如，学者唐纳德·特沃尔[2]就说，乔伊斯把语

1. 德里达：《送给乔伊斯的两个词》（*Two Words for Joyce*）。

2. 唐纳德·特沃尔（1928—2008），加拿大教育家、传播学家，曾任特伦特大学校长，是麦克卢汉的第一位博士生，著有两部麦克卢汉传记：《媒介是后视镜：理解麦克卢汉》和《虚拟麦克卢汉》。——译者注

言（书写）当作数学结构和工程问题来处理。小说《芬尼根的守灵夜》初名《工作进展》（*Work in Progress*），在创作的过程中，乔伊斯表示出很大的野心，他致信自己的赞助人哈里特·肖·韦弗（Harriet Shaw Weaver）说，这部著作将证明他是"最伟大的工程师"。这个自夸富有启示，因为乔伊斯的确花了 17 年的生命岁月（1922—1939）来写这本书。[1] 特沃尔勾勒了乔伊斯这段话的三个方面。第一，乔伊斯的确把这部小说构想为一部机器。第二，"《芬尼根的守灵夜》的工程包含以下几种：化学、力学、数学、地理学和战略规划"。第三，乔伊斯十分了解他那个时代的艺术和通信技术活动的广度，"涉及社会组织的新方式，以及技术生产、再生产和分配的新方式"[2]。特沃尔的解释很有见地，不过，我还要添加第四个维度，即乔伊斯对通信工程的前瞻性贡献，这里面包含他揭示出的词和非词的字母序列以及空格的统计学特征。乔伊斯对拼音文字的统计机制做了细密的文学实验，着实进行了一项文字工程。在这一点上，乔伊斯走在香农的机识英文的统计模式实验之前，足足领先二十年。事实上，作为信息论的开山鼻祖，香农本人就提过，他在构想通信的数学理论时，实际上采用了乔伊斯的《芬尼根的守灵夜》的统计数据。更有趣的

1. 特沃尔：《装上引擎的埃及圣书文字：机器、媒介和传播方式》（*The Hieroglyphs of Engined Egypsians: Machines, Media and Modes of Communication*）。特沃尔援引了乔伊斯书信里的一段话："此间，我准备写书……推倒更多的土方。施工人员在我四周捶打。令人困惑的营生。我希望正式施工前尽可能多干。我的右边堆满复杂的事务，左边堆满复杂的事情，面前的纸上满是复杂的书写，身旁的钢笔使我困惑，它们在我蜿蜒的目光中露出重影。我时不时躺平，静听我的须发变白。"

2. 特沃尔：《装上引擎的埃及圣书文字：机器、媒介和传播方式》（*The Hieroglyphs of Engined Egypsians: Machines, Media and Modes of Communication*）。

是，通信工程本身演变成为一个统计学科，成为统计力学的一个分支，也发生在从乔伊斯到香农的这 20 年里。[1] 后来，控制论也朝着同一方向发展，关于这一点，我在稍后的一节里会讲到。

毫无疑问，德里达所说的记忆增强机是很巧妙的构造，它在《芬尼根的守灵夜》里运转得极好。[2] 但乔伊斯在另一个方面可能不同意德里达的意见，他大概会调侃说，自己的记忆增强机的代码系统“不是实际上的任何语言”[3]。因为指望计算机使用“音节”思维，或者识别音位（phonemes）、语义子（semes）、神话因子（mythemes）之类的东西，与其说是对计算机的速度和硬件提出要求，不如说是要求它像雅各布森那样的语言学家一样工作。德里达引文中的口误耐人寻味，他难道是无意之间在重申被自己解构了的结构主义语言理论？

虽然德里达打了“乔伊斯软件”的比方，但无论从通信技术的哪个角度去看，计算机里的硬件和软件都与音位和言说无关。计算机只听从书写符号的逻辑，只处理数字和字母，而这里的数字和字母都不代表自然语言里的音节或音位。由于这个原因，“乔伊斯软件”——德里达以《芬尼根的守灵夜》的手法而做出的俏皮戏仿——也不能被用来进行语言学术语的操作（不管雅各布森怎么说）。同理，倘若有读者自称认出了《芬尼根的守灵夜》里的音位、语义子、神话因子，那只能意味着，读者是根据阅读印刷文本的过程来诠释所谓“语言事实”。

---

1. 维纳：《控制论：动物和机器的控制和通信》（*Cybernetics: or Control and Communication in the Animal and the Machine*, 2nd ed., pp.8–10）。

2. 在另一篇文章里，德里达分析了《尤利西斯》（*Ulysses*）里的机器比喻。参见其《尤利西斯留声机：听乔伊斯说是》（*Ulysses Gramophone: Hear Say Yes in Joyce*）。

3. 乔伊斯：《芬尼根的守灵夜》（*Finnegans Wake*, p.83）。

学者盖勒特·斯图尔特（Garrett Stewart）曾提到过一个观点，他认为我们应该关注阅读中的认知接受过程。在解读乔伊斯文本时，他尤其强调“读音对文字的压力”[1]。斯图尔特在琢磨德里达解读的《芬尼根的守灵夜》时，提到“音位”如何出人意表地爆发，但他忘记考虑记忆增强机的存在了。在他看来，德里达的疏忽在于他不经意间重申了《芬尼根的守灵夜》的语音优先。对于这一点，我不能苟同。在我看来，德里达的误区在于，他在计算机里读出了语音优先。斯图尔特说：“谁也不能同时说出两个语音，哪怕是自言自语时也不可能；不过，任何人看见一个字母，都能靠语音延缓，而不是图像延缓的方式，记住听觉上交叠的音位，这不等于记住重写的字母。”我的问题是，在认知接受的过程中，重要的不是读者能否在脑子里同时听见几个语音，我们需要追问的是，书面上的白纸黑字何以在人们默读的过程中，维持人声的幻觉，甚至维持多重语音的幻觉，更不必说多重的语义是如何在不同符号系统之间进行游戏博弈的。

总体来说，人们对拼音字母的直觉往往来自这样一个印象：一个字母代表一个音。但代表什么音呢？奥格登就曾抱怨英语语音有太多的不规则，就字母代表语音而言，读音不规则实在是太多了。奥格登说：“元音代表的似乎不是 7 个音而是 54 个音，26 个字母生成 107 种音值，双字母元音和多字母元音生成 280 种音值。”他接着说：“在 20000 个甚至 2000 个单词里区分这一切都需要大量的苦工，这给语

1. 盖勒特·斯图尔特：《阅读声音：文学与声文本》（*Reading Voices: Literature and the Phonotext*, p.245）。

音学家和综合性语言的主张者提供了工作的机会。”[1] 奥格登对拼音文字书写和英语语音的统计，显然来自他想推动 BASIC English 的动机。乔伊斯创作《芬尼根的守灵夜》的出发点，也可能同样来自他对拼音文字书写和英语语音的兴趣。由于英语中的语音和字母的对应并不规则，这就给乔伊斯提供了绝佳的机会：他利用言语成分丰富的歧义性，在自己的记忆增强机上套取语言和语言之间令人吃惊的交叉。

至于《芬尼根的守灵夜》如何把这些成分组合在一起，特沃尔建议我们考虑三种特别相关的通信系统。一是“传统符号系统”（象形文字、字母表、图表、图画），二是技术中介的复制方式（印刷、电话、电影、电视），三是依靠两者之一的通俗表达法的嫁接方式（谜语、卡通等）。这三种系统并存于一台“集成的符号机”，这台符号机的根基与其说是逻各斯，不如说是手势。[2] 特沃尔提到乔伊斯“强调手势交流的根基”，其文字游戏引用和修改了马塞尔·约斯（Marcel Jousse）对约翰福音开篇的一句戏仿，于是“太初有道……”就成了“太初有手势，他开玩笑地说……”[3] 特沃尔解释说：“手势（gesture, geste）这一行为和幽默（jest）的机制相联系，和讲故事（法文的 geste 含多重语义：‘行为’‘故事’或‘传奇’）有联系。”[4] 我在第二章

1. 奥格登：《BASIC English：规则和语法导论》（*Basic English: A General Introduction with Rules and Grammar*, p.21）。

2. 特沃尔：《装上引擎的埃及圣书文字：机器、媒介和传播方式》（*The Hieroglyphs of Engined Egypsians: Machines, Media and Modes of Communication*）。

3. 乔伊斯：《芬尼根的守灵夜》（*Finnegans Wake*, p.468）。

4. 特沃尔：《装上引擎的埃及圣书文字：机器、媒介和传播方式》（*The Hieroglyphs of Engined Egypsians: Machines, Media and Modes of Communication*）。

里曾提到过勒鲁瓦－古朗的图形符号（graphism）研究及其在德里达的元书写（arche-writing）命题里的核心地位。很显然，古朗和德里达的理论洞见也与乔伊斯时代稍早的现代主义著作产生了某种共鸣。在评论乔伊斯的《工作进展》时，萨缪尔·贝克特（Samuel Beckett）[1]表现出对拼音文字书写的表意概念少见的清醒把握。贝克特写道："你会觉得他的写作过于朦胧晦涩，但它是语言、绘画和手势的精华集萃，带有古老的不发音的全部必然的清晰度。你在这里看见的是象形文字的蒙昧简约。字句不再是20世纪印刷油墨那种温文尔雅的扭曲作态。他的字句跃然纸上，在页面上硬挤出一条路来，发光、燃烧、露面，然后消逝。"[2]乔伊斯《芬尼根的守灵夜》的"静默力量的字句"在书页上具体地体现了我一直强调的拼音字母的表意运动，这与初级机械通信的系统不无相似之处，比如普通信号和光信号。[3]

德里达在《明信片：从苏格拉底到弗洛伊德及后来者》（*The Post Card: From Socrates to Freud and Beyond*）一书里，再次表达他对乔伊斯《芬尼根的守灵夜》的迷恋，他写道："为了给一场翻译研讨会做准备，我追踪《芬尼根的守灵夜》里的一切巴别塔式的暗示。昨天，我想飞往苏黎世，坐在他雕像的膝头上大声朗诵，从第一页开始（巴别塔，坠落，芬诺－腓尼基主题，坠落 bababadalgh……截水

---

1. 萨缪尔·贝克特（1906—1989），爱尔兰剧作家、小说家、诗人，长期旅居英国、法国、意大利诸国，1969年诺贝尔文学奖得主，著有《等待戈多》《马龙之死》《无名氏》。——译者注

2. 萨缪尔·贝克特：《但丁……布鲁诺……维科……乔伊斯》（*Dante ... Bruno. Vico .. Joyce*）。

3. 乔伊斯：《芬尼根的守灵夜》（*Finnegans Wake*, p.345）。

墙的倒塌转瞬间侵扰芬尼根的秋天……）。”斜体字的引文和德里达的模仿继续，占了过半页的篇幅。[1] 德里达接着又说，他实在想模仿乔伊斯：“我从未如此情不自禁地模仿任何人。”他坦承：“乔伊斯使我魂牵梦绕，我把他墓园的雕像放在我《寄件》（*Envois*）的中心（‘苏黎世墓园谒陵记’）。这挥之不去的思绪穿透全书，每一页都留下影子，由此生成对署名人的嫉恨，真诚而做作，总是要发掘的。”[2] 德里达的《丧钟》（*Glas*）开篇就援引了《芬尼根的守灵夜》卷首中的“坠落（fall）”一词。我在书中提到香农的随机实验时，也曾提到乔伊斯《芬尼根的守灵夜》卷首的“坠落”一词：

> 坠落（bababadalgharaghtakamminarronnkonnbronntonnerronntuonnthunntrovarrhounawnskawntoohoohoordenenthurnuk！）曾在困窘之墙上的老鲑鱼掉了下来，一大早就成为流连的故事，以后经所有的基督教吟游诗人代代相传。

我们拿这段引文和德里达《丧钟》里的开篇做个比较，德里达写道，“残迹有两个交叠的功能。第一是保证、守护、吸收、内化、理想化、减轻倾倒的后果，成为纪念碑，残迹留存，自我防腐，自成木乃

1. 德里达：《明信片：从苏格拉底到弗洛伊德及后来者》（*The Post Card: From Socrates to Freud and Beyond*, pp.240-241）。

2. 德里达：《明信片：从苏格拉底到弗洛伊德及后来者》（*The Post Card: From Socrates to Freud and Beyond*, p.142）；《送给乔伊斯的两个词》（*Two Words for Joyce*）。这是他1978年6月20日去乔伊斯墓园谒陵的感怀。

伊，自我纪念，自我命名——倾倒的墓碑。因此，虽然倒了，却又自立于兹”，如此等等。[1] 德里达继续沿着这一脉络写到第二页，仿佛写作是回应乔伊斯幽灵的方式，是清账，也是还债。然而，德里达沉迷于为 chute 这个词追根溯源，寻求语义的扭曲，而他这种字面上的解读恰恰就是乔伊斯煞费苦心想要阻止和感到挫败的读法。如上所示，乔伊斯在“坠落”一词后面塞进了长达 100 个字母的毫无意义的符号串。虽然德里达凭直觉看出《芬尼根的守灵夜》是一台记忆增强机，并称乔伊斯的语言是“乔伊斯软件”的文字游戏，但他对“坠落”一词后面紧跟的那一连串无意义的字母序列却缄口不语，不置一词。为什么呢？我们还必须问，对于乔伊斯在《芬尼根的守灵夜》中的印刷字母实验，德里达的读释究竟能给我们提供一些什么教益呢？为什么他在《丧钟》里的盲目模仿偏偏又忽略了乔伊斯的那个实验呢？

我们还是从贝克特的提示出发，进一步分析“乔伊斯软件”和他的语言游戏，不妨将其看作是繁复的平面排版造型，研究语词在两个维度的舞台上或者乔伊斯所谓“纸空间”里是如何排印的。[2] 因为紧跟“坠落”一词的括号里面是一连串 100 个字母的无意义的序列，这些字母跌跌撞撞，横排“跌倒”过去，就好像在模拟字母表意运动中“坠落”的动作。这和拉康在《无意识字母实例》（*The Instance of the Letter in the Unconscious*）里所描述的“意义之出人不意地降临”简直是不谋而合。它从另一个角度也说明，乔伊斯的

1. 德里达：《丧钟》（*Glas*, pp.1–2）。
2. 乔伊斯：《芬尼根的守灵夜》（*Finnegans Wake*, p.115）。

100 个字母的序列是某种对或然率的随机实验。在这方面，我认为菲利普·拉库－拉巴特（Philippe Lacoue-Labarthe）和让－吕克·南希（Jean-Luc Nancy）解读拉康最得要领。我们可以把他们在《字母之名：解读拉康》（*The Title of the Letter : A Reading of Lacan*）一书中分析拉康的“能指（signifier）”概念的一段话，拿过来理解乔伊斯的《芬尼根的守灵夜》的开篇，同样有效。拉库－拉巴特和南希写道：

> 能指如何进入符号化过程（因而等于意义生成的过程）被呈现为“意义之突然降临”。这是很重要的表述，至少有三种解读，都令人忍俊不禁：无非在说，意义是头朝前栽倒的（也没有说栽到哪里去……）；或是说意义的速度太快，走捷径抢跑在所指之前（作为概念的男和女几乎听不见了，只能隔着门听）；最后，意义如同化学反应般发生，换言之，意义发生在被能指降解的溶液中。[1]

这里需要留心的一点是，菲利普·拉库－拉巴特和让－吕克·南希在分析拉康的“能指”概念时，他们思考的是“能指”的运动、速度、化学反应，甚至暗含的电路，而不是索绪尔所说的“声像”（“几乎听不见了”）。“能指”原本就是索绪尔的用语，与此有关的拉康与结构主义语言学我将在下一章里探讨，这里先按下不讲。从这里出发，

1. 菲利普·拉库－拉巴特、让－吕克·南希：《字母之名：解读拉康》（*The Title of the Letter: A Reading of Lacan*, p. 42）。

我们继续回应斯图尔特对乔伊斯文本的读解，尝试另一种可能性。也就是说，即使读者的眼睛和脑子在扫描那100个字母的符号串时，即使读者忍不住要把那个不可能读出声的字符串读出来，忍不住要把声像的物质性重新引入乔伊斯的文本的时候，也必然会发现，这个字母的符号串当中虽然含有语音成分，却没有可以确立的音位。理由是，确立音位意味着必须关闭单一的语言系统（英语、德语、法语或其他语言）的边界，因为每个音位都相对于其所处的单一语言系统而被界定。这种单一语言的庇护所，恰恰是乔伊斯拒不给予读者的。

乔伊斯1922年着手写《芬尼根的守灵夜》时，出版人哈利和卡瑞斯·克罗斯比（Harry and Caresse Crosby）夫妇建议请人为他的《谢姆和肖恩的故事》（*Tales Told of Shem and Shaun*）作序。这本《谢姆和肖恩的故事》包含《芬尼根的守灵夜》（初名《工作进展》）中的某些片段。乔伊斯曾提议，请科学家朱利安·赫胥黎（Julian Huxley）或音乐家沙利文（J. W. N. Sullivan）作序，在遭到两人婉拒后，他又提议请奥格登作序，因为他猜测，奥格登作为"《意义之意义：有关语言对思维的影响以及象征符号研究》（*The Meaning of Meaning: A Study of the Influence of Language upon Thought and of the Science of Symbolism*）一书的作者之一，又是BASIC English的发明人，总不会拒绝讨论我的这场语言实验"，乔伊斯的猜测不错。[1]《乔伊斯传》的作者理查德·艾尔曼（Richard Ellmann）也述及，"乔伊斯还希望奥格登以数学家的身份去评论《芬尼根的守灵夜》的结构，乔伊斯坚持认为，他的《芬尼根的守

1. 理查德·艾尔曼：《乔伊斯传》（*James Joyce*, p.614）。

灵夜》就是有个数学结构。倘若奥格登谢绝，他就会请福特·马多克斯·福特（Ford Madox Ford）。事实上，奥格登不但欣然接受邀请作序，而且还用BASIC English翻译了乔伊斯的《安娜·丽维雅·普拉贝尔》（*Anna Livia Plurabelle*），并请乔伊斯本人为他主管的剑桥大学正字学会（Orthological Institute）录制《普拉贝尔》"。1931年，BASIC English版的《安娜·丽维雅·普拉贝尔》在奥格登主持的《心灵》（*Psyche*）杂志上刊出，后来又以其他版本多次重印。奥格登钦佩乔伊斯，1929年他终于为黑太阳出版社版的《谢姆和肖恩的故事》作了序。

奥格登与乔伊斯密切合作，也似乎同意小说《芬尼根的守灵夜》的确有一个数学结构。他甚至估计乔伊斯的词汇量高达堪称"海量"的25万个单词！至于这个词汇量是不是代表乔伊斯全套的语言装备，包括单词和不是单词的非词，我们无从得知。当我们试图理解乔伊斯实验中怎么会冒出如此奇异的字母序列时，有一个事实就变得清楚不过：乔伊斯从不放弃"意义"的游戏，他总想创造多音的幻觉，即使在玩弄多义最出格的时刻也是如此。至于香农的追求，那就是另一回事了。数学家香农把他的机识英文实验推进到纯粹的表意符号领域。他这样做的前提就是，书写字母和口语之间是彻底分裂的。实际上，机识英文的字母序列几乎完全没有语言的所谓"意义"，所剩无几的语义已经从语言移入数学符号的表意乌托邦了。这并不是说，数学符号就没有意义，当然是有的，因为一切表意系统都是有意义的，但其意义不必映射到任何具体的语言之中。在表意书写和语言的关系之间，有意义和无意义的复杂交互值得我们进一步探索，稍后我还会进一步分析乔伊斯著作里的数学意涵。

比如，在控制论科学家举行的第十届梅西会议上，语言学家赵元任曾应邀对有意义和无意义的问题做专题报告。赵元任在报告中说，有意义的文字书写可能在言说中是无意义的，反之亦然。因而，我们必须在视觉的语词识别和语言音位的交叉点上提出“意义”的问题。赵元任把乔伊斯式的文字实验推向汉字书写的极端，借以证明这个论题。赵元任从文言文里挑选出 106 个汉字（高频率重复的汉字），他用这些汉字编了一个故事，叫《施氏食狮史》。一个人试图吃掉十头狮子当然不可能，这是一个半开玩笑的故事。赵元任编造这个故事是为了说明有意义和无意义之间究竟体现的是一个什么关系。

当我们默读《施氏食狮史》时，这篇文字的语义是充分的，但当我们试图用普通话朗读时，同一篇文字变成了一连串无意义音节的、莫名其妙的咿呀语，即使加上妥当的音位标记，比如四声（中文的音位），那也没人能听懂。原因是这百余个方块字重复的是同一个音节 shi。以下是赵元任列出的 106 个汉字：

石室诗士施氏嗜狮誓食十狮氏时时适市视狮十时氏
适市适十硕狮适市是时氏视是十狮恃十石矢势使是
十狮逝世氏拾是十狮尸适石室石室湿氏使侍试拭石
室石室拭氏始试食是十狮尸食时始识是十硕狮尸实
十硕石狮尸是时氏始识是实事实试释是事

shí shì shī shì shī shì shì shī shì shí shí shī shì shí shí shì shì shì shī shí shí shì
shì shì shì shí shí shī shì shì shì shí shì shì shì shí shī shì shí shí shì shì shǐ shì
shí shī shì shì shì shí shì shí shī shī shì shí shì shí shì shī shì shǐ shì shì shì shí

shì shí shì shì shì shǐ shì shí shì shí shī shī shí shí shǐ shí shì shí shí shī shī shí shí shí shí shī shī shì shí shì shǐ shí shì shí shì shí shì shì shì shì

赵元任本人将其译为英文，兹用中文转译如次：

> 有一位姓施的诗人，住在石头房子里，他喜欢吃狮子，决心吃掉十头狮子。不时之间，此先生去市场寻觅狮子。十点钟时，他去市场，巧遇十头狮子。于是此先生用弩弓抛石头用力杀之，致十头狮子死亡离世。他扛起狮子，回到石头房子。房子潮湿，他命侍从擦干石头房子。稍后，他开始吃狮子身子。这时，他方才意识到，十头狮子的身子其实是石头狮子。他开始明白，这其实就是事实。请解释这件事情。[1]

赵元任的106个汉字，其音节从字面上是可以读出声的，这是和乔伊斯的那100个字母组成的无意义序列的不同之处，但对于讲汉语的人来说，这些音节一旦朗读出来却不含任何语义。相反，汉字无论读音是什么，一旦写出来，它本身就含有足够的信息，也就是说，有语义。需要补充一句，赵元任在梅西会议上的报告跟所谓汉语是不是单音节语言毫无关系。所谓汉语是单音节语言的说法，其实是把中文字的发音如shi，投射到语言本身而导致的误解，事实

1. 本书采用赵元任本人的英语译文。此外，他还加了一条注释，解释“硕”在这里读shi，虽然这个汉字还有另一个读音shuo 。参见赵元任：《语言之意义，意义如何获取》（*Meaning in Language and How It Is Acquired* ）。

上，世界上没有人用单音节说话。[1]

那么，赵元任编造这段奇特的文字实验用意何在呢？他强调的是，汉字在规范中文及其方言的口语音节随机性方面具有重要功能。沿着香农机识英文的随机分析的方向，赵元任的这段奇特的故事显示出：当中文音节 shi 的冗余率（重复）极高，那么信息量就极低；与此同时，这 106 个汉字的序列在文言文书面上却表现出极高的熵值（即冗余率极低）。也就是说，同样汉字的书写形式和口语形式之间的冗余和熵值是对立的。在我看来，这一对立的走向很关键，因为它对我们在总体上把握书写技术具有价值。

有一个事实无可争辩，那就是拼音字母无论用手写，还是用机器生成，都比汉字的手写或生成快得多，容易得多。自从打字机发明以后，拼音文字的书写技术大大推进，于是，麦克卢汉和许多人就开始认为，拼音文字带来了西方理性和现代进步。麦克卢汉还不遗余力地争辩说，欧洲人发明了印刷术和活字印刷技术，也是因为拼音文字的优越性，他的这个论调一以贯之。但不管怎样，麦克卢汉注意到一个很有意思的现象，即文字与电信传递的关系。如何正确认识这两者的关系，这很重要。在麦克卢汉的时代，拼音文字毕竟是很简单的代码，它无法通过电信去处理那些比单一代码稍微复杂一点的标记或图形，比如汉字、法律合同、签名、表格，甚至是拼音文字或非拼音文字书写体系中的一些字体，如斜体和草书。在

1. 比较语文学（comparative philology）学科是造成这一误解的主要领域，参见我在《帝国的话语政治：从近代中西冲突看现代世界秩序的形成》，尤其是“语法的主权”一章中的分析。

打字机的时代，拼音文字的书写技术受到严重的技术限制，因为打字机技术本身的简陋就是很大的局限，它很难复制汉字或其他很多字体。传真机的引进和普及使打字机的局限得到一定程度的克服，而更先进的计算机技术又进一步克服了这些技术的局限。因此，一点也不奇怪，当年日本研制传真机的公司着眼于解决汉字的输入问题，这些公司在 20 世纪 80 年代和 90 年代兴起后，一举主导传真机的产业，占据了世界销售额的 90% 以上。[1] 比起打字机上简短、可读的代码，传真机和今日的计算机能传输的各类信息要多得多。1990 年，约翰·罗宾森·皮尔斯和迈克尔·诺尔（A. Michael Noll）曾论及汉字以及表格、合同和签字的需求，他们指出，这些都表明“仅仅靠字母的编码是解决不了这些问题的，单纯的可读性远远不够用。比如，在房地产交易中，报盘文件应该看起来妥当，但还需要签字。比起邮件投递，传真机传输这一类文件或图像更快捷，更方便。传真机还可以传送广告文案、标记文本，或者处理电子邮件难以处理或根本不能处理的文件”[2]。当然，自从这两位作者在20世纪 90 年代发表这个观点之后，编码技术和计算机的存储芯片已大大发展，把打字机和传真机都从市场上挤了出去，因为电脑的文字处理可以解决几乎所有类型的文字书写，提供各种各样的字体，满足所有实际应用的需要。今天，由于手机的文字输入很轻松，短信成

---

1. 迈克尔·J. 恩赖特（Michael J. Enright）：《1990 年的日本传真业》（*Japanese Facsimile Industry in 1990*）。

2. 约翰·罗宾森·皮尔斯、迈克尔·诺尔：《信号：电信科学》（*Signals: The Science of Telecommunications*, p.23）。

了汉字文化圈最流行的电信形式。

再回到小说《芬尼根的守灵夜》的文学实验。乔伊斯对文字书写的物质性和技术的物质性也表现出同样的敏锐，他的小说中竟也出现一段关于文字书写的技术史的寓言，如下：

> 骨头、石头、羊皮，刮削它，砸开它，切割它；放进陶罐用火烧它，突突响：古滕莫格用他克洛玛侬人的宪章，叮叮响的大部头启蒙书曾经是无处不在的第一步，从铸字机里吐出来，红字印刷，在酒鬼那里是无用的。因为（狂妄的警告）那是莎草纸的成分，由它制成，隐藏、暗示和错过印刷品。直到你们终于（虽然还没有结束）见到了泰普斯先生、托普大人和所有小泰普斯的熟人。菲尔斯图普，你几乎不需要拼出每个单词，它们将被装订起来，承载 70 种字体的混合，从头至尾（愿他额头涂污，他颤抖），直到大流士、默霍马霍马开启那关闭的大门。[1]

这大概是乔伊斯眼里的文字、印刷和文明的迷你型仿拟历史。引文中的叙述给读者造成语音的幻觉，但这些语音是用双关语和无义字来讲述的。其实，在语音的幻觉之外，在我们眼前发生的是读写头移动而生成的文字，这个读写头，或者说读者的眼睛，扫描出“泰普斯”“托普”“小泰普斯”“铸字机”“印刷品”等文字拼写，一个接着一个地在页面上快速扫描，很像香农所谓“时间序列（time series）”。

1. 乔伊斯：《芬尼根的守灵夜》（*Finnegans Wake*, p.20）。

拉丁字 typus 源于希腊字 typos，其含义是加工后的莎草纸或羊皮纸表面留下的“记号”“印记”“印记的形式”。这种在材质皮面上创造“语词”“语音的视觉”印记的方式必然对德里达所谓“元书写”运作提出新的要求，它要求“元书写”接受乔伊斯的铸字机及其“原型（archetypt）”的检验。印刷技术的物质媒介形塑了跨语言的书写形式，包括拼音字母、字母单位、图形符号、字母符号的空格，以及二维平面、排印位置等，这一切永远受到书写技术的束缚。

第二节　iSpace 空间：乔伊斯的纸创口

那么，我们从乔伊斯的字母序列中能学到什么呢？其中之一就是重新看待拼音文字，把它作为实际上的表意符号，或是潜在表意符号来分析。表意符号，或者说意 + 符（ideo+gram），一般被理解为“思想书写（thought writing）”，这里包括数字、标点符号，以及任何不能读出语音的文字符号和其他抽象的图形标记，因此，我们不应把表意符号与象形符号文或图画混为一谈。比如，乔伊斯生造的一个非词“iSpace”首次在《芬尼根的守灵夜》里露面，就是彻头彻尾的表意符号：

纸创口有四种类型，逐渐并正确地分别被理解为：停，请停，停下来，一定停；追寻纸创口唯一真实的线索，顽固不化的疯人院的回音壁，玻璃和瓷器的破碎（bi tso fb rok engl a ssan dspl itch ina）使创口加重——院子里追寻的结果显示：严肃的教授在用早餐，创口由他的刀叉引起；他要精心挑选并引进时间观念，他要在 iSpace 里扎孔（在平面上扎孔）？！[1]

上述引文里有关书写和创口的双关语是通过图形记号的运动来进行的，在这里，“空格”的作用最关键。乔伊斯把一句“bits of broken glass and split china（碎玻璃和碎瓷器）”中词与词（字母与字母）之间的空格重新分布和挪动后，这一句话就突然变得七歪八扭，成了不可读的英文句汇，乔伊斯把它们写成“bi tso fb rok engl a ssan dspl itch ina”。什么是在 iSpace 里扎孔呢？它意味着在纸面上给文字书写打空格，这就是纸创口的源头。乔伊斯的这段引文把读者打入镜像迷宫，叫读者在图形间距（graphic spacing）、标点符号、不规则字体和字母序列之间晕头转向，不知所措。

当年有一个先锋杂志，叫《转折》（*Transition*），其创办人尤金·乔拉斯（Eugene Jolas）曾刊发过他从乔伊斯《工作进度》中摘取的片段，他机敏地捕捉到乔伊斯文学实验的意义，据说有捣毁偶像之意义。乔拉斯 1929 年宣称：“今天真正的形而上学问题是‘词’本身。”[2] 操纵词与词之间的空格，于是成为对逻各斯中心主义攻击

1. 乔伊斯：《芬尼根的守灵夜》（*Finnegans Wake*, p.24）。

2. 尤金·乔拉斯：《语言革命与詹姆斯·乔伊斯》（*The Revolution of Language and James Joyce*, p.79）。

的武器，它消解了我们所熟悉的语词形象，iSpace之所以成为一种原初行为，就是因为它发生在有意义和无意义之间，遥遥领先于德里达为文迹学提出的间隔和差异 / 延宕（différance）等概念，但这不是最重要的。更准确地说，iSpace是现代技术的表意先兆，它提前预告了即将到来的消息，无论是控制论［以上引文里平面 / 飞机（plane）的语意双关让人联想到维纳研究的飞行器回馈线路］还是互联网，它也提前预告了即将到来的iPhone、iVision、iTunes、iLove和iPolitics的消息，其中最具象征意义的是当代互联网上出现的“iEnglish”。乔伊斯的文学实验表明，拼音文字书写的表意概念并不是源于香农或维纳，而是遥遥领先于这些科学家，发源于20世纪初的那几十年非凡的思想发酵期。在那时，人们已经开始投入对书写技术、超验能量和假体机器的研究了。

乔伊斯凭空生造了一个印刷符号iSpace，它在互联网或iPod和iPhone出现之前就存在了。iSpace和许多被作家和诗人引入拼音文字的怪词怪字一样，在印刷媒介里显得面目不清，词义暧昧朦胧。虽然作者乔伊斯本人早已被文学史、文学理论和文学批评奉若神明，被公共机构和学界所承认，但iSpace仍然似是而非，顽固不可解。由于这个原因，一代又一代的读者始终吃惊于乔伊斯的新奇视野和他的写作技艺。虽然这些读者亲历了生物控制论以来的科技发展，有这方面足够的丰富体验，但新一代的读者仍然对乔伊斯的创新感到吃惊。无论你喜欢还是不喜欢，iSpace这个非词里的小写字母“i”——更准确地说，“i+词”的结构一直在无限地展开，它在日益扩张的赛博空间里，已经变成名副其实的新习语和新意符，就像无处不在的字母结构“e-”一样。[1]文学的想象力和技术科学之间的这种纠缠，恰是我力图从文学家们的实验中揭示出来的。那么，这里使用的字母“i”，它的意思究竟是 intelligent（智能）、information（信息）、Internet（互联网）、I（我），还是 imaginary（幻想的）呢？抑或它代表的只不过是一个颠倒的感叹号，根本就没有与之对应的口语语音成分呢？但问题的关键还不在这里，我们必须看到的要点是：表意结构“i+ 词”提供了唯一的语义担保，人们有可能归因于字母“i”的任何意义和全部意义都在其中。

而这种语义的不确定性必然提出一个认知问题：读者的眼睛和大脑是如何在视觉中获取拼音字母和语词的？这通常是神经生理学家和相关科学家研究的课题，却也应该是人文学者感兴趣的课题。雅各布森研究过语言功能失调（ataxia），他在分析这种失语症时，发现词语识别的障碍属于病态认知。根据他的分析，语言障碍的患者“只能识别单词的整体形象，一个不可分解的整体单词，拼读语音序列对他来说是陌生的，因为他不能识别语音序列。要不然他就索性把一个语音序列并入他所熟悉的词语，而不去理会语音上的偏离”[2]。虽然单词不可分解的整体形象适用于雅各布森讨论的言说事件的语境，但他提炼出来的病态类型对普遍意义上的语词视觉识别

1. 就像首字母缩略词、变位词、前缀和字母表的其他表意功能一样，“e-”结构对应“electronic”或“electro-”，成为一个概念，并不对应多音节词或前缀的音位序列。符号“e-”适用于“e-mail”“e-museum”“e-trade”“eBay”“eBook”“e-music”“e-medicine”等，无论你在英语或其他语言里如何读出它。

2. 雅各布森：《语言的两个方面和言说障碍的两种类型》（*Two Aspects of Language and Two Types of Aphasic Disturbances*）。

也具有意义。如果按照雅各布森的说法，一个人倘若不能区别言说过程里最小的音位就属于病态类型，那么我们又如何去解释一般读者的阅读习惯呢？因为一般读者也同样把单词看作是不可分解的整体形象，他们往往把页面上的单词当作一个整体的文字单位来读，而不是拼读一个又一个字母的语音序列。这到底是正常态，还是病态呢？实验心理学的最新研究提出一些令人信服的证据：据说，辨认“单词的外形”，或者说辨认单词外形所提供的信息，在我们的阅读或“语词的视觉识别”认知行为中，发挥着不可忽略的作用。[1] 因为实际的阅读情况是，人们通常不会拼出每一个单词里的每一个字母，而这种逐个字母识读的行为仅见于脑外科手术后罕见的字形失读症（word-form dyslexia）。[2]

索绪尔的语音中心主义虽然受到德里达的批评，但他的确关注了拼音文字的书写朝着表意符号滑动的倾向。根据他的学生埃米尔·康斯坦丁（Emile Constantin）1993 年才发表的讲课笔记，索绪尔在这个课题上发表过非常有价值的看法。1910 年，索绪尔曾讲到

1. 关于拼音文字书写里换位字母序列（transposed-letter sequences）的讨论绵延不绝。关于非词（nonword）的混乱字母或“换位字母混淆性（transposed-letter confusability）”的讨论饶有趣味，在语词视觉识别的问题上给人启示，如佩雷亚（M. Perea）和卢普克（S. J. Lupker）的《法官激活法庭吗？掩蔽关联启动效应里的换位字母混淆性》（*Does jugde Activate COURT? Transposed-Letter Confusability Effects in Masked Associative Priming*）。我们能猜出一个单词而不是猜单词里的字母（单词优先效应）。虽然如此，因为“单词的外形”可能因字母换位或混乱而被扰乱，这就提出了一个问题：相对于“单词的外形”的单个字母，又处在什么地位呢？（该注释有节略。——译者注）

2. 沃林顿（E. K. Warrington）、沙莉斯（T. Shallice）：《组词的字形失读症》（*Word-Form Dyslexia*）。

正字法："你们要记住，由于习惯的力量，书面词终究要成为表意符号（un signe idéographique）。单词有整体的价值，其价值独立于组成单词的字母。我们通常用两种方式阅读：一是逐个字母拼读陌生语词，二是目光在阅读我们熟悉的语词时一扫而过。"[1] 索绪尔所谓表意符号指的不是汉字，而是拼音文字的书写符号（alphabetical writing）。无论他这一观点是否能被认知科学完全证明，有趣的是，他所谓"单词的整体价值"意味着，索绪尔开始对拼音文字的表意性有所发现，这和他说的文字是口语的视觉再现这一观点似乎出现自相矛盾，同时也和雅各布森对语言功能失调的著名诊断相去甚远。当然，索绪尔的这一洞见和他的视觉再现的文字观有多大程度的相关性，我们可以进一步辩论。一方面，索绪尔不赞成言说中的"字面发音（spelling pronunciations）"，因为文字的"视觉形象会导致发音错误"[2]。另一方面，他也提到"习惯的力量"，这和德里达在《论文迹学》中分析过的黑格尔有关文字书写的退化观有了某种衔接。[3] 但我们不清楚康斯坦丁的笔记于 1993 年发表以后，德里达是否读过并了解了索绪尔关于拼音文字中"单词的整体价值"的洞见。也许这无关宏旨，因为德里达对黑格尔"退化观"的批评也适用于对索绪尔的批评。我们知道，黑格尔直觉地把握了拼音文字的表意潜力，德里达因此而称黑格尔为最后一位书本哲学家，同时也是第一位思

1. 索绪尔：《普通语言学第三教程》[*Troisième cours de linguistique générale*（*1910—1911*），pp.63-64]。

2. 索绪尔：《普通语言学教程》（*Course in General Linguistics*, p.31）。

3. 德里达：《论文迹学》（*Of Grammatology*, p.31）。

考书写的哲学家。黑格尔在分析人们识文断字的过程时，写道："后天的习惯压制着拼音文字书写的独特性，这一独特性似乎有利于视觉，通过听觉绕道达成视觉再现，使之成为我们的象形文字。使用这种象形文字时，我们无须在意识里呈现声音的中介。"[1] 黑格尔把拼音字母的表意倾向归因于习惯的力量，归因于某种程度的退化畸变（degenerative aberration）。他和索绪尔两人都看到了语词视觉识别的问题，这一事实我们应予以认真对待，因为黑格尔和索绪尔对拼音文字书写的表意潜力各自提出了重要的洞见，远远不止于从形而上学出发一味地强调语音中心，否定文字书写，如德里达所指责的那样。

拼音文字书写系统何以获得其表意倾向？这是一个值得进一步探讨的难题。我们通过重新考察表意符号在 20 世纪初期的现代主义和科学之间所扮演的角色来探讨一下。米切尔（W. J. T. Mitchell）曾注意到："维特根斯坦把象形文字当作语言的图画论模型，而庞德迷恋汉字，将其视为诗歌意象的模型，两人都在强调表意符号的重要作用，并标示出其边界。"[2] 毫无疑问，表意符号的概念经常被庞德等人误解，以为它不过是某种象形的图画文字。但这个图画理论给拼音文字的书写注入了陌生化的因素，激发了漩涡派诗歌（vorticist poetry）。与此同时，它也强烈地暗示了另一个功能，这个功能在广义上适合于我们对当代科技的理解。我指的是，通过表

---

1. 德里达：《论文迹学》（*Of Grammatology*, p.36）。
2. 米切尔：《图像学：形象、文本和意识形态》（*Iconology: Image, Text, and Ideology*, p.29）。

意符号，机器与人脑之间出现了相互拟像，相互类比，亦如庞德所言："人，或者说人的最敏感的部分，是某种机制，我们为了讨论的方便，不妨说它颇像电器、开关、电线等机制……电报有个带电荷的表面会去吸引或记录无形的以太的运动。"[1] 庞德的这套理论是他在修订范诺罗莎（Fenollosa）的手稿时，对范诺罗莎有关论述的发挥，范诺罗莎提到，表意符号会产生"放射"和"冠状"和谐的效果。[2] 庞德觉得这个观点很顺应自己的"放射"意象的理论，进而断言，"真正的科学、真正的思想都是表意的，我的意思是，普遍性一概由确切的特殊性所构成，思想者凭直觉就能悟到这些特殊性"[3]。庞德的论述还提到数字符号，以及如何通过数字才能思考有限和无限等问题，这一类的思考无疑和他那个时代的数学发展有关，尤其

---

1. 庞德：《罗曼斯精神》（*The Spirit of Romance*, pp.92–93）。早在 1886 年，查尔斯·霍华德·辛顿（Charles Howard Hinton）就已提出肉眼不可见的以太理论，预言现代主义机器观的来临。辛顿将以太这种介质构想为一种宇宙留声机，他写道："假设以太不是完全平滑的，而是有纹路的，并且具有各种确定的标记和沟槽，那么地球在围绕太阳运行时，它就会在这个有纹路的表面上表现得像留声机一样。先说留声机，唱片有凹痕，旋转时经过唱针头。再说地球，一边是带有凹痕的以太静止不动，另一边是物质的地球沿着它滑动，而对应以太中的每一个标记，都会有物质的运动，物质运动的一致性和规律性将取决于它滑动的固体表面预先确定的沟槽和凹痕的排列方式。"参见查尔斯·霍华德·辛顿：《科学罗曼斯》（*Scientific Romances*, pp.196–197）。

2. 丹尼尔·蒂法尼（Daniel Tiffany）说，表意符号的放射性吸引庞德，放射性是使单词频谱"激进化"的媒介。参见其《无线电死尸：埃兹拉·庞德的意象主义和隐秘美学》（*Radio Corpse: Imagism and the Cryptaesthetic of Ezra Pound*, p.225）。又见拉斯洛·格芬（Laszlo Géfin）的《表意符号　诗方法的历史》（*Ideogram: History of a Poetic Method*）。

3. 庞德：《机器艺术及其他：意大利羁旅期失落的思想》（*Machine Art and Other Writings: The Lost Thought of the Italian Years*, p.158）。

是如日中天的统计学思想。[1]

相比维特根斯坦对数理逻辑和语言游戏的重视，庞德解读表意符号的方式，是将其视为直达知识的通路，而不必经由语言或言说，因为言说不可能是科学知识的中介。[2] 这种理解可以一直追溯到庞德在1921年发表“涡旋派”宣言时提出的意象理论。他认为，意象之所以真实，是因为“我们能直接领悟它”，而“每一个概念、每一种情绪都以某种原初的形式呈现在我们的意识里”。庞德进一步说，艺术和科学有很多共通之处，因为“意象派诗人的意象具有变量的含义，就像代数里的 a、b、x 等符号一样”，因此“任何配得上被称为头脑的头脑都必须有超越现存语言范畴的需求，就像画家必须要有超越被语言所命名的颜色，要使用更丰富多彩的颜料或色调一样”[3]。对庞德和其他先锋作家而言，拼音文字的语音维度并未失去其心理效价。这里的关键在于，当时假体机器（留声机、电报、电话、打字机、收音机、电影等）的大量出现，使实验性作家开始获得新的意识，发现了拼音文字的表意潜力和其他的可能性。在这方面，设计假体机器的工程师和科学家也不遑多让，他们也发现了拼音文字的表意潜力。相比之下，德里达站出来张扬文字书写，批评语音中心主义，他的主张姗姗来迟，的确远远落在现代主义的哲学运动之后了。

作为现代主义的典型制作，乔伊斯的《芬尼根的守灵夜》、马

1. 关于这一变革对社会科学的影响，详见本书第四章对布尔巴基数学家的介绍。

2. 如欲澄清维特根斯坦研究心理意象和象形文字的符号进路，参见米切尔：《图像学：形象、文本和意识形态》（*Iconology: Image, Text, and Ideology, pp.*14–27）。

3. 庞德：《“涡旋派”宣言书》（*Vorticism*）。

拉美的诗歌、杜尚的装置艺术，还有爱森斯坦电影的表意符号等，所有这些实验都旗帜鲜明地与黑格尔的书写退化论背道而驰。这些作家和艺术家与书写退化论背道而驰不是出于自觉的意志，而是因为他们别无选择，因为他们需要回应假体机器在那个时代的兴起，回应科技对社会经济生活进行重组的现实。到了第二次世界大战以后，计算机和信息技术的出现更带来一系列的新发展，也进一步加深了现代主义在表意符号、视觉文字，以及普世主义的写作机器等方面的实验。在下一节，我们要再回到香农的信息论，来分析一下信息论在心灵机的随机过程和意义的概率上，能给我们提供什么样的启示。

第三节　贝尔实验室里的精神分裂症书写

信息论里有一条著名的准则，这个准则就是：信道里所传输的讯息（字母序列或字符串）跟语义或语言内容没有任何关系。我不妨重述一下前面表述过的意思：信息（information）只有在讯息之间（messages），或者在字母序列之间有选择的情况下，才会存在。这是什么意思呢？它的意思是：如果世界上总共只有一则讯息，那就等于没有信息，传输系统也就没有必要存在，因为那则讯息必然已被记录在接收的那一端。如果世界上总共有两则讯息，那么传输正确信息的机会就是一半对一半。因此，从数学的角度来看，信息首先和不确定性有关，与概率有关。这就解释了为什么语言信息的熵值大小跟语词有意义还是无意义的关系不大。香农继续论证说，如果冗余率是零，那么，任何字母序列都是可读的文本，在这种情况下，任何二维的字母阵列都可以构成纵横字谜。根据他的计算，在通常情况下，英语本身的冗余率在 50% 左右，因此，大型的纵横字谜就可以成立。如果把冗余率降至 33%，那么三维的纵横字谜也可以成立。我认为，这对文学批评家应该有所启发。我们在考察乔伊斯的多语种字谜时，不妨分析一下他的字谜在跨越不同语言的时候都有什么样的随机率，也许能从中获取一些新的认识。但是，文学批评家会很快发现，这一任务并非轻而易举。

在有些情况下，无意义的言说会让人受到威胁，但在多数情况下，无意义也是游戏和娱乐无尽的源头，这种现象跨文化，跨文明，也跨越古今。我们知道，刘易斯·卡罗尔（Lewis Carroll）在《爱丽丝漫游奇境记》（*Through the Looking-Glass*）中发明了一首叫作“贾巴沃克（Jabberwocky）”的诗，它是英语诗歌里最著名的无意义诗。这首诗很可能给乔伊斯的无意义语词实验提供了丰富的灵感，终于启发他创作了《芬尼根的守灵夜》。赵元任最早为中国读者翻译了《爱丽丝漫游奇境记》，他在 1922 年出版了中译本，实乃非凡之举，但这也不奇怪。赵元任的译笔不但生造出一些新汉字，而且他努力再现原诗的音步和韵脚，甚至还保存了英文原著里文字游戏的本意。[1] 与赵元任的中译本有关的一个小插曲是，韦弗也同

1. 赵元任曾经撰文详细解释他翻译“贾巴沃克”这首诗的经过，参见赵元任：《从中译

样是刘易斯·卡罗尔的忠实读者。韦弗的个人收藏里有《爱丽丝漫游奇境记》的42种语言的160个不同的版本，他还将赵元任的中译本也纳入这个收藏。韦弗尤其喜欢小说里疯狂的茶会那里面的双关语、无意义语词和各式各样的笑话，他甚至写了一本小书研究《爱丽丝漫游奇境记》，书名叫《多语种的爱丽丝》。[1]

在20世纪的哲学家中，对无意义的语词产生兴趣并将其与有意义的语词联系起来进行研究的人实在是寥寥可数，法国哲学家吉尔·德勒兹是其中之一。其他一些主要的哲学家，如莫里斯·梅洛-庞蒂（Maurice Merleau-Ponty）和让·伊波利特（Jean Hyppolite），也都涉及有意义和无意义的分别，但他们对无意义本身其实说不出什么。梅洛-庞蒂的《有意义与无意义》（*Sense and Non-Sense*）完全在现象学的意义上探索对象、可视性、事物、人的感知，以及其他有关存在的哲学问题，这都是一些大家熟悉的问题。梅洛-庞蒂竟然没有看出拉康为什么会研究通信技术，研究字母、数字和其他符号的控制论游戏，因此，他在这本书中连提都不提。[2]伊波利特写过《逻辑与存在》（*Logic and Existence*），这本书的重点是语言如何建立存在和意义之间的关系。伊波利特倒是对控制论表现出积极的兴趣，但遗憾的是，他在《逻辑与存在》这本书里虽然涉及黑格尔对语言、数学、意识和自我意识的讨论，但并未往前再走一步，把

的角度谈翻译的忠实维度》（*Dimensions of Fidelity in Translation with Special Reference to Chinese*）。

1. 韦弗：《爱丽丝漫游奇境记译本研究》（*Alice in Many Tongues: The Translations of Alice in Wonderland*）。

2. 梅洛-庞蒂：《有意义与无意义》（*Sense and Non-Sense*）。

它与当代的控制论机器做有效的连接，而这项工作还要等到半个世纪以后马克·泰勒的研究那里才有所进展。

德勒兹是20世纪杰出的哲学家，他认真研究过“贾巴沃克”那首诗，并把它作为研究有意义和无意义的起点。德勒兹对卡罗尔小说里的混成词（portmanteau words）现象的解读，更是令人拍案叫绝。[1]德勒兹在《意义的逻辑》一书里指出，没有任何结构是没有序列的，而卡罗尔的贡献在于他确立了“文学的序列方法”，这种方法把语言结构里的奇异点（singularities）进行分布。[2]什么是奇异点？德勒兹用数学弧线、物理态势，以及心理态势去解释这个概念，他说：

> 奇异点就是转折点和曲折点，瓶颈、结子、门厅和中心，混淆点、浓缩点和沸点，泪点与欢乐、疾病与健康、希望与焦虑、“敏感”点。但这样的奇异点不应该和个人话语里表现自己的人格混淆起来，也不应该和命题所指的事态的特点混淆起来，甚至不能和某个图形、某条弧线所指的概念的普世性或普遍性混淆起来。奇异点属于另一个维度，它不同于内涵、体现或意义。基本上，奇异点是先于个体的、非个人的、非概念的。[3]

相比之下，拉康以其独到的方式，也把奇偶游戏布局到类似奇异点的分布里，机会游戏里每一次掷骰子都是一个序列，它先于概

1. 伊波利特：《逻辑与存在》（*Logic and Existence*）。
2. 德勒兹：《意义的逻辑》（*The Logic of Sense*, p.51）。
3. 德勒兹：《意义的逻辑》（*The Logic of Sense*, p.52）。

念，先于思想。德勒兹在分析序列及其分布时进一步发现：“意义的逻辑必然执意在有意义和无意义之间设定一个固有关系的初始类型、一种有意义和无意义的共存方式”[1]，“意义的逻辑不亚于意义的决定，无意义促成有意义的外延”[2]。这是一个很重要的洞察，它强迫我们看到无意义的功能和深渊，因为这一切都和我们的精神生活有关系。德勒兹还指出，逻辑学家说到无意义时，往往端出辛苦建构的、贫瘠的、适合论证所需的例子，就好像这些人从来没有听过小女孩唱歌、大诗人吟诵和精神病人说话一样。德勒兹最后指出，“贾巴沃克”诗、乔伊斯的小说和精神病人都有望给我们提供一些异乎寻常的洞察，让我们一窥无意义在人的精神生活中所发挥的重要作用。

拉康在阅读《芬尼根的守灵夜》时，也尝试开发一条独特的进路。他的做法是用拓扑学模型的波多米结，去把握乔伊斯游戏语言符号或其他符号的手法和深意。拉康提出一个从“符号（symbol）”到“症状（symptom）”的阅读，他利用数元（matheme）和图表来向我们演示如何通过阅读乔伊斯去认识符号界、实在界，以及无意识。拉康在《乔伊斯症状》（*Joyce le Symptôme*）一文里指出，《芬尼根的守灵夜》里面精致的双关语不仅见于每一行字，而且见于每一个词。这些双关语的独到之处在于，我们平时习惯的单词“意义”在其双关语的表意过程中丧失了。[3]意义失落后，倒让我们更加接近

1. 德勒兹：《意义的逻辑》（*The Logic of Sense*, p.68）。
2. 德勒兹：《意义的逻辑》（*The Logic of Sense*, p.69）。
3. 拉康：《乔伊斯症状》（*Joyce le Symptôme*）。

实在界。拉康对实在界的表述是，实在界“被完全剥光了意义。有一点可以让我们满足并肯定，那就是，当某物的意义不复存在时，那么与其对应的就是实在界，因为实在界没有意义可寻。我们不是用语词书写实在界，我们用的是小小的字母”[1]。我在第四章还要详细论述，为什么我们有必要在单词和字母［乔伊斯在这里把“字母（letter）”拼作“litter”］之间做根本的区分，这一点的重要性充分表现在拉康对弗洛伊德的无意识概念进行新的阐释上，而这个阐释与他当年研究的信息论和控制论有很密切的关系。

1975 年，拉康受邀去耶鲁大学做了坎撒（Kanzer）讲座，他在讲座中重申了上述观点。无独有偶，拉康一开讲就提到乔伊斯。耶鲁大学教授杰弗里·哈特曼（Geoffrey Hartman）、路易斯·杜普勒（Louis Dupré）等人随后在提问中不断围绕着符号、意义和数学等话题，要求拉康解释语词（语言）和字母（书写）的区分是什么意思，如现场有以下问答：

哈特曼：这里的争论与如何解读数元的符号性有关系。

杜普勒：这正是问题所在——什么是数元的符号性的准确定位？它是普世的符号，还是……

拉康：它是推演出来的符号手法，永远用字母来推演。

哈特曼：那语词怎么办呢？分析性的科学含有数元，但这

1. 拉康：《耶鲁大学坎撒讲座》（Conference et entretien clans des universities nord-americaines: Yale University, Kanzer Semina）。讲演时间是 1975 年 11 月 24 日。

里还有科学实践的问题，分析实践里还有一个数元的翻译问题，而分析实践要使用语言，难道不是吗?

拉康：然而，单词和字母之间还隔着一个世界。[1]

这场对话值得我们玩味。很明显，参加对话的耶鲁学者忽略了拉康在语词和字母之间做出的理论区分。其实，拉康在坎撒讲演中始终强调，语词和字母之间相隔着一个世界，一个巨大的鸿沟，这个鸿沟同时也是连接语词和字母的媒介，但它并不能保证通过语言的交流来确保意义的回归。拉康想通过乔伊斯的小说来说明这个道理。

字母的意义如何失落是拉康强调的重点，它也是香农在信息论的研究中处理机识英文的必然结果。在这里，我还要补充一句，机识英文不是我们常规理解的东西，好像仅仅是数字和文字之间的分工。比如，在数学里，代数运算要使用字母，在自然语言里，文字符号也使用字母，这种常规化的符号分工充分体现在上面引述的问答之中（如"数元"和"语言"之间的分工）。但这里的问题是，香农的分析对象是机识英文，不是代数，这一点是毫无疑问的。同时，他计算的是机识英文的随机率，而不是文字的意义。海尔斯说，信息论把语义置于括号内是一个战略决策，因为香农"不想纠缠于信息接收者的心态，也不认为这是通信问题的一部分"[2]。这让我们又一

1. 拉康：《耶鲁大学坎撒讲座》（Conference et entretien clans des universities nord-americaines: Yale University, Kanzer Semina ）。英译文见 http://web.missouri.edu/ ~stonej/Kanzer_ seminar.pdf。

2. 海尔斯：《我们如何成为后人类》（*How We Became Posthuman*, p.54）。

次回到莫尔斯的合伙人维尔最早提出的那个问题："你在不在？"我们需要进一步思考这个问题在信息机器里的位置。

海尔斯之所以这么看，是因为曾出现过另一种信息理论。英国人唐纳德·麦凯（Donald MacKay）在20世纪50年代初提出他自己的信息论理论，俨然要和香农争个高低。[1] 麦凯和香农的最大区别是，麦凯认为，通信机器应该可以计量（信息发送者和接收者的）心理状态。这个理论在当年引发了激烈的辩论，辩论的焦点是人们有没有可能在这两个信息模型之间做出选择。也就是说，语义和人的心理是否应该被纳入通信机的理论建构。但麦凯理论的麻烦在于：他对语言中意义至上的期待过多，从不去反过来思考，为什么语义的消解会引起人的恐慌。我们不得不追问，究竟是什么东西促使麦凯等人坚持认为，通信机里必须有意义呢？相比麦凯的常规语义模型，我倒认为香农的机识英文提出了更尖锐的哲学问题，它针对的是"意义"在哪里，心灵机的"空格"是什么等。不过，信息论领域长期忽略了这些哲学问题，而支持麦凯模型的多数人则执迷于语言的意义，坚持语义优先论。

举一个例子，如香农的第27个字母。这个表示"空格"的符号属于拼音字母系统的"状态"之一，也可以说成是数学中马尔可夫链的状态 S_1，S_2，…，S_n 之一。由于这个字母是非语音的标记符

1. 有关海尔斯对香农的论述，参见《我们如何成为后人类》(*How We Became Posthuman*)。海尔斯还在这本书里提到汉斯·莫拉维奇（Hans Moravec）试图修正和重新评估香农的通信模型。针对她有关香农和麦凯争论的解读，马克·汉森（Mark B. N. Hansen）提出了批评，参见汉森的文章《超越控制论的电影：如何为数字图像定格》(*Cinema Beyond Cybernetics, or How to Frame the Digital Image*)。

号，它的存在就激活了 26 个字母表的统计结构。第 27 个字母激活的是字母表系统里的其他 26 个字母的表意功能，让它们同时都变成等值的表意符号。我使用“激活”这两个字，是为了凸显拼音字母序列中隐含的数字系统。数字符号和文字符号的起源密切相关，因为拼音字母本来就是从古代字母数字的系统演化而来的。前文业已提及，腓尼基 spr（抄书人）这个词原初是动词，最早的含义是“计数”，后来才获得“文字”的意义。[1] 恰恰就在古代 spr 的字母与数字并重的本义上，香农的“空格”字母再次揭示了字母数字系统的统计结构。关于字母数字的现代发展，好像只有布拉格语言学派约瑟夫·瓦海克（Josef Vachek）注意到这一点。[2] 瓦海克写过一篇文章，叫作《书面语的冗余研究及大写字素的使用》（*Remarks on Redundancy in Written Language with Special Regard to Capitalization of Graphemes*）。他在文章中提出“字素空项（graphemic zero）”的概念，将其界定为“图形语境中书写（或印刷）语词间的空格”。“字素空项”的概念使他准确地把握了书写和言语的根本区别。海尔斯曾说，发音或音位是对连续性呼吸的分割，而瓦海克持相反的论点，他写道：“在对应的说话语境中，你看不到任何语音的‘空项’，看不见任何分割口语词的短暂停顿——倘若真有这样的停顿，必定是有停顿的特殊理由……相比之下，我说的‘字素空项’都是自动地起作

1. 博内（C. Bonnet）：《腓尼基抄书人》（*Les scribes phoenico-puniques*）。
2. 约瑟夫·瓦海克（1909—1996），功能主义语言学先驱，在关于“书面语”的问题上多有著述。遗憾的是，由于现代语言学的语音中心主义，人们对他的关注不如对布拉格学派的其他人多。

用，而且前后一致。”[1] 当然，瓦海克的“字素空项”是可视的标记，它缺乏香农的第 27 个字母的严谨，也没有德里达间隔理念那么系统化。但就在布拉格学派的大多数人都执着于研究音位的时候，瓦海克俨然是茕茕孑立的功能主义者，他坚持研究文字书写，还撰文讨论过《书面语和印刷语》（*Written Language and Printed Language*）。

如前所示，我们切不能按字面意思去理解信息论里的“空格”，更不能把它和文字书写或印刷语词的视觉间隔混为一谈，因为严格地讲，第 27 个字母就是一个数学符号，和其余的 26 个字母都一样。根据香农的推算，在给定的参数之内，英文书写里“空格”符号出现的概率为 0.182，高于最常用的字母 E，而字母 E 的概率为 0.107。这就意味着，生成字母序列的随机过程非常倚重字母“空格”，其比机识英文中的任何其他字母更加被倚重，无论“空格”出现在语词里还是非语词里。继香农的开拓性工作之后，法国数学家乔治·吉尔博对比英语、法语、意大利语和西班牙语，也分别计算了“空格”字母在这几门欧洲语言里的相应表现。他论证说，“空格”字母出现在这些欧洲语言里的频率都高于最常用的元音字母 E 或 A。比如，“空格”字母在法语、英语和西班牙语里的频率是 17%，在意大利语和德语里的频率略低，分别是 16% 和 14%。[2] 相比之下，这几门语言里最常用的元音 E 或 A 的频率分别是 16%、10%、11%、10% 和 14%。唯有在德语里，“空格”字母的频率是 14%，和元音

---

1. 约瑟夫·瓦海克：《重温书面语》（*Written Languages Revisited*, pp.152–153）。他还著有《书面语：普通问题和英语的问题》（*Written Language: General Problems and Problems of English*）。
2. 乔治·吉尔博：《什么是控制论？》（*What Is Cybernetics?*, pp.72–73）。

E 的频率相同。[1] 还值得注意的是，按照吉尔博的计算，英文里“空格”字母的频率是 17%，元音 E 的频率是 10%，而香农的计算分别是 18.2% 和 10.7%。两人计算的差额归因于样本的大小。吉尔博说，他的数字来自更大的英语样本。尽管如此，他的结论和香农的结论没有什么不同，也就是说，字母“空格”的频率高于字母 E 的频率。这有助于解释，为何乔伊斯在《芬尼根的守灵夜》这部小说里玩弄字母序列的空格机制时，显得更极端一些，更具挑战性。乔伊斯在这方面的实验，远远超过欧内斯特·文森特·莱特（Ernest Vincent Wright）五万字的小说《盖兹比》（*Gadsby*，1939），也超过乔治·佩雷克（Georges Perec）的法语小说《消失》（*A Void*，1969）。这两部小说都玩弄避讳字，通篇都没有使用带字母 E 的单词。詹姆斯·瑟伯（James Thurber）的小说《美妙的 O》（*The Wonderful O*，1957）写了一群孤岛海盗，海盗禁止使用字母 O，小说也凸显拼音文字写作的数字性，但技术上不如前两部小说，因为字母 O 出现的频率较低，字母 O 在英文里的频率和字母 N 和 R 的频率一样，低至 5%。[2]

吉尔博的研究给人一个启示，让我们了解到如何重新评估拼音文字里字母序列的数学形态，了解什么叫“有意义的”语词单位。从可视的角度看，有些字母序列像非词，甚至是非语法组合。但从数学的角度看，字母序列的随机结构并不需要可视性或可读

1. 凭直觉就可以判断，这有道理。每个词有一个空格（如果我们界定一个词是一串字符，从空格开始，且没有其他空格）。一个语言里的单词越长，空格出现的频率就越低。德语文本有许多长词，因为复合词很容易组成。

2. 关于英语里字母 O 的统计学频率，参见乔治·吉尔博：《什么是控制论？》（*What Is Cybernetics?*, p.72）。

性，而在概念上仍然有效。比如，香农研究英语叙述文的零阶逼近（zero-order approximation）时，他使用的方法能够生成独立而同等概率的符号随机组合，如“XFOML RXKHRJFFJUJ ZLPWCFWKCYJ FFJEYVKCQSGHYD QPAAMKBZAACIBZLHJQD”。这些字母组合在英语里没有任何意义。然而，一旦机识英文的第 27 个字母被融入随机过程，就有可能得到一串可认知的语词单位。香农的实验生成过随机性略低的序列，比如像这个样子：“THE HEAD AND IN FRONTAL ATTACK ON AN ENGLISH WRITER THAT THE CHARACTER OF THIS POINT IS THEREFORE ANOTHER METHOD FOR THE LETTERS THAT THE TIME OF WHO EVER TOLD THE PROBLEM FOR AN UNEXPECTED（这个头以及正面攻击一位英语作家，这个关头的文字因此是另一种方法，用于字母，那个时候任何人告诉问题的一个意外）”[1]。香农的读者可能禁不住要仔细查看这些字母序列的语义内容，就像乔伊斯的读者努力弄懂《芬尼根的守灵夜》一样。他们会问：这段文字里为什么会有这样的东西？为什么要“正面攻击一位英语作家（FRONTAL ATTACK ON AN ENGLISH WRITER）”？什么作家？

不过，企图到香农那里去搞语义挖宝，只能走进死胡同，因为他的测试不是为了生产有意义的句子，而是要判定英语里由“无意识”组成的字母序列具有怎样的随机比率。这个研究有一个大前提，即语言的无意识过程是自动运行的，就像一台心灵机器一样。香农的实验所得出的上述引文就是通过这样的设计求得的。他的做

1. 香农、韦弗：《通信的数学理论》（*The Mathematical Theory of Communication*, p.44）。

法是在某个文本里随机挑选两个词（不公布文本来源），受试者通读文本，当再次遇见这两个词中的第二个词时，就把紧跟在这个词后面的那个词记录下来。接下来，受试者在新的上下文中寻找同一个新词，新词再一次露面时，就把紧跟在这个词后面的新词也记录下来，如此这般，一个词一个词地记录下来。上面所见的引文就是通过这个繁复的过程生成的，它服从于重复和统计的简单规则，而不是生成于作者的意识中心。这里令人吃惊的不是随机过程生成“无意义”的句子，而是其中有些句子虽然无意义，但对于一般读者来说，几乎接近语义的边缘。那么，我们如何解释这种现象呢？

香农有一位同事叫约翰·罗宾森·皮尔斯，两人曾在 1948 年合作发表过论文。在当代科学家中，皮尔斯属于少数几位既能解读香农，又会思考香农的数学研究对理解艺术、文学和音乐的理论意义的科学家。皮尔斯本人是贝尔实验室卫星通信系统的拓荒者，他用多种笔名，如卡普林（J. J. Coupling），发表过大量的科普作品。[1]早在 1949 年，他就进行了随机生成的音乐创作实验，里面直接使用了香农的机识英文。皮尔斯从贝尔实验室退休以后，继续开发计算机音乐，并在斯坦福大学担任音乐教授十二年。在香农《通信的数学理论》出版后的次年，皮尔斯发表文章《偶语拾零》（*Chance Remarks*），对上述引文里香农随机生成的英文提出了自己的阐释：“THE HEAD AND IN FRONTAL ATTACK ON AN ENGLISH WRITER

1. 皮尔斯是贝尔实验室研究部副主任，在研发第一颗商业通信卫星 Telstar 1 中担任了核心的角色。

THAT THE CHARACTER OF THIS POINT IS THEREFORE ANOTHER METHOD FOR THE LETTERS THAT THE TIME OF WHO EVER TOLD THE PROBLEM FOR AN UNEXPECTED”，这一段随机生成的句子是什么意思？皮尔斯说：“《尤利西斯》和《芬尼根的守灵夜》中的有些段落其实不比上述句子更容易读。这段引文里的语词虽然缺乏联系，但它还是有一点主题的趣味。我对这里提到的英语作者的困境抱有同情的关心，想多知道些作者本人的情况。遗憾的是，这段文字没有作者，因而无从回答。我们也打听不到更多的东西，也许或然的机会才可以回答我的问题吧。我们会问，香农的理论是否含有哲学意蕴？ 我的回答是，当然是有的。”[1]

皮尔斯对乔伊斯文学实验的研究同样来自他对随机性的关注，正如他批评斯威夫特笔下的拉加多国大学苑时所说的：“你不得不承认，斯威夫特起初有一个大致的想法，但他最后错在过早地排斥了这个想法。”[2] 不知不觉间，皮尔斯走进了《格列夫游记》那个幻想国教授的角色，把“无作者”文本的幽灵引入其间：IT HAPPENED ONE FROSTY LOOK OF TREES WAVING GRACEFULLY AGAINST THE WALL（冷冰冰的样貌 / 树木优雅摇曳 / 靠着那堵墙）。香农和皮尔斯都援引乔伊斯的作品，这种情形值得我们做进一步反思。我在分析乔伊斯的《芬尼根的守灵夜》时已经提到，他的文字处理机与信息论的关注点相吻合，因此不奇怪，《芬尼根的守灵

1. 皮尔斯起初用笔名卡普林发表了《偶语拾零》，收录在《令人震惊的科幻》（1949）里，后来在《科学、艺术和通信》（*Science, Art, and Communication*, pp.125–126）里重印。
2. 皮尔斯：《科学、艺术和通信》（*Science, Art, and Communication*, p.131）。

夜》注定会引起香农和皮尔斯两人的关注。当然，香农和皮尔斯对乔伊斯晦涩难读的作品的理解与文学批评家的理解迥然不同。其中的要点是，吸引这两位数学家的正是乔伊斯文本的“不可读”。但无论如何，乔伊斯不可读的文本至少“有作者”在先，而上面提到的香农引文——“THE HEAD AND IN FRONTAL ATTACK ON AN ENGLISH WRITER”——则不同，它不拥有传统意义上的作者，而是由偶生元素（chance elements）构成的。这段文字遵守的是语言的统计结构定律，真正宣告了作者的死亡。这一宣告发生在巴特、福柯和其他理论家弄清作者为何死亡之前，也发生在他们弄清作者怎样死之前。

也就是说，早在法国结构主义宣布作者死亡之前，这个举动已在别处发生了，而且是通过心灵机器的随机过程发生的。那么我们要问，贝尔实验室的理论研究和法国结构主义之间有没有历史上的联系呢？我的回答是肯定的，我会在第四章充分论证。我们通常接受的法国理论实际上是美国理论经由翻译转了一个圈，跨越学科后又返回美国学界的产物。我说的所谓美国理论，就是博弈论、控制论和信息论。下面，我们要继续思考皮尔斯提出的问题：信息论是不是提出了有哲学意涵的问题？这就需要我们进一步反思乔伊斯或香农的数学统计结构，以及其中的可读性或不可读性。

皮尔斯最喜欢的计算机随机诗句是“冷冰冰的样貌 / 树木优雅摇曳 / 靠着那堵墙”。从这个和其他随机生成的例子出发，他还举出乔伊斯的小说《尤利西斯》里的文字，看这些文字如何一方面与随机生成的字母序列共鸣，另一方面又与精神分裂症的书写共鸣。以下面的三段文字为例，皮尔斯的随机诗句、乔伊斯小说的文字，以及一位精神分裂症患者自己写的文字，被并列在一起考察，我们会看到，这三段文字里究竟哪一段更合乎情理，似乎结论并非不证自明。皮尔斯征引《尤利西斯》第 18 章“珀涅罗珀”里的一段文字：“那就松了一口气 / 无论你去哪儿 / 让你的屁自由吹吧 / 谁知道我后来用茶杯吃的猪排是不是很香啊 / 天太热 / 我什么也闻不到 / 我肯定屠夫里那个怪模样的男人是个大坏蛋。”[1] 皮尔斯把这段文字与他在其他地方弄到的精神分裂病人写的一段话进行比较：“伊巴密浓达（Epaminondas）是个强人，精于陆战水战。他率领一支舰队，在公海上和佩洛皮达人（Pelopidas）交战，在第二次布匿战争中头部负伤，因为他的装甲护卫舰被击中了。”[2]有趣的是，最后这句话里“头部负伤”和香农的随机文字“THE HEAD AND IN FRONTAL ATTACK ON AN ENGLISH WRITER…”开头的“HEAD”巧合，这个巧合是不是因为皮尔斯自己或他实验室的一位同事患了精神分裂症，我们不得而知。但无论如何，皮尔斯利用这些实验证明，精神分裂病人和有创新力的艺术家在一件事上是相同的，即对大脑抑制的克服——只要他们信马由缰，让偶生元素或随机过程充分发挥，那就会有创新

1. 乔伊斯：《尤利西斯》（*Ulysses*, p.763）。皮尔斯这段引文并非从小说中逐字照录，其中有一个有趣的替换：“mind（心）”换成了“wind（屁）”。（原文为“那就松了一口气 / 无论你去哪儿 / 让你的心自由想吧 / 谁知道我后来用茶杯吃的猪排是不是很香啊 / 天太热 / 我什么也闻不到 / 我肯定屠夫里那个怪模样的男人是个大坏蛋。”）参见皮尔斯：《科学、艺术和通信》（*Science, Art, and Communication*, p.132）。
2. 皮尔斯：《科学、艺术和通信》（*Science, Art, and Communication*, p.132）。

的文学作品出现。[1] 这个结论当然没有什么新鲜的，而真正出人意表的结论在别处，因为皮尔斯及其同事在贝尔实验室做随机实验时，同时还提出另一个让人意想不到、没人能解答的问题，我们不妨先把这个问题摆出来：无意义或者不可读的东西是不是跟无意识中的某个机制发生关联，因而才被大脑判断为无意义或不可读？

语言学家赵元任在梅西会议上提出了一个解释。他说，负反馈在语言经验层次上是存在的，因此人才能自动识别出无意义，将其视为有意义的条件。[2] 但赵元任没有进一步在精神分析学的方向上穷追这个问题，也没有进一步思考无意识是否像书写或语言那样，也有自己的结构。在这一点上，弗洛伊德和拉康各自都有论述，只是论述的层面不同。香农在他的英语随机结构的实验中已经强烈暗示出一个预设，即无意识在有意义和无意义的生产中都发挥作用。事实上，在 20 世纪 50 年代后期乃至整个 60 年代，早期计算机所做的神经症模型和语言学习模型就已经把这个预设公开化了。[3]

1959 年，爱德华·费根鲍姆（Edward A. Feigenbaum）率先研究了计算机在初级学习过程里的无意识机制，他启动的是计算机模拟初级感知和记忆（EPAM）的研究计划。这时，我在前面提到过的德国心理学家赫尔曼·艾宾浩斯的受试者心理实验业已被科学家们广泛采用，它使用的是随机字母组合和成对的三字母无意义音节。费根鲍姆的 EPAM 设计就是以艾宾浩斯的范式为基础，模拟如何对无

1. 皮尔斯：《科学、艺术和通信》（*Science, Art, and Communication*, p.132）。

2. 赵元任：《语言之意义，意义如何获取》（*Meaning in Language and How It Is Acquired*）。

3. 参见我在第五章里对肯尼斯·科尔比神经症机器和 PARRY 的介绍。

意义音节的关联或序列表的对子进行机械记忆的。他这个项目的预设是，大脑是一个信息处理器，感知器官（sense organs）是输入信道，效应器官（effector organs）是输出装置。因为每个人的认知活动都有某些初级信息处理过程的参与，这些处理过程使人能对语词进行区分、记忆和联想。[1] 约瑟夫·维森鲍姆也注意到，费根鲍姆想用计算机模型研制人的认知过程模型，这种做法非常贴近让受试者记忆无意义音节的行为。但事实上，EPAM 的核心理念是存储能够呈现给机器的形象或图像，而不是实际的音节。我们以无意义音节 DAX 为例，第一个字母 D 被呈现为一个竖直的边缘，含一个圆环，第二个字母 A 里有一条横线，如此等等。下一步就是把这个所谓音节的形象和其他被储存的音节形象区别开来，加入记忆库。[2] 他的这些实验的结果向我们显示，机器模拟的初级学习行为需要一个对表意符号进行处理的机制，机器处理的既不是深度语法结构，也不是所谓语义。这种直觉和香农机识英文的表意转向是完全一致的。

我们看到，机识英文如何尾随 BASIC English 的发明和现代主义文学的表意实验而来，旨在完成普世交流的使命。在两次世界大战之间的岁月里，奥格登和理查兹十分憧憬这样的使命。出于征服世界的野心，这个普世交流的使命也预设了普世的心灵机制。当丘吉尔洋洋得意地断言“未来的帝国将是心灵的帝国”时，他明确地将 BASIC English 视为帝国统治的工具。虽然奥格登和理查兹并不能说

1. 爱德华·费根鲍姆：《语言学习行为之模拟》（*The Simulation of Verbal Learning Behavior*）。
2. 约瑟夫·维森鲍姆：《计算机能力与人类理性》（*Computer Power and Human Reason*, pp.160–164）。

清楚，英语或任何语言何以获得如此了不起的精神实力，能够跨越种族边界，跨越国家和语言边界，但他们有一个不言而喻的信心。他们坚信，普天下人的大脑是离不开语言符号的，因而也同样容易被语言符号所改造。当然，这些发生在信息论和控制论之前。第二次世界大战以后，是不是开始出现了新的研究人心的理论？这个理论如何与新兴的通信研究发生关联？比如，香农和皮尔斯的研究进路在奥格登或理查兹看来，有没有说服力？他们同意人的头脑不过就是一部心灵机器，受制于统计结构，这个机器生成的随机符号既可能是有意义的，也可能是无意义的吗？

第四节　控制论小组的成员

在引向本节的上述分析中，我们已经了解到，香农研究拼音文字书写的时候，得出了包括 BASIC English、《芬尼根的守灵夜》和其他英语叙述文的统计数据，他根据这些数据创建了机识英文的数学模型。事实上，BASIC English 的两位设计师，奥格登和理查兹，后来也开始涉猎信息论和控制论，理查兹本人还被梅西会议邀请，参加过控制论小组的年会。[1]

1. 我们找不到奥格登与控制论小组有直接联系的证据，大概是由于他和理查兹的关系史蒂夫·海姆斯对控制论小组的研究显示，这个小组的核心成员有：冯·诺依曼、维纳、玛格丽特·米德（Margaret Mead）[1]、格雷戈里·贝特森、沃伦·麦卡洛克和精神分析学家劳伦斯·库比（Lawrence Kubie）等。梅西会议以他们为领导核心，总共举办了十届（1946—1953）年会。[2] 这些年会的宗旨是推进所谓机器兼人脑的跨学科研究，控制论小组将机器和人脑视为可类比的通信系统（analogous communication systems）。在那些岁月里，神经生理学家麦卡洛克主持会议，他总是邀请多学科背景的精英与会宣讲自己的研究成果。香农应邀与会三次，除了在其中的一次会议上发表论文《英文的熵值》（*The Entropy of English*），香农还参与过其他活动。1951 年，香农和理查兹共同出席了第八届梅西会议，香农还当众演示了他那个著名的走迷宫的机械鼠忒修斯。理查兹则宣讲了他新写的一篇论文，题为《人际交流：语言的意义》（*Communication Between Men: Meaning of Language*）。

逐渐疏远的缘故。史蒂夫·海姆斯提过一笔，他说奥格登曾建议自己的研究助手莫莉（Molly）到美国与格式塔心理学的创建人库尔特·考夫卡（Kurt Koffka）合作。莫莉后来与控制论小组的劳伦斯·库比和麦卡洛克建立了密切的工作关系，她也是梅西基金会的研究员。参见海姆斯：《控制论小组》（*The Cybernetics Group*, pp.138–139）。

1. 玛格丽特·米德（1901—1978），美国人类学家，心理人类学的创始人之一，20 世纪 30 年代以《萨摩亚人的成年》而一举成名，代表作有《文化中的延续性》《新几内亚儿童的成长》《两性之间：变迁世界中的性研究》等。——译者注

2. 海姆斯的《控制论小组》（*The Cybernetics Group*）和让-皮埃尔·迪皮伊（Jean-Pierre Dupuy）的《心灵的机械化：认知科学的渊源》（*Mechanization of the Mind: On the Origins of Cognitive Science*），都是很扎实的研究，相互取长补短。海姆斯的研究历史资料丰富，充满了社会学观察。迪皮伊则是第二代控制论专家，他重点研究第一代控制论专家研究成果的思想价值和理论价值。

第八届梅西会议1951年5月15日至16日在纽约市举行。演讲题自覆盖范围很广，如人类传播、动物类传播、精神健全者与精神病人之间的交流、智能机、基础符号研究等。[1] 理查兹的论文强调人类传播的规范研究进路，文章植根于他和奥格登合作研究的成果《意义之意义：有关语言对思维的影响以及象征符号研究》（*The Meaning of Meaning: A Study of the Influence of Language upon Thought and of the Science of Symbolism*）和BASIC English。[2] 值得我们注意的是，在那一届梅西会议的两年以后，理查兹把应用信息论和香农的通信模型直接应用于他自己的语言交流规范理论，其中的成果之一是他生成的两个图表，发表在他的论文《领悟理论探索》（*Toward a Theory of Comprehending*）里（图12—13）。[3] 我们在前面已经分析过香农的图表，理查兹在文章里也利用图表进行了抽象的论述，但理查兹的图表只是在表面（视觉层面）上和香农《通信的数学理论》里的图表有一点相似之处。我在前面还提到，香农在他论述机识英文的重要著作中，也曾涉及理查兹和奥格登的BASIC English的统计研究，但对这一点，理查兹竟没有加以注意。学科之间经常

---

1. 福斯特（Heinz von Foerster）、米德（Margaret Mead）、图伯（Hans Lukas Teuber）编：《控制论通讯》（*Cybernetics: Circular Causal and Feedback Mechanisms in Biological and Social Systems: Transactions of the Eighth Conference, March 15—16, 1951*）。

2. 理查兹：《探索更概要的通信观》（*Toward a More Synoptic View*）。该文起初发表在福斯特、米德和图伯编的《控制论通讯》里，题目是《人际交流：语言的意义》（*Communication Between Men: Meaning of Language*）。

3. 理查兹：《领悟理论探索》（*Toward a Theory of Comprehending*）。起初发表时的题目是《翻译理论初探》（*Towards a Theory of Translating*），收录在莱特（Arthur F. Wright）编辑的《中国思想研究》（*Studies in Chinese Thought*）里。

出现一些奇怪的心理落差，因为一个学科的“有效信息”未必是另一个学科的“有效信息”。由于理查兹不像香农那样必须设计实际的通信机，所以他的图示里“噪声”究竟起什么作用，就不那么一望而知了。又比如，雅各布森也曾把香农的图示拿来，将其应用于卡尔·布勒（Karl Buhler）结构主义语言学的交流工具模型，雅各布森的图表甚至排除了“噪声”的元素。为了弄清理查兹为什么对“噪声”如此关注，我们还必须回顾他早期与奥格登合作的成果，尤其是两人合写的那本书《意义之意义：有关语言对思维的影响以及象征符号研究》（*The Meaning of Meaning: A Study of the Influence of Language upon Thought and of the Science of Symbolism*）。

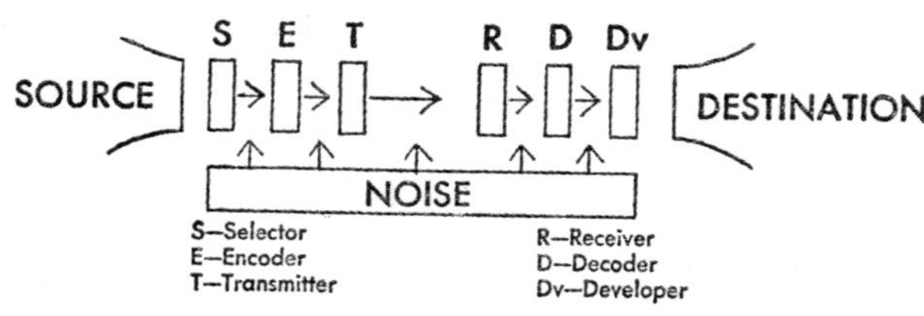

图 12　理查兹语际交流示意图。取自《领悟理论探索》（*Toward a Theory of Comprehending*），载《推断工具》（*Speculative Instruments*，Chicago: University of Chicago Press, 1955, p.22）

BASIC English 当年的创制得到了英国剑桥正字法研究所的支持，这个研究所的宗旨是恢复英语语词的正确含义。850 个纯粹的“根词”构成 BASIC English 的崭新的理性化系统，这是从浩大的 25000 个英语词汇（以《袖珍牛津词典》计）中把所有冗余成分清除后，才得到的成果。BASIC English 与理查兹和奥格登合作的著作《意义之意义：有关语言对思维的影响以及象征符号研究》明确地喊出"语言优生学"的口号，提出这种宣示可能会让现在的人感到吃惊。[1] 在他们这本影响巨大的著作中，理查兹和奥格登竭尽全力地要把一切变态和病态的用法，都从语言中铲除出去，从而根除所有潜在的精神噪声。因为在他们看来，这些用法干扰人们正确地理解语词及其意义。理查兹和奥格登还说："我们主要关注的是分析'意义'的意义，从思想、语词和事物的关系入手是可取的。这些关系见于尚未被情绪、策略，或被其他的干扰弄得复杂化的反思性言说。"

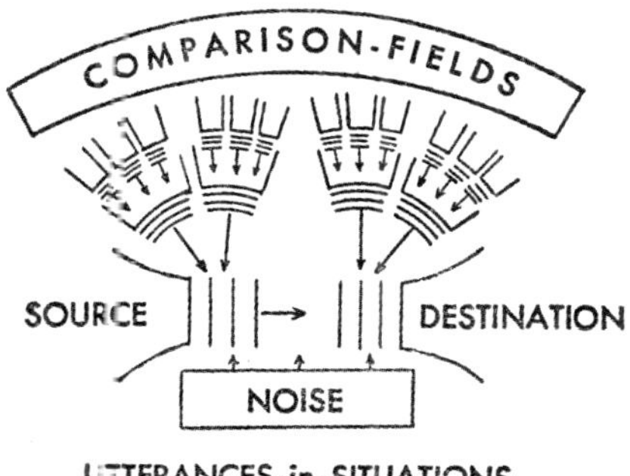

图 13 理查兹情景话语关系示意图。取自《领悟理论探索》(*Toward a Theory of Comprehending*)，载《推断工具》(*Speculative Instruments*, Chicago: University of Chicago Press, 1955, p.23)

1. 理查兹、奥格登：《意义之意义：有关语言对思维的影响以及象征符号研究》(*The Meaning of Meaning: A Study of the Influence of Language upon Thought and of the Science of Symbolism*, p.135)。

理查兹的实用批评理论带有同样的实证主义信条和意识形态底色。弗雷德里克·杰姆逊（Fredric Jameson）把它诊断为新批评家的“政治无意识”，因为新批评家在竭力捍卫文学研究的同时，反对任何打破文本边界的阅读。[1] 杰姆逊这里说的无意识仅仅是一个比喻，这与他当年的批评语境有关，但遗憾的是，杰姆逊并没有充分发挥这个概念的潜力，比如他并没有发现，理查兹所推崇的 BASIC English 是与控制论、神经生理学、信息论和精神分析学有历史互动的。我在本书的研究中不妨问一下，杰姆逊所说的“政治无意识”到底在哪里？这个问题有利于我们把“政治无意识”的研究往心灵机的方向推进一下。我们不妨再问，杰姆逊所说的“政治无意识”是不是在新批评家理查兹的两个示意图中用长方形标注的“噪声”里呢？我们当然还要追问，香农本人的通信模型里有没有给无意识留一个位置呢？

上文提到，麦凯曾试图在信息论里给“语义”找到一个位置。我也曾说过，奥格登和理查兹的意义理论与香农或拉康理解的信息论是截然不同的。对于麦凯来说，他想要鱼和熊掌兼得，他要把完全不同的研究整合成一个形而上学的模型，并更新它。[2] 麦凯是这

---

1. 杰姆逊：《政治无意识：作为社会象征行为的叙事》（*The Political Unconscious: Narrative as a Socially Symbolic Act*）。

2. 我在第二章业已介绍，韦弗启动机器翻译工程时就试图阐明语义对信息论的价值，但他遭到了维纳和香农的质疑。当然，机器翻译后续的发展并不意味着语义已经被嵌入信息论，它只是表明，信息论用于人工智能的某些领域成功了，而在其他一些领域并不成功。马克·汉森认为：“麦凯将广泛接受的意义定义为‘在每分钟计数的可能状态下讯息的选择性函数’，他为我们‘重新思考超乎控制论的信息和意象的关系’提供了一个基础。”我不知道汉森这样的说法是根据现象学的观察，还是根据信息论本身得到的。参见汉森：《超乎控制论的电影》（*Cinema Beyond Cybernetics*）。

样写的："我们所谓信息论是广义的理论，既包含再现生成过程的理论，也包含抽象特征的理论。抽象特征常见于再现，亦常见于再现表征的事物。"[1] 麦凯似乎不在乎符号界里可能存在无意义，因为他对所谓再现的解释是："什么是对 X 的再现？对 X 的再现指的是展示事件或对象的一组集合，至少在某些方面（哪怕只在统计的意义上）展现出情境 X 的组成要素之间的关系模式。什么是信息？信息指的是能把再现活动合理化的东西，是在逻辑上能使再现活动合理化的东西。"[2] 在麦凯的定义里，他表达出一种对充分的再现（representation）和充足意义的渴望，这与奥格登和理查兹的愿望强烈共鸣。奥格登和理查兹就是不想让不相干的各种噪声把言语交流变得复杂化，他们担心交流会"被情绪、策略，或被其他的干扰弄得复杂化"[3]。和他们一样，麦凯对意义的论述只是重蹈基督教神学的老路，而这一切都与精神分析理论产生直接的冲突。相比之下，香农的信息论更能体现精神分析的洞见。

我们在前面已经了解到，香农是通过巧妙的猜字游戏得出机识

1. 麦凯：《信息、机制和意义》（*Information, Mechanism, and Meaning*, p.80）。

2. 香农原图对信号和噪声的技术区分旨在帮助工程师设计通信信道。在通信工程目的之外，引起人们纷纷解释为是理查兹的示意图而不是香农的示意图。这就是为什么海尔斯对香农的信号和噪声区分的批评文不对题。她的批评是：信号和噪声的区分有保守的偏向，让静止优先于变革，因为"噪声干扰讯息的准确复制，而准确复制是被推定为人渴望的结果。信息论的结构暗示，变革是偏移，偏移是应该纠正的"。位于信息论核心的不稳定和概率竟然与静止对变革的观念有关系，这实在令人难以看懂。参见海尔斯：《我们如何成为后人类》（*How We Became Posthuman*, p.63n32）。

3. 迪皮伊：《心灵的机械化：认知科学的渊源》（*The Mechanization of the Mind: On the Origins of Cognitive Science*, p.109）。

英文的定律的。虽然香农本人不用“无意识”这个词，但他预设了人具有自动处理书写符号的无意识，否则他的猜字游戏是行不通的。他的同事皮尔斯做得更直接，皮尔斯干脆把精神分裂病患者写的文字样本拿来使用——就是被奥格登和理查兹斥之为干扰交流的那种东西，他把这些样本和随机产出的机识英文进行对比研究。所有这些做法都假设了一个前提，书写符号和无意识之间存在着这样或那样的联系。不过，香农和皮尔斯只是强烈暗示了书写符号与心灵机器的联系，仅此而已，他们对这个问题没有做进一步的研究。

我惊讶地发现，控制论小组的有些核心成员倒是积极投入到这个课题的研究中去，尤其是库比和米德这两个人。其他人如神经生理学家麦卡洛克则断然拒绝精神分析学，并在许多场合挑战库比使用的这个无意识概念。控制论小组的专家们在梅西会议上经常展开活跃的辩论，有时辩论的进行也很艰难。与此同时，在大西洋的另一边，精神分析学家拉康也远距离地追踪着美国控制论的发展，他甚至开始采用心灵机的术语重新解释弗洛伊德的无意识概念。我在下一章将要展示，拉康不仅对维纳的控制论很熟悉，而且还阅读了库比在《精神分析学季刊》（*Psychoanalytic Quarterly*）上发表的那些论神经网络的文章。拉康在他举办的 1954—1955 年度的研讨班上，就明确提及约翰·扎卡里·杨（John Z. Young）[1] 的章鱼神经网络研究，而仅在一年多前的 1952 年 3 月，第九届梅西会议刚集中讨论过

1. 约翰·扎卡里·杨（1907—1997），英国动物学家、神经生理学家，20 世纪杰出的生物学家之一。——译者注

约翰·扎卡里·杨的神经网络研究。[1]

理查兹和麦凯都试图用他们的语言规范去驯服信息论，这显然和拉康在同时期对香农和"噪声"的理解格格不入。实际上，拉康后来批判奥格登和理查兹研究语言的语义路径时，信息论恰恰为他提供了他所需要的严谨的科学方法。在《无意识字母实例》（*The Instance of the Letter in the Unconscious*）一文里，拉康公开驳斥奥格登和理查兹的语义论，认为它"将导致寻求'意义之意义'的逻辑实证主义，其目标连其信奉者也不齿"。拉康又说："在这里，我们可以看到，他们的分析只能把意义极为丰富的文本简约为鸡毛蒜皮的碎片。唯有数学算法才能抵挡'意义之意义'的分析过程。他们认为算法是没有语义的，不错，算法本来就不该有语义。"[2] 在第四章，我还要展开对拉康的符号界（symbolic order）的论述，研究拉康与数学的关系，主要集中在他与博弈论和控制论的关系上。

史蒂夫·海姆斯的历史研究还透露，控制论第八届梅西会议的与会者对其中的一个话题表现出浓厚的兴趣，那就是，受试者为什么总是做出"非理性的选择"？这些选择是如何受到随机过程的引导的？这些问题也正是拉康得以重构弗洛伊德的无意识概念并提出自己的符号界概念的契机。拉康经常爱说的"空项能指（empty signifiers）"，借助的正是数学符号，而这恰好也是出席梅西会议的库比、米德等与会者的兴趣所在。就在第八届梅西会议上，年轻的

1. 迪皮伊：《心灵的机械化：认知科学的渊源》（*The Mechanization of the Mind: On the Origins of Cognitive Science*, p.109）。

2. 拉康：《拉康文集》（*Écrits: The First Complete Edition in English*, p.416）。

科学家艾力克斯·巴弗拉斯（Alex Bavelas）向大会报告了他的实验结果。他的系列实验采用的方法是要求受试者只用书面符号与其他人进行交流。其中一场实验有 5 个受试者，每人都拿到一张卡片，卡片上有 5 个表意符号：星号、三角形、圆圈等。他们每个人都被告知，其余 4 个人也有一张 5 个符号的卡片。在实验前，受试人被告知，这 5 张卡片上只有一个符号是出现在所有卡片上的，这个小组的任务就是要找出这个相同的符号。但这 5 个受试者看不见彼此，听不见彼此（这就预先排除了拉康意义上的心像界交流），他们只能通过小隔间的缝隙来回传递字条，彼此进行交流（拉康几年后在他的研讨班上重读《窃信案》的故事，就是用类似的奇数偶数游戏来演示什么叫符号界）。通过考察受试人小组在完成这项任务时怎样相互建立联系（或者与彼此相邻的人建立交流网，或者 4 个人围绕中间一个人建立联络），巴弗拉斯发现，在数学的精准概念上，人与人的联络、交往和信息交换完全可以发生在人们正常使用语言交流之外。[1]

巴弗拉斯的报告结束后，在接下来的讨论中，库比和米德就直接提出了无意识的问题，他们问，巴弗拉斯的卡片上的书写符号是否真是随机的，有没有在无意识中影响了受试者所做的选择？[2] 米德对科学家如何处理随机符号尤其敏感。她说："你可以利用无意识的信息来确保挑选的元素是正确的，但你无法把这一点带进真实

1. 海姆斯：《控制论小组》（*The Cybernetics Group*, p.221）。

2. 海姆斯：《控制论小组》（*The Cybernetics Group*, pp.221–222）。

的生活，比如你就不能说，星号没什么意义，那样说会铸成大错。”[1] 库比是控制论小组的核心成员、精神病学家，他对催眠术有着浓厚的兴趣。库比认为，受试人即使没有自觉地参与这个过程，人和人的交流依然会发生，他努力想说服梅西会议的其他成员，但他的话常常没人听。针对巴弗拉斯的报告，库比向巴弗拉斯提出了一个有趣的问题，涉及认知和通过语言组织起来的知识究竟是什么关系：

> 巴弗拉斯博士，你用来研究交流发生的符号是圆圈、三角形、星号、弹子石花纹等，他们都是很容易用英语命名和具象化的东西。但是如果你面对的是“一个形态不规则、潮湿、光滑、亮度有节奏变化的东西，那又会发生什么情况呢？”从感知上来说，这很简单，因为这样的物体很容易被辨认和认知。然而如果要毫不含糊地用英语去指定它，那就需要长篇大论。交流发生还是不发生，还要看事物和语言的距离，某个东西是接近语词（wordnearness），还是远离语词（word-remoteness）。我想问的是，在你的研究中，是否有交流机制受到影响的数据，比如系统性地改变不同的事物进入通信网络时它们和语言的距离？[2]

---

1. 福斯特、米德、图伯编：《控制论通讯》（*Cybernetics: Circular Causal and Feedback Mechanisms in Biological and Social Systems: Transactions of the Eight Conference*, March 15—16, 1951, p.44）。
2. 福斯特、米德、图伯编：《控制论通讯》（*Cybernetics: Circular Causal and Feedback Mechanisms in Biological and Social Systems: Transactions of the Eight Conference, March 15—16, 1951,* pp.29-30）。

但巴弗拉斯承担的是属于美国空军的研究项目，他也就没有动机做纯粹的理论解释。他的回答不能让库比满意，这也是在意料之中的。战后从事科研工作的军—工—学复合体，很大程度上决定着科学家研究的问题和项目。有一件被人常常提起的事，就是维纳在第二次世界大战中如何为控制论的发明奠定了第一块基石。维纳在1942年曾向防务研究委员会提交了一份20页的绝密报告，叫“黄祸”（因封皮黄色而得名，显然也有种族歧视的含义）。[1] 这个报告勾勒了高射炮火控理论，维纳在报告里首次提出控制论的负反馈概念。韦弗是防务研究委员会D–2部主任，他当年负责动员包括维纳在内的全美最优秀的数学家到火控部服务。香农从麻省理工学院博士毕业后完成的最早一批项目也是涉及火控的数学研究（即所谓“第七号”项目），拿的是火控部的合同。[2] 历史学家史蒂夫·海姆斯的研究清楚不过地表明，战后美国出现的控制论科研，都是为了增强和改进军事技术，为常规战和心理战服务。[3]

香农那一次也出席了控制论小组的第八届梅西会议，而且是里面的重要人物之一。他也听了巴弗拉斯涉及信息论的报告，认为自己的研究与巴弗拉斯尝试的目标没有什么联系。香农发言说，信息论关注的是在信道里有效传输讯息的媒介，而巴弗拉斯的目标却截

---

1. 弗洛·康韦（Flo Conway）和吉姆·西格尔曼（Jim Siegelman）：《维纳传：信息时代的默默英雄》（*Dark Hero of the Information Age: In Search of Norbert Wiener, the Father of Cybernetics*, pp.116–118）。
2. 大卫·敏德尔（David A. Mindell）：《人类与机器之间：控制论之前的反馈、控制和计算》（*Between Human and Machine: Feedback, Control, and Computing before Cybernetics*, p.289）。
3. 海姆斯：《控制论小组》（*The Cybernetics Group*, pp.1–13）。

然不同。巴弗拉斯感兴趣的是人们如何建立网络并合作共事，比如受试者的每一次尝试会犯多少错误等。[1]针对巴弗拉斯的受试者面对错误的心理反应，香农说：

> 我还认为，你从受试者的错误量那里得到的结果比较差，它实际上显示了人的非理性，因为假如人在游戏时是完全理性的，那么多余的信息只能是有用的，而不是没用的。也就是说，假如人用最理性的手段去玩游戏，起码从减少错误的角度看，如果你挑选最佳策略，那么多余的信息只能更好。假如你的实验室的格子间坐了 5 个冯·诺依曼，实验的结果会更佳，至少和得到多余的信息一样好。

当然，非理性或神经症都不是香农研究的课题，不过他的发言无意间让精神分裂的幽灵又回来了，我们已经在皮尔斯对香农的解读中遭遇过这个幽灵。如上所示，香农（和皮尔斯）早期在贝尔实验室里研究机识英文的随机属性时，就好像有一个无意识的心灵机在制约着每个讲英语的人，就好像随机字母序列和语词序列在他们的脑子里穿行时，他们却浑然不知。

香农的受试人在猜字游戏时也经常犯错，但又被一一纠正，这个过程并没有影响他对有效通信渠道的设计。他仅仅预设了无意识的过程会自动完成，就像机器一样自动运行。1952 年，在第八届梅

1. 海姆斯：《控制论小组》（*The Cybernetics Group*, p.24）。

西会议一年后，香农曾撰写一篇未刊稿《读心机》（*A Mind-Reading Machine*），他在文章里构建了一台心灵机的模型，这台机器会玩一种机会游戏。用博弈论的话来说，这台机器的机会游戏无异于便士匹配游戏。[1] 这是什么意思？假如我们对意识现象的认识依旧如故，而机器又无法获得意识，那么香农的读心机就只能在无意识的层次上运行，其他别无选择。这就给我们提出一个耐人寻味的问题：机器是不是也要患上精神分裂症，甚至受制于死亡驱力？拉康在 1954 年重新思考弗洛伊德的无意识概念时，他就考虑过这种可能性。

香农曾有一个艺术杰作，叫《终极机器》，这个动态雕塑表现出香农对无意识中的一个根本问题有直觉的把握，这就是弗洛伊德称为死亡驱力的东西。最近看到汉斯 – 马丁 · 瓦格纳（Hanns-Martin Wagner）的动态雕塑，它模仿的就是香农的终极机器（图 14）。《终极机器》的构想在 1952 年由香农的同事、人工智能工程师马文 · 明斯基最早提出，香农听到后大受触动，开足马力几个月就做出几个模型。[2] 这个机器了不起的地方在于，它除了把自己关掉以外，其他什么事都不做。英国科幻作家亚瑟 · 克拉克 20 世纪 50 年代中期来到贝尔实验室的梦工场参观，他在香农的办公台上看见了《终极机器》的原型。克拉克回到英国后，这一幕老是挥之不去。他在《跨海之声》（*Voice Across the Sea*）里写道：

---

1. 香农：《读心机》（*A Mind-Reading Machine*），落款的日期是 1953 年 3 月 18 日，存贝尔实验室。

2. 香农这台机器最近一次展示在德国，展览会名称为“密码与小丑：克劳德 · 香农，玩杂耍的科学家”，展览时间为 2009 年 11 月 6 日至 2010 年 4 月 25 日。参见 http://en.hnf.de/Special_exhibitions/Shannon/Shannon.asp。

图 14　汉斯－马丁·瓦格纳的《最美机器》(*The Most Beautiful Machine*)，香农《终极机器》的仿制品。汉斯－马丁·瓦格纳供图

> 再也没有比这看起来更简单的机器了。仅仅像一个装雪茄的小木盒，盒子面上有一个开关。
>
> 你打开开关，听见一个愤怒的、果决的嗡嗡声。盖子慢慢开启，露出一只手，手往下探，关掉开关，随即又退进盒子。盖子“啪”的一声合上，像棺材盖板落定，终局，嗡嗡声停止，复归宁静。
>
> 如果你不知道要期待什么结果，那么此时的心理效应是毁灭性的。这机器有一种难以名状的凶险，它什么也不做，绝对不做，它只负责把自己关上。[1]

香农造出《终极机器》是为了让它得精神分裂症或者自杀吗？香农曾经说过：“我花了大量的时间做一些完全无用的东西。”《终

1. 亚瑟·克拉克：《跨海之声》(*Voice Across the Sea*, p.159)。

极机器》应该也是其中之一吧。[1] 像一切艺术品一样，《终极机器》向人们透露出一些有关我们自己和世界的信息。克拉克说《终极机器》让人绝望，几乎每个看见它的人都能感受到它的毁灭性效应。他还说，就连最杰出的科学家和工程师都要花几天时间才能克服它给人造成的心理冲击。有些人索性就退休了，干一些还有点前途的事情，如编篮子、养蜜蜂、觅松露、潜水。他们不会停下来问“贝尔实验室的丧钟为谁敲响”[2]。

但丧钟还是敲响了，倒不是来自贝尔实验室。不久后，麻省理工学院宣布，控制论小组最年轻的科学家沃尔特·皮茨自杀了。皮茨是数学天才，他当年协助麦卡洛克完成了最重要的神经网络研究。

然而，皮茨突然变得精神失常，库比判定他“病重”，拉尔夫·杰拉德认为他患了“精神分裂症”。[3] 海姆斯的梅西会议研究指出一点，切中要害，他说控制论小组的强烈讽刺在于，这一群才华横溢的科学家和社会科学家在一起开会，激烈争辩。他们研究心灵、大脑和机器，而与此同时，他们中间最年轻、最聪明的沃尔特·皮茨在最后几届会议期间明显坠入了精神分裂症。尽管如此，包括皮茨自己和麦卡洛克的梅西会议科学家却竭力否认无意识的存在，他们觉得精神分析学的概念太含糊，有意想和它拉开距离。虽然这些人集体抗拒，但精神分裂症的幽灵还是不断现身，把无意识的问题摆在了梅西会议的桌面上。

1. 香农：《信息传输问题》(*Problems of Information Transmission* 37, no. 2, p.89)。

2. 亚瑟·克拉克：《跨海之声》(*Voice Across the Sea*, p.159)。

3. 海姆斯：《控制论小组》(*The Cybernetics Group*, p.155)。

控制论小组的大多数科学家都不赞成“无意识”的概念，却不怀疑“意识”的概念，好像后者并没有问题，好像“意识”的概念可以独立于“无意识”而存在。这些科学家异乎寻常地忽视米德指出的科学知识的话语结构。米德指出，科学家伦纳德·萨维奇（Leonard Savage）指责精神分析师库比做“无意识”方面的猜想，萨维奇自以为是在“有意识”地做出那样的指责，却不去反思自己的知识条件。[1] 米德的评论切中肯綮。这里也有例外，在科学家的队伍中，维纳从不明确地反对精神分析学。他与麦卡洛克和皮茨很大的不同在于，他说精神分析学可受益于信息论和反馈理论。[2] 说到底，精神分析学的幽灵为何不停地纠缠控制论专家呢？我认为，这里还有一个原因，它与香农等控制论者所广泛采用的猜字游戏有密切联系。因为这些猜字游戏的发明肇始于精神分析师开发的心理模型，具体来说，就是20世纪初的第一代精神分析师，如荣格、尤金·布洛伊勒（Eugen Bleuler）和欧内斯特·琼斯（Ernest Jones）所开发的心理模型。

人们通常把自动书写和超现实主义联系起来，那是后来的事，其实，精神分析师很早就开始重视语词的联想游戏，研究自动书写。他们的联想游戏是叫受试者随机选择文字符号或语言符号，有时用催眠术，有时不用。精神分析师从猜字游戏中得到具体的图解，为的是了解无意识是如何在符号的网络中现身说法的。

1. 福斯特、米德、图伯编：《控制论通讯》（*Cybernetics: Circular Causal and Feedback Mechanisms in Biological and Social Systems: Transactions of the Eighth Conference, March 15—16*, p.127）。
2. 海姆斯：《控制论小组》（*The Cybernetics Group*, p.126）。

第五节　什么是心灵机器？

1904年，荣格的著作《语词联想研究》（*Studies in Word-Association*）正式出版，这不能不说是精神分析学界的一件大事，它同时也标志着荣格和弗洛伊德友谊与合作的开端。[1] 弗洛伊德写道："荣格通过语词联想游戏的实验，能够解释我们的生理状态拥有怎样的微妙试剂。"[2] 荣格推测说，人们是通过心理联想去连接思想、情感和经验的，这些心理联想能引发他所谓"情结"。荣格把他设计的这种语词联想游戏命名为"联想实验"，联想实验可以测验出任何一种心理行为所表现出来的心理组合，这样的信息对于发现无意识具有很大的价值。因此，语词联想游戏后来也被德国、美国和其他国家的神经学家和精神病学家广泛采用。现代刑事侦查学创始人汉斯·格罗斯（Hans Gross）的学生马克斯·韦特海默（Max Wertheimer）和朱利叶斯·克莱因（Julius Klein）进一步发展了语词联想游戏的技术，提供了为确立刑事诉讼而需要的心理证据的方法。[3]

几十年后，香农、皮尔斯和巴弗拉斯为信息论研究所采用的猜字游戏与早年精神分析家发明的语词联想游戏有些重要的共同特征，

1. 尤金·布洛伊勒：《意识与联想》（*Consciousness and Association*）。

2. 弗洛伊德：《日常生活里的心理病理学》（*The Psychopathology of Everyday Life, in The Standard Edition of the Complete Psychological Works of Sigmund Freud*, vol. 6, p.254）。

3. 弗洛伊德：《精神分析与刑事诉讼里事实的确定》（*Psycho-Analysis and the Establishment of the Facts in* Legal Proceedings, p.106）。又见荣格：《刑事心理学面面观》（*New Aspects of Criminal Psychology*）。

其中包括受试人、书写符号或言语符号、符号的随机性和偶然生成、图形识别。在许多情况下，联想游戏还要求严格的时间限制，甚至配备一种或多种辅助设备或仪器。荣格的联想实验包含一些简单的步骤，最重要的是严格的时间限制。分析师先说一个刺激词，要求受试者尽快反应，马上说出他脑子里闪现的另一个单词。刺激词的选择显然是随机的，是从荣格所规定的100个单词里任意挑选的（表1和表2）。荣格解释说，这100个单词是在他的临床工作中成形的，它们的语法特征混合，可以应对临床实践中常见的各种复杂情况。[1]荣格强调，联想实验研究的不只是心理的一个成分，心理实验不可能只关心一种孤立的心理功能——因为没有任何心理现象可以独立存在，它总是整个心理过往史的结果。荣格把联想实验视为研究者和受试者的"消遣"或游戏，而不只是单纯的语言操练。语词刺激"行为、情景和事项"，由此把受试者置于其中。他说："如果我是魔术师，我就会让刺激词所对应的场景在现实里真正出现。我会把受试者放在这个场景的中心，然后研究他怎么样反应。"[2]半个世纪后，认知科学里出现的计算机模型，正好体现了荣格的梦想，不论是戏剧现实，还是虚拟现实。我会在第五章集中讨论这方面的进展。

弗洛伊德在研究人的歇斯底里症时发现，歇斯底里症状从本质上是某种心念的符号（基本上与性有关），这个符号不出现在人的意识里，因为它受到强大的心理抑制。压抑发生的原因是，这些心

1. 荣格：《联想法》（*The Association Method*）。

2. 同上。

念往往带有痛苦的情感，尤其是与自我意识（ego-consciousness）不兼容的时候。荣格认为，心念的复合情结可以在联想实验里浮现出来，因为每个人都有一种或多种情结，它们总是以某种间接方式体现在联想之中。在典型的测试过程中，受试人得到的指令是“尽快回答你想到的第一个单词”。受试者的反应速度被记录下来，然后，分析师又读出备用词汇单上的下一个词，这个过程一直持续，直到大量的词汇开始重复呈现一连串的成对单词，最后构成受试人的联想图案。这个过程需要重复多次，受试者下次听到同一个刺激词时，需要说出同一个反应词。受试者是否能成功地复制出同一个反应词，也作为因素之一最终被纳入对受试人情结测试的总体分析。这一切过程都需要使用 1/5 秒跑表仔细监测。刺激词和受试者反应时间的间隔长度被命名为反应时间比率。如果平均时间的间隔是 2.5 秒，那么，间隔长达 3 秒就被视为反应时间滞后，说明可能存在“情感失调综合征（feeling-toned complexes）”。[1]

表 1　荣格联想实验采用的德语 100 个词

1. Kopf	34. gelb	67. Rübe
2. grün	35. Berg	68. malen
3. Wasser	36. sterben	69. Teil
4. singen	37. Salz	70. alt

1. 荣格：《联想实验中的反应时间比率》（*The Reaction-Time Ratio in the Association Experiment*）。所谓反应时间的比率，其平均指数是根据受试者的性别和教育背景来决定的。荣格发现，女性和受教育程度低的人比男性和受教育程度高的人反应慢，对这个现象他没有给出恰当的解释。这些统计数字背后的意识形态意涵是不应该被低估的。

续表

5. Tod	38. neu	71. Blume
6. lang	39. Sitte	72. schlagen
7. Schiff	40. beten	73. Kasten
8. zahlen	41. Geld	74. wild
9. Fenster	42. dumm	75. Familie
10. freundlich	43. Heft	76. waschen
11. Tisch	44. verachten	77. Kuh
12. fragen	45. Finger	78. fremd
13. Dorf	46. teuer	79. Glück
14. kalt	47. Vogel	80. lügen
15. Stengel	48. fallen	81. Anstand
16. tanzen	49. Buch	82. eng
17. See	50. ungerecht	83. Bruder
18. krauk	51. Frosch	84. fürchten
19. Stolz	52. scheiden	85. Storch
20. kochen	53. Hunger	86. falsch
21. Tinte	54. weiss	87. Angst
22. bös	55. Kind	88. küssen
23. Nadel	56. aufpassen	89. Braut
24. schwimmen	57. Bleistift	90. rein
25. Reise	58. traurig	91. Türe
26. blau	59. Pflaume	92. wählen
27. Lampe	60. heiraten	93. Heu
28. sündigen	61. Haus	94. zufrieden
29. Brot	62. lieb	95. Spott
30. reich	63. Glas	96. schlafen
31. Baum	64. streiten	97. Monat
32. stechen	65. Pelz	98. hübsch
33. Mitleid	66. gross	99. Frau
		100. schimpfen

注：取自荣格《联想法》[The Association Method，*Experimental Researches* (1907), pp.440-441]

表 2 荣格联想实验采用的德语 100 个词的英语翻译

1. head	34. yellow	67. carrot
2. green	35. mountain	68. to paint
3. water	36. to die	69. part
4. to sing	37. salt	70. old
5. death	38. new	71. flower
6. long	39. custom	72. to beat
7. ship	40. to pray	73. box
8. to pay	41. money	74. wild
9. window	42. stupid	75. family
10. friendly	43. exercise-book	76. to wash
11. table	44. to despise	77. cow
12. to ask	45. finger	78. friend
13. cold	46. dear	79. happiness
14. stem	47. bird	80. lie
15. to dance	48. to fall	81. deportment
16. village	49. book	82. narrow
17. lake	50. unjust	83. brother
18. sick	51. frog	84. to fear
19. pride	52. to part	85. stork
20. to cook	53. hunger	86. false
21. ink	54. white	87. anxiety
22. angry	55. child	88. to kiss
23. needle	56. to pay attention	89. bride
24. to swim	57. pencil	90. pure
25. journey	58. sad	91. door
26. blue	59. plum	92. to choose
27. lamp	60. to marry	93. hay
28. to sin	61. house	94. contented
29. bread	62. darling	95. ridicule
30. rich	63. glass	96. to sleep

续表

31. tree	64. to quarrel	97. month
32. to prick	65. fur	98. nice
33. pitty	66. big	99. wornan
		100. to abuse

注：取自荣格《联想法》[The Association Method，*Experimental Researches*（1907）, p.440]

表 3 是荣格在联想实验中对其中一个病例分析的片段。根据他的实验记录，32 岁的专业乐师向荣格求助，因为他遭遇了一连串的情感挫折后，变得神经紧张。表中的斜体字显示，受试者未能重复正确的联想词，或者重复了错误的联想词。荣格说，延宕的反应时间和联想与自杀的念头联系。比如，"天使（angel）"触发 8 秒的延迟，"生病（ill）"的反应时间更长。荣格进一步指出，"刺激词经多次重复后，反应词仍然是错误的，这是直接由情感失调综合征造成的，有时候，错误的反应词尾随着一个关键的刺激词，这些都属于严重的情感失调"[1]。这里的问题是，荣格的实验是不是能提供关于受试者的可靠信息？精神分析法有科学依据吗？荣格曾把弗洛伊德的研究说成是一门解读的艺术，那么，精神分析法本身能逃脱解读的困境吗？[2] 这些问题深深地困扰着荣格以及其他心理学和精神分析学的执业者。

1. 荣格：《记忆力的实验观察》（*Experimental Observations on the Faculty of Memory*）。
2. 荣格：《精神分析与联想实验》（*Psychoanalysis and Association Experiments*）。

表3　一号病例

Stimulus-word	Reaction	time (secs.)	Reproduction	Remarks
1. *head*	*empty*	3.2	to see	Complex underlying the illness.
2. *green*	*lawn*	2.2	colour, tree	Probably perserverating feeling-tone.
3. *water*	*to drown*	2.2	deep	The patient had had thoughts of suicide as a result of his illness.
4. *to stab*	*dead*	1.8	unpleasant	—
5. angel	beautiful	8.0		Here the feeling-tone of the previous reaction has probably perseverated. Word not a first under-stood. Erotic reminiscences easily aroused by this word.
6. long	table	2.8	—	—
7. *ship*	*crew*	3.0	to travel, to drown	Suicide by drowning.
8. to plough	peasant	2.0	—	—
9. wool	sheep	2.0	—	—
10. friendly	very	2.8	—	Affair with the lady.
11. desk	high	3.6	—	Prolonged reaction time due to perseverating feeling-tone.
12. *to ask*	*difficult*	3.2	to put	Same complex.
13. state	beautiful	2.4	—	—
14. obstinate	very	2.0	—	1st fiancée.
15. stalk	preen	2.2	—	—

续表

16. to dance	good	2.2	—	—
17. lake	stormy	2.0	—	—
18. ill	unpleasant	8.8	—	Illness.
19. conceit	very	2.8	—	Relations with the lady.
20. to cook	good	2.0	—	—
21. ink	black	1.8	—	—
22. wicked	very	4.8	—	1st fiancée.
23. pin	prick	1.4	—	—
24. *to swin*	*not*	2.8	good	Suicide.
25. *journey*	*difficult*	2.4	long	Perseverating feeling-tone.
26. blue	colour	2.0	—	—

因此，1/5 秒跑表的发明，据说有助于减少主观性，分析师可以用它计量病人的反应时间，对心理抑制的症候做出诊断。此外，还有一件常用的设备——阿森瓦尔直流电镜。这台机器更“野心勃勃”，据称，它能客观地再现感情色调和心理状态（feeling-tones and psychic states）。早在 1906 年，瑞士神经学家奥托·弗拉格斯（Otto Veraguth）就开始使用这台机器了，它配合语词联想测试去计量“阿森瓦尔心理生理反射”。荣格把这个电镜改进了，给它配上自动肌力描记器，以记录联想实验里阿森瓦尔仪的反射波动。阿森瓦尔仪 - 肌力描记器对外部刺激很敏感。一股小电流（其电压约 2 伏特）穿过人体某一部分，如手掌，这时仪器的电流就相应增强，人体的电阻也相应降低，电流的变化使线圈及附着的镜子绕纵轴旋转。如图 15 所示，荣格给阿森瓦尔仪 - 肌力描记器加了一个带遮光板的滑动标尺，手动的标尺跟随移动镜子的反光。标尺与肌力描记器由绳子连接，描记器在纸上记录标尺的移动。图 16 和图 17 显

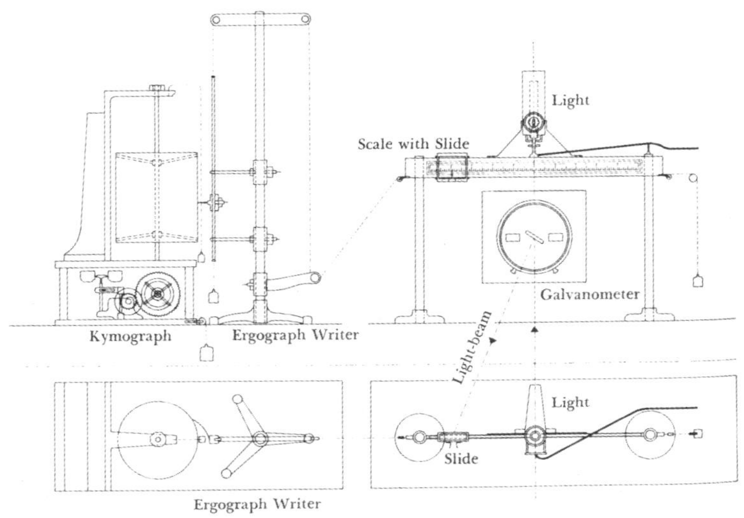

图15　阿森瓦尔仪－肌力描记器设计图。取自荣格《联想实验的心理关系》(*On Psychophysical Relations of the Association Experiment*)，载《实验研究》(*Experimental Researches*, 1907, p.484)。荣格著作基金会供图

示，荣格的肌力描记器在联想实验过程中，同时追踪感情色调弧线。[1] 图 16 的竖线标记着把刺激词给予受试者的那一时刻，其弧线急升，随后缓慢下降。当仪器调整后只记录最强烈的感情色调时，其曲线才呈现出一条轮廓鲜明的弧线，如图 17。这个模型显示，第九个刺激词引起了受试者最长的反应延迟，那个词是"漂亮（pretty）"。[2] 阿森瓦尔仪的反射波动似乎证实了荣格用 1/5 秒跑表所揭示的隐秘情结。

1. 两幅图的文字和设计均见于荣格的文章《联想实验的心理关系》(*On Psychophysical Relations of the Association Experiment*)。

2. 荣格的受试者是新婚仅一个星期的年轻人，他觉得新娘不太"漂亮"[荣格：《联想实验的心理关系》(*On Psychophysical Relations of the Association Experiment*)]。

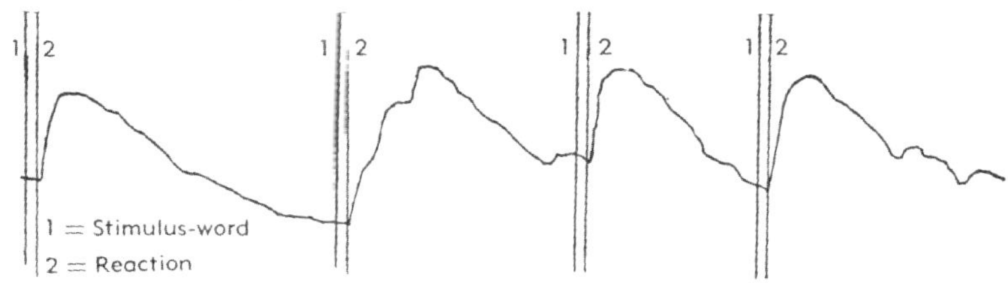

图 16　阿森瓦尔仪反射波动图示。取自荣格《联想实验的心理关系》(*On Psychophysical Relations of the Association Experiment*)，载《实验研究》(*Experimental Researches*, 1907, p.487)。荣格著作基金会供图

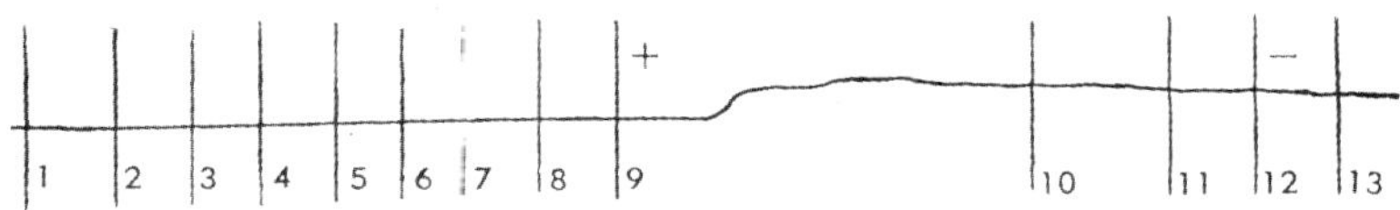

图 17　强烈感情色调弧线示意图。取自荣格《联想实验的心理关系》(*On Psychophysical Relations of the Association Experiment*)，载《实验研究》(*Experimental Researches*, 1907, p.487)。荣格著作基金会供图

说来说去，联想游戏的结构到底向我们透露出符号与无意识之间是什么关系呢？我们看到，荣格用上了 1/5 秒跑表、内嵌式重复机制，还有阿森瓦尔仪直流电镜等，这些手段等于是把无意识当作自动机来对待了。荣格对技术的强调从另一个侧面体现了弗洛伊德说过的无意识的自动重复机制（repetition automatism）。当拉康后来重新检视弗洛伊德的精神分析理论时，他同时也把荣格对技术的强调继承下来了。[1] 我们应该看到，把人的大脑当作思维机来研究，并

1. 在英语学界，欧内斯特·琼斯将弗洛伊德的实验用于自己的研究和临床诊断。参

由此对无意识进行探索，这早在香农和图灵之前就发生了。更严格地讲，香农的读心机和图灵的学习机都是某种无意识的思维机，因为机器总是在无意识地、盲目地操作符号。在香农的机识英文里，无意识机器既能生成无意义的字母序列，又能生成有意义的字母序列，就像皮尔斯提供的样本那样。这是不是说，无意识机器从根本上就具有精神分裂症的倾向呢？

德勒兹和加塔利在《反俄狄浦斯情结：资本主义与精神分裂》（*Anti-Oedipus: Capitalism and Schizophrenia*）一书里，提出了与精神分析方法对立的精神分裂的分析（schizoanalysis），他们的构想是：

> 我们要在亲族纽带渐弱的表象下，发现社会无意识投入的性质；我们要在个体幻想的表象下，发现群体幻想的性质；换言之，我们要把幻影推到临界点，使之不再是意象的意象，以求发现那里的抽象意符，也就是隐藏其中的精神分裂流（schizzes-flows）。对于被阉割的个体来说，言说的主体和被言说的主体在两个层面上的自我形象之间，永远处于分裂的状态，因此我们要用集体的言说主体，类似某种机械安排，去取代被阉割的个体。颠覆表征的舞台，将其改造为欲望生产的秩序——这就是精神分裂分析（schizoanalysis）的全部任务。[1]

见欧内斯特：《精神病理学语词联想法的使用价值》（*The Practical Value of the Word Association Method in Psychopathology*）。

1. 德勒兹、加塔利：《反俄狄浦斯情结：资本主义与精神分裂》（*Anti-Oedipus: Capitalism and Schizophrenia*, vol. 1, p.271）。

德勒兹和加塔利发明了多重精神分裂流的概念和无器官身体的概念，目的就是要取代单一的言说主体：取代家庭，取代父权律法，取代俄狄浦斯，取代资本主义机器。但这里的问题是，即便在控制论机器发轫的那一刻，精神分裂症对它也从来不陌生，我们甚至可以说，精神分裂症一直困扰着资本主义通信机的发展。

说到德勒兹和加塔利的宣言，我们千万不要忽略一件事，即信息论、控制论和计算机技术普遍采用的符号是非连续单位——字母和数字，而不是他们所讲的言说单位或语义单位。根据麦卡洛克的回忆，他当年踏上神经生理学研究之路，开始研究控制论时，始终不懈地在追究一些哲学问题，他提出的问题是："什么是数字？人怎么能懂得数字？什么是人？什么是懂得数字的人？"[1] 我们需要进一步追问，精神分析学的先驱们是不是对数字符号也产生了同样的兴趣，数字符号在语义之外是不是为他们研究人脑开辟了另一条路径？

弗洛伊德曾经写过一本书，叫《日常生活里的心理病理学》。他在书中针对无意识如何处理数字，提出了一些初步的猜想。他说，数字符号，尤其那些我们无法摆脱的数字符号，很像口误、笔误，也像弗洛伊德曾经分析过的梦境。根据弗洛伊德的讲述，他自己的大脑就往往"沉入算数链的思绪，有时突然冒出一个自己最期待的数字"，"这些数字受到我的无意识思维的摆布，而我本人拙于

1. 麦卡洛克：《心灵的体现》(*Embodiments of Mind*, p.2)。

计算，很难有意识地记住日期、住宅门牌号之类的数字”[1]。接着，弗洛伊德援引荣格的《理解数字梦》(*Essay on the Understanding of Number Dream*)和琼斯的《无意识的数字操作》(*Unconscious Manipulation of Numbers*)，据此提出自己的论述。他说，数字联想很容易受无意识操纵，造成我们在语词的联想里经常看到的语义凝聚和折中架构。因此，对于人的大脑而言，随机行为绝不可能真的是随机的，“你不能随心所欲地让脑子里出现某个数字，就像你不能随心所欲地让脑子里出现某个名字一样”[2]。弗洛伊德的这一类观察后来得到阿尔弗雷德·阿德勒(Alfred Adler)、卡尔·荣格、欧内斯特·琼斯等人临床经验的证实。

由此可见，弗洛伊德已经在向统计概率的方向迈进，他似乎在思考概率和决定论之间的关系，可是他并没有沿着这条思路执着地追索下去。相比之下，真正用严谨的方法探讨概率和决定论问题的是另一群人，他们是一群博弈论家和数学家，就像图灵、冯·诺依曼和香农这些人，但这些数学家对弗洛伊德等精神分析学专家早年提出的大脑问题并不感兴趣。这里面唯一愿意在两个群体之间搭桥的人，就是法国精神分析学家雅克·拉康。拉康本人对学科之间的分野毫不在乎，他一边深入研究弗洛伊德，一边也研究数学家的成果，后来成为欧洲战后出现的一位独领风骚的思想家。

---

1. 弗洛伊德：《日常生活里的心理病理学》(*The Psychopathology of Everyday Life, in The Standard Edition of the Complete Psychological Works of Sigmund Freud*, vol. 6, p.250)。
2. 弗洛伊德：《日常生活里的心理病理学》(*The Psychopathology of Everyday Life, in The Standard Edition of the Complete Psychological Works of Sigmund Freud*, vol. 6, p.240)。

第四章

控制论无意识

爱伦坡的一个短篇对我们很有用，那些研究控制论的人也对它很重视，这就是《窃信案》(*The Purloined Letter*)。这是一篇绝妙的短篇小说，它甚至可以被当作精神分析师的必读物。

——雅克·拉康:《奇数或偶数？超越主体间性》

我们通常称为法国理论的东西，其实不纯粹是法国的，它常常是美国理论的法译版。只是法国人把它重新发明过，变成了法国理论以后，使之再一次登陆美国。举个例子，博弈论里面有两个概念"博弈（game）"和"游戏（play）"，这两个概念在法语里都被译成*jeu*，于是，当它们乘着法语词*jeu*的翅膀飞回美国时，就摇身一变，成为文学理论里的一个概念"游戏（play）"。语义在往返运动的过程中，新的意义必然被发明出来，这是毫无疑问的。但这里的问题是，在博弈论的翻译过程中，不但"博弈"被漏掉了，博弈论也被漏掉了，更严重的是，与控制论发展密切相关的冷战历史也被丢掉了。本章将深入这段历史，继续研究数字书写的演化，并重点探索雅克·拉康的著作对心灵机的思考，由此，我们来看看是否能洞察无意识的未来。

读者在前几章里已经了解到，无论对信息论、控制论而言，还是对总体的当代科学话语而言，随机过程这个概念都是不可或缺的。这一点在机识英文的随机过程中显而易见，因为偶然率和概率的游戏就发生在机识英文的 *n*- 字母序列中，而 *n*- 字母的随机序列既可能生成无意义的序列，也可能生成逼近可读性的英文短语。法国人在翻译控制论时，把英文词 stochastic（随机）译成法语词 aleatory，法国科学家和哲学家在数学意义上理解这个概念，这是不错的。但当法语词 aleatory 通过文学翻译和哲学翻译返回英语时，它就陷入了一个盲目的能指的符号游戏，这就很像把博弈论的英文词 game 误译成“游戏（play）”。也就是说，aleatory 一词很少被回译成原来的英文词 stochastic（随机）。了解文学理论的人都知道，aleatory 一词经常出现在德里达、拉康、德勒兹等法国理论家的著作里，对于英文读者而言，aleatory 显然是一个外来词，英文译者通常不翻译 aleatory，结果这个外来词显得格外深奥。与此同时，由于 stochastic 被遮蔽，被 aleatory 取而代之，这个翻译切断了英文读者所熟悉的控制论语境，我们始终没有意识到，aleatory 原本就是英文词 stochastic（随机）的法译。

从希腊词根的 stochastic，到源自拉丁语词根的法语词 aleatory，再回到英语里的外来词 aleatory，这里的语义混淆发生在英—法—英之间翻译的往返运动中。相比之下，在科学话语的英文语境中，“stochastic”的数学概念始终准确无误，其思维范畴也不可能被混淆。我们要进一步追问，这种翻译的往返巡回是重复发生在英语和法语之间的“游戏”吗？答案是否定的。这些交往过程有时很像看电影屏幕，跨大西洋的思想交流就像是被投射到屏幕上的神思和故事，遮蔽了思想交流本身的发生史。

第一节　法国理论耶，美国理论耶？

拉康从来都对美国的自我心理学（ego psychology）持否定态度，有关这方面的研究车载斗量。但与此相比，很少有人研究20世纪50年代拉康与博弈论和控制论的密切接触，至于拉康如何以博弈论和控制论为基础，提出了他的符号界概念，这样的研究就更是凤毛麟角了。[1]这里我并不是说学界没有意识到法国理论被美国学界翻译、出版和锻造的方式。[2]有的批评家甚至宣称，所谓“法国理论”就是美国人的发明，它反映了美国人接受从欧洲进口各色理论的传统，这个传统至少可以回溯到18世纪。[3]强调“美国人的发明”没有错，不过，我们还要进一步追问，它究竟是一个什么发明？这种发明的互借是不是还朝着反向运动或是成为一种双向运动呢？

---

1. 近年的媒介技术和控制论研究开始补救这一局面。参见约翰·约翰逊（John Johnson）：《机械生命的诱惑：控制论、人工生命和新人工智能》（*The Allure of Machinic Life: Cybernetics, Artificial Life, and the New AI*, 2008）；赛琳·拉方丹（Céline Lafontaine）：《控制论帝国》（*L'empire cybernétique: Des machines à penser à la pensée machine*）。亦可见我在本章里提到的其他研究。

2. 在《阅读拉康》一书里，珍·盖洛普（Jane Gallop）注意到美国和法国之间的镜像游戏。她看到了其中拉康幻想的实例，换言之，人们对他者的理解被自己投射的心像形塑，这就是一种镜像。她进一步指出，美国读者不认同拉康大师阅读爱伦坡的分析，他们可能认同爱伦坡的美国叙事者，意在逃避镜像游戏并发现符号意义。参见珍·盖洛普：《阅读拉康》（*Reading Lacan*, pp.55-73）。我在本章的分析则显示，拉康的符号界并不是与谁认同的问题，认同只能把我们带回心像界。相反，拉康的符号界寓于控制论无意识中。

3. 西尔维尔·洛特林格（Sylvere Lotringer）、桑德·科恩（Sande Cohen）：《导论：有关法国理论在美国的几个论题》（*Introduction: A Few Theses on French Theory in America*）。

我们先短暂回顾一下让－保罗·萨特在当年说过的话。20世纪60年代，萨特在回应法国结构主义，尤其是回应其将主体去中心化的思想时，给我们展现出一个截然不同的思想风景线。萨特坚称，如果人们不睁大眼睛，仔细看看"美国正在发生什么事情"，那么他们就无法把握结构主义的风潮是怎样的一种意识形态，因为美国"由技术专家统治的文明（technocratic civilization）不再为哲学保留一席之地，除非哲学也把自己变成一门技术"[1]。萨特或许敏锐地察觉到一些事情，而这恰恰是当年崇尚结构主义新理论的人所忽略的。但面对一个技术统治文明的崛起，不能不说萨特是在打一场后卫战。在冷战期间，美国军事主义和技术统治正在迅速地称霸世界，相比之下，（欧洲）哲学的生死存亡就显得不那么要紧了。尽管如此，我们还是要感谢萨特的敏锐，因为是他及时把握了美国在打造当代思想话语里所起的作用，并为人类自由和主体性提供了重要的理论支持。萨特未必意识到，有些从美国输出的思想迅速变成法国理论以后，又改头换面地被重新输入美国学界。与此同时，美国的文科学者则很少留意隔壁楼里的数学同事在做什么，反之亦然。杰姆逊属于少数几位美国学界站出来批评20世纪70年代法国理论热的批评家，杰姆逊用萨特的方式对"结构主义的意识形态"发出了警告。[2]

---

1. 萨特：《萨特回应》（*Jean-Paul Sartre Répond*）。1966年，L'Arc出了一期萨特特刊，名为《今日萨特》，其中有编辑伯纳德·平高（Bernard Pingaud）对萨特的访谈，他特地请萨特回应了年轻一代的结构主义者（包括福柯、列维－斯特劳斯、拉康与阿尔都塞）。

2. 杰姆逊：《拉康的心像界与符号界：马克思主义、精神分析批评和主体性问题》（*Imaginary and Symbolic in Lacan: Marxism, Psychoanalytic Criticism, and the Problem of the Subject*）。

基特勒更直接，他指出，结构主义的意识形态是冷战时期巡航导弹军事技术的言说方式。他还说，被后结构主义不厌其烦重复的“主体的死亡”，根本就与巡航导弹和其他自动远程武器的开发有着不可分割的联系。[1]

不过，在大西洋西岸很少有人承认，20 世纪 50 年代和 60 年代的“法国理论”背后有美国人的思想，更遑论控制论和结构主义（或被美国文学批评家称为后结构主义的理论）之间错综复杂的关系。[2] 我们需要追究这种盲目的镜像游戏是怎么回事，追究法国理论背后的美国博弈论和控制论为什么变得面目全非，为什么美国理论的踪影在迁移与循环的过程中变得不可捉摸。谁都知道，科学家和理论家经常跨国合作、彼此借鉴，一直如此，因此给理论贴上国家的标签实属荒谬。但其不必阻止我们直面真实的历史条件。因为，在通常的情况下，现代科学研究的优先部署和资金支持都依赖现代国家，并与国家或帝国的利益结成战略性的密切联盟。因此，我使用“美国理论”的说法有其特定的历史上下文，这并不意味着我赞同哪个科学共同体的民族主义，而是要把文学理论中的“法国理论”拿来重新检视，检视美国霸权在战后欧洲强势增长的那段历史。[3] 如果我们不得不追问，是谁发明了法国理论？我想最好改变一

---

1. 基特勒：《文学、媒介和信息系统》（*Literature, Media, Information Systems*, p.145）。他这一洞见来自阅读拉康的灵感，他认为萨特对拉康的理解有误，带有一丝讽刺。

2. 弗朗索瓦・多塞（François Dosse）在两卷本的巨著《结构主义历史》（*History of Structuralism*）中只对控制论投去匆匆一瞥，参见其《结构主义历史》（*History of Structuralism, vol. 1*, p.220）。

3. “美国理论”是博弈论、控制论、信息论等理论的简称，它伴随战后美国而兴起，因美帝国的崛起而占据霸权地位。我并没有暗示这些美国理论内部有统一性，我也

下提问方式，不如问："美国理论"是怎么变成"法国理论"的？

所谓美国理论，在当年有各种名字，如博弈论、控制论和信息论，这些理论在20世纪40年代后期和50年代开始进入法国等欧洲国家，法国科学家尤其热切地研究和翻译这些理论。这些新异的数学发展和第二次世界大战的作战行为密切相关，代表着跨学科的、最具原创性的研究成果，这些成果一般是通过具体的研究者而扬名天下的。比如，博弈论的研究成果得益于冯·诺依曼和奥斯卡·摩根斯坦的合作，他们开创性的著作《博弈论与经济行为》（*Theory of Games and Economic Behavior*）1944年由普林斯顿大学出版社印行。[1] 博弈论研究的是在各种竞争的情景中（零和博弈、计策、虚张声势、极小极大法）如何决策，如何识别各种推理模式，然后确定这些模式对决策和获胜策略有什么意义。冯·诺依曼和摩根斯坦把数学的严密性引入经济学，他们的博弈论给经济学带来了数学的威望，使之成功转型为受人尊敬的学科。[2] 四年后，信息论诞生，香

不认为科学家个人的国族对这里的讨论有多重要。法国科学家和其他欧洲科学家当然对控制论的数学根基贡献良多，维纳也承认这一点，但是欧洲的科学家并没有发明出一门作为学科的控制论。他们的著作和美国霸权的兴起也没有直接的联系。

1. 关于博弈论发明优先权的争议，参见威廉·庞德斯通（William Poundstone）：《囚徒困境》（*Prisoner's Dilemma*, pp.40–41）。1928年，冯·诺依曼发表论文《室内游戏论》（*Theory of parlor games*），但早在1921年，埃米尔·博雷尔就发布了类似的理论。庞德斯通暗示，冯·诺依曼知道博雷尔的研究，但几乎绝口不提。除了同行相嫉之外，冯·诺依曼也有博雷尔不曾提到的新东西，他提出了著名的极小极大定理（minimax theorem），这是他为博弈论奠基的关键。再者，亦如法国数学家吉尔博所言，英语里"博弈"和"游戏"的区分是冯·诺依曼和摩根斯坦在1944年的专著里提出的。

2. 博弈论举世认可、至上荣光的那一刻终于来临，1994年诺贝尔经济学奖获得者纳什（John Nash）、海萨尼（John Harsanyi）、泽尔腾（Reinhard Selten）皆为博弈论先驱。

农的论文《通信的数学理论》奠定了通信工程和数字媒介的理论基础。[1] 相比之下，控制论的滥觞最早可追溯到1942年5月在纽约举行的首届梅西会议，维纳1948年才借用希腊词κυβερνήτης（舵手）为它正式命名，而在这之前，世人并不知道有一个新兴的跨学科领域叫作“控制论”。这个跨学科领域结合信息论和控制论，主要研究机器和生物以怎样的方式实现控制和交流。[2]

在法国，博弈论、控制论和信息论的输入引起了科学界和思想界的兴奋和好奇，列维–斯特劳斯、让·伊波利特、亨利·列斐伏尔（Henri Lefebvre）、罗杰·凯卢瓦（Roger Caillois）、阿尔吉达斯·朱利安·格雷马斯（Algirdas Julien Greimas）、德里达、米歇尔·福柯、吉尔·德勒兹和罗兰·巴特都积极投入这些思想的研究。有人把新理论纳入自己的著作，也有人对此展开批判。[3] 拉康的传记作者伊丽莎白·卢迪内斯库（Elizabeth Roudinesco）提到，这段时期对拉康而言标志着其“从语言学开始进入他的弗洛伊德的研究领域”。她这里说的语言学是结构主义语言学。卢迪内斯库还说，

1. 该文最初发表于《贝尔系统技术期刊》（*Bell System Technical Journal*, 27.3—4, 1948, pp.379–423, pp.623–656）。

2. 根据维纳的记述，事情发生在1947年。之所以挑选这个希腊词，那是因为“我们想强调指出，第一篇研究反馈机制的重要文章，是克拉克·麦克斯韦（Clerk Maxwell）在1868年写的那篇论‘调节器’的文章”。参见维纳：《控制论：动物和机器的控制和通信》（*Cybernetics: or Control and Communication in the Animal and the Machine*, p.19）。

3. 罗杰·凯卢瓦在1958年的《游戏与人》（*Les jeux et les hommes*）里批判博弈论。不过他的批判更多的是名义上的，而不是思想上的。他详述约翰·赫伊津哈（Johan Huizinga）和冯·诺依曼如何用相同的词讨论截然不同的主题。有趣的是，英译者梅耶尔·巴拉什在书名 *Man, Play, and Games*（《人、游戏和博弈》）里保留了“games”，借以暗示 play 和 game 两个词的重要张力。

拉康在 1954 年和伊波利特的那次对话是一次重要的事件，从此，拉康就离开黑格尔哲学，转向了结构主义。[1] 但我必须指出的是，伊波利特不仅参加了拉康的研讨班，在班上和拉康争论，而且他对控制论一直保持着浓厚的兴趣。当年维纳造访法国时，伊波利特就曾经向维纳提过一些重要问题。[2] 伊波利特 1958 年的那篇被世人称道的《马拉美的诗作〈骰子一掷〉与信息问题》，与拉康的文章《〈窃信案〉研讨班》一样，都来自法国知识界对“机遇”“信件”“麦克斯韦妖”“熵值”等话题的热衷，而这些正是控制论和信息论的话题。[3] 我的研究表明，1954 年拉康告别黑格尔以后，他其实没有转向结构主义语言学，而是开始对控制论和信息论产生强烈的兴趣。事实上，拉康在 1954—1955 年主持的研讨班充分表明，他当时就认为，控制论和信息论可以为重塑弗洛伊德学说提供一个新的思维框架，与此同时，结构主义语言学本身也在控制论和信息论的冲击下重塑自己。

我们知道，拉康通过列维-斯特劳斯的介绍，在 1950 年结识了雅各布森，并与其成为密友。[4] 雅各布森本人关于失语症和结构诗

---

1. 伊丽莎白·卢迪内斯库：《雅克·拉康之辈：法国精神分析史》（*Jacques Lacan & Co.: A History of Psychoanalysis in France, 1925—1985*, p.300）。

2. 维纳的档案里有一篇他在巴黎出席研讨会的无日期的记录稿，其中有他和伊波利特很吸引人的对话，比如讨论博弈论和战争的未来。参见维纳：《人与机器》（*L'Homme et la machine*）。

3. 伊波利特：《马拉美的诗作〈骰子一掷〉与信息问题》（*Le coup de dés* de Stéphane Mallarmé et le message）。

4. 弗朗索瓦·多塞：《结构主义历史》（*History of Structuralism*，vol. 1, p.58）。又见卢迪内斯库：《雅克·拉康之辈：法国精神分析史》（*Jacques Lacan & Co.: A History of*

学的思考，尤其是他对隐喻和转喻的构想，给拉康的语言研究留下了明确印记，这一点毫无疑问。

拉康通过雅各布森接触到索绪尔的著作，由此重新思考能指与所指之间的关系，及其对于符号界的意义。[1]在索绪尔原来的示意图里，所指被置于能指之上（图 18），而拉康故意颠倒两者的位置，将能指放在横线上面（图 19）。我们要问一问：是什么促使拉康做出这一举动？拉康的语言概念和索绪尔或雅各布森的语言概念是一回事吗？[2]菲利普·拉库－拉巴特和让－吕克·南希两人细读拉康对算法和操作的处理，似乎暗示了相反的结论：拉康正在离开结构主义语言学，把语言学置于脑后。[3]虽然拉康本人没有明说，但德勒兹和加塔利多年以后的一个说法，拉康完全认同，他们说："语言首先是政治问题，然后才是语言学问题，就连什么符合语法、什么不符合语法的判断也都首先是政治问题。"

Psychoanalysis in France, 1925—1985, pp.305-307）。约翰·约翰逊对两人关系的猜想截然不同，他认为，可能是雅各布森把拉康引入控制论。我的研究引向新的源头和不同的结论。详见我下文的分析。

1. 国内学界对拉康的几个关键概念翻译得不够准确，如 Le Symbolique, I' Imaginaire, le Réel，一直被翻译成"象征界""想象界"和"真实界"。为了澄清这几个概念，本书进行了重译，分别译为"符号界""心像界"和"实在界"。——译者注

2. 塞缪尔·韦伯（Samuel Weber）试图解读拉康颠倒索绪尔示意图里能指与所指的关系这一做法，他的路径是诉诸文字游戏。他相信，那全然是有关语言意义和焦虑的问题。他说："拉康著作里为我们提出的问题是：能指如何变成所指？能指是如何生成的？"我下文的分析表明，这样的说法远离真相。没有证据支持这样的观点：拉康曾经对能指的问题表示关切，符号顺序与"焦虑"有涉。参见韦伯：《眩晕：弗洛伊德的焦虑问题》（*Vertigo: The Question of Anxiety in Freud*）。

3. 菲利普·拉库－拉巴特、让－吕克·南希：《字母之名：解读拉康》（*The Title of the Letter: A Reading of Lacan*, pp.33-50）。

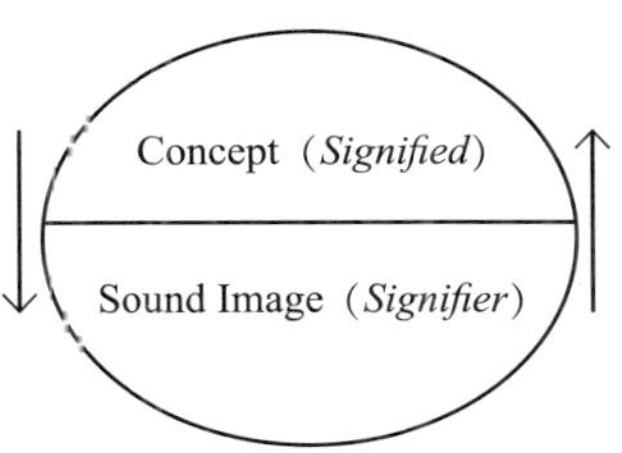

图 18　索绪尔符号所指（概念）和能指（语音形象）示意图。取自索绪尔《普通语言学教程》（*Course in General Linguistics*, New York: McGraw-Hill, 1966, p.66）

$$\frac{S}{s}$$

图 19　拉康对能指和所指顺序的颠倒。取自《无意识字母实例》（The Instance of the Letter in the Unconscious, *Écrits: The Complete Edition* by Jacques Lacan, translated by Bruce Fink, New York: Norton, 2002, p.428）

学者布鲁斯・芬克（Bruce Fink）在解读拉康的《〈窃信案〉研讨班》的"编后记"时，提到一个有趣的发现，他说拉康"对符号界的研究大胆超越了列维－斯特劳斯和雅各布森等结构主义者"，他甚至还说"拉康不是一个结构主义者"[1]。基特勒则以自己的方式讲述拉康在心像界（l'Imaginaire）、实在界（le Réel）、符号界（Le Symbolique）之间做出的方法论区分，这个区分首先是物质性的和

1. 布鲁斯・芬克：《无意识思想的性质，或为何无人曾读拉康〈《窃信案》研讨班〉编后记》（*The Nature of Unconscious Thought or Why No One Ever Reads Lacan's Postface to the "Seminar on 'The Purloined Letter'"*）。

技术性的，因此大大超越了语言学的研究范围。[1]

基特勒干脆直截了当地指出，拉康所谓符号界就是机器的世界。我认为，芬克和基特勒两人的洞见值得我们做进一步的探讨和推进，尤其要追问：机器是如何进入拉康的符号界的？哪一种机器？打字机、计算机，还是什么别的机器？我们在下一节将看到，拉康在他 1954—1955 年的系列研讨班上针对语言的分析，已经包含着他关于偶然性、稳态、回路、博弈、概率、反馈、熵值等话题的思考。正是在这些讨论的过程中，他首次引入了爱伦坡的《窃信案》，开始了他那著名的解读，并写成了《〈窃信案〉研讨班》（*Le Séminaire sur 'la lettre volée'*）。

第二节　拉康读爱伦坡：《〈窃信案〉研讨班》

拉康说，《窃信案》为他所用相当偶然。那么，他因对爱伦坡这篇小说的解读暴得大名，辗转流传，让我们在后结构主义的文学批评中与之邂逅，也是偶然的吗？无论什么情况使之发生，这些辗转

1. 基特勒：《留声机、电影和打字机》（*Gramophone, Film, Typewriter*, p.15）。针对基特勒将这三种存储媒介与拉康的三界划分进行嫁接的工作，托马斯·塞巴斯蒂安（Thomas Sebastian）提出了批评，参见其《技术罗曼斯化：基特勒的〈话语网络〉》（*Technology Romanticized: Friedrich Kittler's Discourse Networks 1800/1900*）。

流传的运动路径一直在守护着一个公开的秘密，那就是，拉康是如何发现这篇小说，并如何将其用于精神分析学的。正因为它“藏匿于光天化日之下”，围绕《窃信案》的解读始终妨碍我们了解更多的实情。换言之，我们必须反思从美国的文学批评里所了解的那个拉康是否为真正的拉康。更重要的是，我们还要反思美国控制论在法国的情况，也要了解它在美国本土的情况，不然的话，拉康之谜就永远不会为人所知。

在我们了解真相之前，拉康对符号界（the symbolic）的严谨分析究竟是晦涩，还是另有深意，我们能提出像样的问题吗？比如，他的教诲为什么深奥难懂？他的那些数学公式正确吗？[1] 如果说诸如此类的问题对卓有成效地理解拉康并非特别有用，那是不是因为我们根本没有领悟拉康颇费心思地用图表和表意符号去讲述他的道理究竟是为了什么？还有的人犯了另一种错误，那就是迷恋拉康在《〈窃信案〉研讨班》中展示的精神分析式的精彩批评，然后又将其转化成各式各样的孤芳自赏的批评写作。这样的批评产生了令人遗

1. 艾伦·索卡尔（Alan Sokal）和让·布里克蒙（Jean Bricmont）所著《时髦的谬论：后现代知识分子对科学的滥用》（*Fashionable Nonsense: Postmodern Intellectuals' Abuse of Science*）就因此批评过拉康，认为他对数学的运用有问题。但是对他数学建构背后若隐若现的博弈论、控制论和信息论，两人却没有做出负责任的批评。有趣的是，已经有人质疑这两位作者自己对复数（complex number）的理解，参见阿尔卡季·普洛特尼茨基（Arkady Plotnitsky）：《可知与不可知》（*The Knowable and the Unknowable*, pp.112-113）。亦见布鲁斯·芬克《拉康到〈窃信案〉》（*Lacan to the Letter*, pp.130-132）中的辩护。关于拉康数学公式的排印错误，参见芬克：《无意识思想的性质，或为何无人曾读拉康〈《窃信案》研讨班〉编后记》（*The Nature of Unconscious Thought or Why No One Ever Reads Lacan's Postface to the "Seminar on 'The Purloined Letter'"*）。

憾的后果，因为它妨碍我们理解拉康分析爱伦坡文本的政治决断和直觉，让我们无法把握拉康对弗洛伊德提出的无意识有哪些重大的发现。

哪一种无意识？拉康有一个著名的说法："无意识是他者的话语吗（l'inconscient，c'est le discours de l'Autre）？"[1]答案是肯定的，但所谓"他者"是什么意思呢？在《〈窃信案〉研讨班》中，他清楚地表明，"他者"就是控制论机器，而不是我们通常所说的语言。他接着说，如果弗洛伊德意义上的无意识存在，那么就"不难想象，一台现代算数机可能会在奇偶游戏里大胜，就凭着它可能发现一种句法，在主体不自知且在长时段的情况下，对他的选择进行干预"[2]。拉康说的算数机就是现代计算机，他在别处称之为加法机（adding machine）。由于这种机器诉诸人的无意识，拉康得出结论说，计算机"对于人类的危险度大大超过了原子弹"[3]。这句话有点令人费解，但它浓缩了拉康关于心灵和符号界的洞见。拉康对这个领域的主要贡献，就是他对战后欧美世界秩序中出现的控制论无意识的发现。这一点我必须强调一下，因为他自己没有直接说出来，也因为我们在他去世以后和冷战后的今天，仍然未能逃脱这个世界秩序，而大部分有关全球化的论述都是一些在理论上不严谨的泛泛描述。我们为什么必须回到拉康那得之不易的理论洞见？是因为它对我们未来的思想发展具有特殊的意义。

1. 拉康：《〈窃信案〉研讨班》（*Seminar on "The Purloined Letter"*, p.10）。
2. 拉康：《〈窃信案〉研讨班》（*Seminar on "The Purloined Letter"*, p.45）。
3. 拉康：《电路》（*The Circuit*）。

拉康当然不是研究爱伦坡的第一位精神分析师。亦如德里达所言，早在 1933 年，玛丽·波拿巴（Marie Bonaparte）[1] 就出版过一部爱伦坡的传记，名曰《爱伦坡其人其书》（*The Life and Works of Edgar Allan Poe*），弗洛伊德还为之作序。[2] 但拉康说得很清楚，他发现《窃信案》是缘于一次偶然的机会，而并非通过波拿巴的爱伦坡传。[3] 他还说，那次偶然的机会跟某些控制论专家有些联系。拉康在研讨班上仅仅提到若干控制论专家，但没有说出任何人的名字。[4] 他是不是在卖关子，故意不点破源头？我们要不要把他的话当真？我认为，与其这样或那样猜测作者的意图，倒不如相信他的话，追踪一下没有被拉康说出名字的那些控制论专家都有谁。不管德里达怎么说，我们在下面会看到，拉康认识和向其学习过的数学家其

1. 玛丽·波拿巴（1882—1962），法国作家、精神分析学家。——译者注

2. 德里达：《明信片：从苏格拉底到弗洛伊德及后来者》（*The Post Card: From Socrates to Freud and Beyond*, pp.403–496）。我不怀疑拉康可能知道波拿巴的爱伦坡传，但我不觉得这部传记对拉康解读爱伦坡的文本起了什么作用。德里达坚持把拉康解读爱伦坡与波拿巴那部战前的爱伦坡传联系起来，而不是直面战后兴起的控制论。很奇怪，德里达在批评拉康时，完全不提控制论。经过仔细爬梳文献后，我得出一个结论，拉康的阅读和波拿巴的爱伦坡传几乎没有关系，实际上，刚好与之对立。拉康从来不提波拿巴，而只提控制论，是有他的道理的。

3. 如我下文所示，拉康对爱伦坡的解读也许间接受到比利时通俗作家丹尼斯·马里昂（Denis Marion）的影响。马里昂的作品《爱伦坡的思想方法》（*La Méthode intellectuelle d'Edgar Poe*, 1952）对爱伦坡的数学推理和文学手法理解得比较肤浅。他把爱伦坡与其小说里的侦探奥古斯特·杜宾（C. Auguste Dupin）画等号，他的手法是描绘，而不是分析爱伦坡的密码研究。

4. 关于这个偶然的机会，拉康的原话是“它的出现，纯属偶然（le hasard nous l'a offerte）”。[拉康：《窃信案》（*La lettre volée*）]。拉康在前一次研讨班（1955 年 3 月 30 日）的发言中，提到本章题记里的那段话，说这个偶然的机会是从控制论专家那里得来的。

实大都借用过爱伦坡、笛福、斯威夫特、普希金、柯南道尔、威尔斯（H. G. Wells）、鲁德亚德·吉卜林（Rudyard Kipling）、乔伊斯等作家的小说，不然的话，爱伦坡的小说也不可能在1955年成为拉康进行精神分析的优先文本。数学家们依赖文学家的想象，发展出马尔可夫链、博弈论、信息论和控制论等。但此论略早，尚待下文细说。

拉康首次提到《窃信案》是在1955年3月23日的研讨班上，他当时把这个文本与机器的形象联系起来分析，那天的研讨班后来被称为《奇数或偶数？超越主体间性》研讨班。拉康一开始就概述了控制论的新近发展，并说明它对解读弗洛伊德有何新意。接着他又说："现在让我们尝试想想，让一台机器玩猜奇偶的游戏意味着什么。我们不可能凭借自己的力量把它的结果完全演算出来，因为那样压力太大。爱伦坡的一个短篇对我们很有用，那些研究控制论的人也对它很重视，这就是《窃信案》（*The Purloined Letter*）。这是一篇绝妙的短篇小说，它甚至可以被当作精神分析师的必读物。"[1] 不久后，在1955年4月27日的另一次研讨班上，拉康再次论及奇偶游戏，这天的研讨班后来被称为《窃信案》研讨班。拉康说："一看就知道我所说的主体混杂（inmixing）指的是什么。我要给你们画出它的图示，因为完全出于一个偶然的机会，我们能从《窃信案》里拿出一个奇偶游戏的例子。"[2] 这里的问题是，拉康的阅读似

---

1. 拉康：《奇数或偶数？超越主体间性》（*Odd or Even? Beyond Intersubjectivity*）。
2. 拉康：《窃信案》（*The Purloined Letter*, p.194）。

乎更关注某种机关，尤其是奇偶游戏，而不是爱伦坡笔下的故事，这是为什么？

按照爱伦坡的故事情节，侦探奥古斯特·杜宾成功地取回了大臣 D 从王后那里偷窃并藏起来的信件，这时候，故事里就开始出现奇偶游戏，因为叙述人想知道杜宾是如何以智慧战胜那个可怕对手的。为了满足叙述人的好奇心，杜宾提到小孩子们玩的奇偶游戏。他说，一个孩子手里握着几个弹子，他要对方猜是单还是双。如果猜对了，猜的人就赢一颗弹子；如果猜错了，他就输一颗。杜宾说，有个八岁的男孩赢走了全校所有的弹子，男孩的秘诀就是先观察对手有多精明，通过揣摩对手的心理，再预测下一步是猜单还是双。拉康对这个奇偶游戏产生了强烈的兴趣，但他的兴趣在于游戏本身的结构，而不在杜宾所描述的秘诀。拉康在他的课上叫参加研讨班的成员们当场玩起这个奇偶游戏，然后汇报他们的游戏结果是什么。

拉康自己对爱伦坡小说的解读是，爱伦坡故事里的奇偶游戏为杜宾的推理提供了一个表征结构。虽然杜宾的推理方式总是和他的掩饰才能有关，同时映射出他的对手大臣 D 的心态，但杜宾的推理方式必然被包含在另一种表征结构中，而被窃的那封信正是在另一种表征结构里面流转的。拉康进一步分析说，信件和主体在下述意义上是可以互换的：凡是接触到那封信的人，每个主体（王后、大臣、杜宾和其他人）都无法避免被卷入同一个游戏或机器运转的命运。因此，爱伦坡笔下的人间戏剧的真实意义就寓于偶然率和概率的机器中，这是一种自动重复的机制。在这个机制中，“符号以赌博的方式在真实里浮现出来”[1]。从博弈论的观点来看，这里还需要做进一步地区分，比如总体的博弈（game）和游戏（play）之间的区分。关于这个要点，我将在下一节细说。[2]

拉康最初提出有关符号界（the symbolic）和实在界（the real）的思考，控制论机器的隐喻在里面起到了关键的作用。拉康说：“概率的概念和偶然性的概念都预设了一个前提，这个前提就是符号进入真实界的那一刻。”拉康接着又指出，“只有在真相的维面上，才有可能把什么东西藏起来，如同发生在所有博弈中的偶然因素那样”。这一点很重要，因为拉康力求说明，在奇偶游戏中藏起来的不是一两颗大理石的弹子，藏起来的其实是数字符号。同理，《窃信案》里面隐藏的并不是什么物质实体的信，而是故事结构得以让真相浮现的那个符号链的作用。[3] 如此，拉康在奇偶游戏里发现了符号链，这个发现比起爱伦坡故事里那个无所谓内容更加重要。实际上，奇偶游戏在拉康的理论分析里并非孤例。早在研讨班开始进入《窃信案》的讨论之前，拉康就提起过“加法机”和“思维机”之类的机器，这些机器运作的也是类似的游戏。因此，拉康对爱伦坡《窃信案》的解读不是孤立的，他做过一系列有关机器和控制论的

---

1. 拉康：《窃信案》（*The Purloined Letter*, p.192）。
2. 吉尔博：《数理博弈论的基本原理讲稿》（*Leçons sur les éléments principaux de la théorie mathématique des jeux*, *chap*. 2, p.7）。
3. 德里达在《真相提供者》（*The Purveyor of Truth*）一文里批评拉康的逻各斯中心主义，但他误解了拉康在研讨班上论述的符号系统的功能。芭芭拉·约翰逊（Barbara Johnson）说得对，德里达在奇偶游戏上缄默不语，正好说明了他的盲点。参见约翰逊：《参考框架：坡、拉康、德里达》（*The Frame of Reference: Poe, Lacan, Derrida*）。

论述，这些论述设定了一个框架，而他的解读正是在这个框架里展开的。[1]

等到时机成熟的时候，拉康提到的思维机就可能帮助我们探寻那些神秘的“控制论专家”的踪迹。前面已经提到，最早让拉康对爱伦坡《窃信案》产生兴趣的是一些控制论专家，只是他没有说明这些人究竟是谁，也没有解释他为什么要用这种方法来解读爱伦坡的故事。在谈到自己的信息来源的时候，拉康总显得模棱两可，好像要让他的弟子和学生自己去寻求答案。另一个可能是，拉康喜欢卖弄学问，这是广为人知的。我们要问，他提到的控制论专家究竟是维纳、麦卡洛克、贝特森、香农，还是别的什么人呢？无论如何，我们有必要追溯那些数学家的轨迹，弄清楚拉康对文学和控制论产生兴趣是怎样一个过程。然后我们才能充分解释，拉康如何在控制论和无意识之间建立联系，以及这种联系与他所论述的符号界是什么关系。

我们只需对主要的控制论专家和数学家稍微做一点研究，就会发现，数学家中相当多的人都对文学感兴趣。维纳写过小说，与诗人 T. S. 艾略特通过信，还发表过不少文学批评的文章，维纳有一篇评论吉卜林的文章，颇具分量。香农写过一篇论述爱伦坡《梅泽尔的象棋手》（*Maelzel's Chess-Player*）的文章，此外，他在研究机识英文时，把乔伊斯的《芬尼根的守灵夜》样本纳入其中，我在第三章已有论述。图灵则模仿爱伦坡《金甲虫》（*The Gold Bug*）里的基德

1. 拉康：《奇数或偶数？超越主体间性》（*Odd or Even? Beyond Intersubjectivity*）。

船长，搞过一连串笨拙的捉迷藏游戏，比如他在第二次世界大战期间把自己的银锭和钞票埋在地下。[1] 但这三位科学家是不是读过小说《窃信案》呢？到目前为止，我们找不到他们提到这篇小说的证据。

接下来，我把目光转向劳伦斯·库比、约翰·扎卡里·杨、贝特森等控制论专家。我们知道，约翰·扎卡里·杨最早研究章鱼的复杂交流行为的神经基础，他参加过 1952 年 3 月的第九届梅西会议。根据迪皮伊的记述，拉康熟悉杨的文章。[2] 拉康在讨论控制论的时候，间或也会提到杨论述章鱼神经网络的研究。可是，我们找不到证据说明杨或贝特森对《窃信案》这篇小说表现出任何兴趣。此外，拉康对库比的研究也很了解，罗南·勒·鲁（Ronan Le Roux）最近的论文对此已有记述和讨论，只是没有提及文学方面的内容。[3] 那么，合乎逻辑的下一步就是让我们回头追溯到冯·诺依曼和摩根斯坦，因为这里的可能性是，爱伦坡故事里的奇偶游戏和他们所研究的博弈论之间未必没有这样或那样的联系。冯·诺依曼和摩根斯坦在《博弈论与经济行为》这部著作里研究过的游戏之一就是猜钱币正反面的游戏。[4] 拉康在课上讨论概率时，就常常提及这一类掷

1. 图灵想要找回自己埋藏的银锭，但屡次失败。参见安德鲁·霍奇斯：《谜样的图灵》（*Alan Turing: The Enigma*, pp.344–345）。

2. 迪皮伊：《心灵的机械化：认知科学的渊源》（*The Mechanization of The Mind: On the Origins of Cognitive Science*）。

3. 罗南·勒·鲁：《精神分析与控制论：拉康的机器》（*Psychanalyse et cybernétique: Les machines de Lacan*）。

4. 比如，冯·诺依曼和摩根斯坦讨论“掷币赌”时就集中研究过防止输的策略：“在和一位相当聪明的人对赌时，玩家不要试图猜测对手的意图，而是要将注意力集中在防止自己的意图被对手发现上。”

钱币猜正反面的游戏。

拉康在讨论爱伦坡《窃信案》的研讨班上提及的控制论专家是一个长期的谜团。不难想象，《博弈论与经济行为》可能是拉康邂逅"控制论中的爱伦坡"最自然不过的地方。拉康的兴趣广泛，从掷钱币猜正反面的游戏，到囚徒困境，再到与偶然性和概率有联系的其他课题，他不会不涉猎这一类的著作。[1] 但我仔细查阅比对后，发现冯·诺依曼和摩根斯坦没有在他们的书里提到美国小说家爱伦坡，他们重点关注的文学人物反而是鲁滨孙·克鲁索和福尔摩斯，尤其关注人的理性行为。但这两位博弈论专家还是给我们留下一个关键的线索，这个线索就是博弈论最初被翻译成法文的经过。我终于发现，一旦锁定博弈论，我们就能在翻译和阐释博弈论的法国著作中，找到解开这个谜团的方法。

第三节　符号链上的博弈和游戏

法国译介博弈论和控制论的一个关键人物是天主教数学家乔治·吉尔博，我在论述香农和皮尔斯时曾多次提起这个人。1950 年，

1. 拉康早期对博弈论的兴趣见于他在 1945 年的文章《逻辑时间与预期确定性论断》(*Logical Time and the Assertion of Anticipated Certainty*)，文章紧随冯·诺依曼和摩根斯坦《博弈论与经济行为》出版，参见《拉康全集》(*Écrits*, pp.161-175)。

吉尔博成为拉康的密友。两人的友谊一直保持到拉康去世的1981年。[1] 吉尔博的美国同行认为，他对博弈论的贡献功不可没，因为他是把博弈论、信息论和控制论引进法语世界的第一人。几年前，九十岁高龄的吉尔博在接受伯纳德·科拉斯（Bernard Colasse）与弗朗西斯·帕韦（Francis Pavé）的访谈时，也回顾了这些事，谈到他和亨利·庞加莱研究所的同事如何阅读和掌握20世纪40年代和50年代美国、德国和苏联数学研究新成果的过程。[2]

新近的研究显示，美国、欧洲、苏联和拉丁美洲的科学家和学者在冷战期间频繁互动。[3] 由于博弈论、控制论和信息论的引进，战后法国的自然科学发生了迅速改观。在这一狂潮的中心赫然站立的是笔名为尼古拉·布尔巴基（Nicolas Bourbaki）的一群杰出的法国数学家。在此名下，这些数学家立志颠覆法国的科学正统，创建基于严格公理化方法的现代数学。布尔巴基对社会科学和文学也有很大的冲击，包括列维-斯特劳斯对亲属结构的研究方法，也包括法国文学实验小组“乌利波（Oulipo）”。“乌利波”组建于1960年，

1. 卢迪内斯库：《雅克·拉康之辈：法国精神分析史》（*Jacques Lacan & Co.: A History of Psychoanalysis in France, 1925—1985*, p.560）。

2. 伯纳德·科拉斯、弗朗西斯·帕韦：《数学的与社会的：吉尔博访谈录》（*La Mathématique et le social: entretien avec Georges Th. Guilbaud*）。

3. 关于控制论在法国的总体情况，参见敏德尔等：《从通信工程到通信学》（*From Communications Engineering to Communications Science*）。又见韦格纳（Mai Wegener）：《神经元和神经症：弗洛伊德和拉康的心灵机器，从理论和历史角度分析弗洛伊德的1895年“草案”》（*Neuronen und Neurosen*：*Der psychische Apparat bei Freud und Lacan: Ein historisch-theoretischer Versuch zur Freuds "Entwurf" von 1895*）。亦见里克尔斯（Laurence A. Rickels）：《纳粹精神分析：隐秘的拜物教》（*Nazi Psychoanalysis: Crypto-Fetishism*, vol. 2）。

意在效仿布尔巴基小组。列维–斯特劳斯 1943 年在纽约邂逅雅各布森，他们两人的会面常常被说成是结构主义历史上的重要时刻。但就在同一年，也在同一城市，斯特劳斯还结识了布尔巴基创始人安德烈·韦伊（Andre Weil）。韦伊不仅帮助斯特劳斯做亲属结构的数学分析，而且还为他的奠基性著作《初级亲属结构》（*Elementary Structures of Kinship*）的第一部编制了附录。学者大卫·奥宾（David Aubin）看到这些有趣的交叉轨迹后，得出一个结论：结构主义是人类学、语言学和数学杂交生成的。[1]

其实，布尔巴基小组与其他小组之间的思想纽带，远不止于结构主义，这个纽带无疑也对 20 世纪 50 年代控制论的发展和流布做出了贡献。维纳出版《控制论：动物和机器的控制和通信》（*Cybernetics: or Control and Communication in the Animal and the Machine*）一书的第一版是在 1948 年，这本书同时由巴黎的赫尔曼出版社、美国的麻省理工学院出版社和纽约的约翰·威利父子出版集团联手印行。[2] 在此前一年，赫尔曼出版社的负责人恩里克·弗雷曼（Enrique Freymann）一直在说服维纳写一本书，表示愿意为他出版。1947 年春天，维纳路经巴黎去南锡市，去参加布尔巴基数学家索尔姆·曼德尔布罗伊

---

1. 大卫·奥宾：《尼古拉·布尔巴基凋谢的不朽》（*The Withering Immortality of Nicolas Bourbaki: A Cultural Connector at the Confluence of Structuralism, Mathematics, and the Oulipo in France*）。弗朗索瓦·多塞的《结构主义历史》（*History of Structuralism*, vol. 2, p.24）简要介绍了布尔巴基小组。

2. 维纳是麻省理工学院的教授，他和麻省理工学院出版社有约在先，巴黎赫尔曼出版社的负责人不得不想办法与麻省理工学院出版社达成妥协。参见敏德尔等：《从通信工程到通信学》（*From Communications Engineering to Communications Science*）。

特（Szolem Mandelbrojt）组织的谐波分析研讨会。维纳那时下决心和赫尔曼出版社签下了出版合同，是因为他发现弗雷曼也是布尔巴基的核心成员。[1]

维纳的《控制论：动物和机器的控制和通信》所造成的轰动，让他自己和出版社都大吃一惊：6个月售出21000册，重印3次。[2]法国报界反响热烈，但法国共产党谴责控制论是"资产阶级科学"。法国很快组建起"控制论研究会"，由著名的物理学家路易·德布罗意（Louis de Broglie）担任名誉会长。敏德尔等人合著的文章《从通信工程到通信学》显示，仅在1950—1951年间，巴黎就举办了两届控制论研讨会，截至20世纪50年代末期，"这个领域开始正规化，控制论在通俗科学著作和文章中的推进得到推广，西欧的控制论研究也更加制度化了"。

拉康的两位数学家朋友吉尔博和雅克·里格（Jacques Riguet）都是法国"控制论研究会"的成员，里格经常跑去参加拉康主持的研讨班。[3]因此，如果说拉康在《〈窃信案〉研讨班》中暗指的那些"控制论专家"是他们两个人，也许不无道理。卢迪内斯库在她写的拉康传里提到，埃米尔·本维尼斯特（Emile Benveniste）、吉尔博、列维-斯特劳斯和拉康在1951年经常碰面，讨论如何在社会科学和数学之间建立联系。吉尔博的影子也常常出现在拉康最喜欢使用的

1. 维纳：《我是数学家》（*I Am a Mathematician*, pp.314-317）。

2. 敏德尔等：《从通信工程到通信学》（*From Communications Engineering to Communications Science*）。

3. 罗南·勒·鲁：《精神分析与控制论：拉康的机器》（*Psychanalyse et cybernétique: Les machines de Lacan*）。

应用拓扑学的隐喻中，比如莫比乌斯带、数字串、充气浮标、模糊环面等数学概念。[1] 奇怪的是，对于博弈论和控制论及其在吉尔博和拉康友谊里的中心地位，传记作者卢迪内斯库却只字不提。迄今为止，绝大多数对拉康的研究也都集中在他对拓扑学的兴趣，而忽略他对控制论的研究，卢迪内斯库的拉康传很可能是始作俑者。[2]

吉尔博对博弈论、信息论和控制论在法国的引进和发展，不能不说是立下了汗马功劳。他的著作有《什么是控制论？》（*La Cybernétique*, 1954）和《博弈论要义》（*Eléments de la théorie mathématique des jeux*，1968）。他的长篇论文《博弈论：对价值论的重要贡献》（*La Théorie des jeux: contributions critiques à la théorie de la valeur*）是博弈论领域的重要文献。[3] 美国博弈论家哈罗德·库恩（Harold W. Kuhn）很推崇吉尔博，他说吉尔博给冯·诺依曼和摩根斯坦的《博弈论与经济行为》写过长达45页的书评，还说他是少数几位为博弈论做出

---

1. 参见卢迪内斯库：《雅克·拉康之辈：法国精神分析史》（*Jacques Lacan & Co.: A History of Psychoanalysis in France, 1925—1985*, p.560）。其实，早在1947年，本维尼斯特发表过一篇文章，题目为《游戏结构》（*Game as structure*），分析约翰·赫伊津哈的《游戏的人》（*Homo Ludens*）和罗杰·凯卢瓦的著作。他的研究重点是游戏与神圣的关系，但是忽略了一个重要联系，那就是，1944年赫伊津哈出版《游戏的人》（德文版和其他语种的版本）与冯·诺依曼和摩根斯坦的博弈论有直接关系。我们至少还了解到，博弈论催生了凯卢瓦的《游戏与人》（*Les jeux et les hommes*），凯卢瓦当时写这本书就是为了驳斥冯·诺依曼和摩根斯坦的博弈论。凯卢瓦的法文书名 *Les jeux et les hommes* 被翻译成英文的 *Man, Play, and Games*，其中 jeux 变成两个英文词 Play 和 Games，就很能说明问题。

2. 埃丽·拉格兰德（Ellie Ragland）、德拉甘·米洛万诺维奇（Dragan Milovanovic）等编：《拉康：拓扑学论》（*Lacan: Topologically Speaking*）。

3. 该论文的英译文收录进蒂芒夫妇（Mary Ann Dimand and Robert W. Dimand）编辑的《博弈论基础》（*The Foundations of Game Theory*, vol. 1）。

独特贡献的法国科学家。值得我们重视的是，哈罗德·库恩在他的回忆中提到一个细节："吉尔博 1950—1951 年在巴黎主持了一个研讨班，参加过研讨班的人包括数理经济学家艾勒（Allais）、马林沃（Mailnvaud）、布瓦德（Boiteux）和我本人。"[1] 吉尔博的年度研讨班显然早于拉康的《窃信案》研讨班，而且比拉康早两年。那么，拉康是不是也参加过吉尔博的年度研讨班？我们不得而知。即使他没有参加，我们也有证据显示，他和吉尔博对彼此的研究成果很熟悉。

1954 年吉尔博出版了《什么是控制论？》一书。这本书出版后的几个月之内，拉康就开启了他解读《窃信案》的年度研讨班。同一年，吉尔博还发表了一篇论博弈论的重要文章，题为《数理博弈论的基本原理讲稿》。这篇长文由五个章节组成，里面明确地提到《窃信案》的奇偶游戏。吉尔博说，人们自古就轻视这个游戏，认为它是小儿科，其实成年人也玩这个游戏，尤其是在赌博的时候，玩家冒险大输大赢。他指出，奇偶游戏"因爱伦坡《窃信案》的分析而声名大噪"，接着他又说，"冯·诺依曼和摩根斯坦在钱币赌的名目下研究了某种类似的形式"。[2] 这段引文表明，吉尔博在尝试把博弈论和《窃信案》关联起来，这种关联我们在冯·诺依曼和摩根斯坦的《博弈论与经济行为》原书中是找不到的。不过，我们在下面会看到，爱伦坡出现在吉尔博对冯·诺依曼和摩根斯坦的讨论

1. 哈罗德·库恩为冯·诺依曼和摩根斯坦《博弈论与经济行为》所写序言（Introduction to John von Neumann and Oskar Morgenstern, *Theory of Games and Economic Behavior*, p.x）。

2. 吉尔博：《数理博弈论的基本原理讲稿》（*Leçons sur les éléments principaux de la théorie mathématique des jeux*, chap. 3）。

中，这不是头一次。

根据学者罗南·勒·鲁的考查，吉尔博1953年3月24日应邀在索邦大学演讲，其中有一半的演讲内容是数理博弈论，还有一部分后来被收入他的《什么是控制论？》一书的第三部分。吉尔博的演讲题目是《导航者、策划人和赌徒：人类控制理论初探》（*Pilots, Planners, and Gamblers: Toward a Theory of Human Control*）。他在那次的演讲中提到，《窃信案》在文学里处理了数学家始终争论不休的一个老问题，因为它暗示"纯游戏（*jeu pur*）"是有可能的。[1] 这里耐人寻味的是，吉尔博引用了拉康的一篇论文《逻辑时间与预期确定性论断》（*Logical Time and the Assertion of Anticipated Certainty*），来反驳比利时作家丹尼斯·马里昂［笔名马塞尔·德弗塞（Marcel Defosse）］用心理主义（psychologism）的方式解读爱伦坡的小说。因为马里昂在不久前出版了一本书叫《爱伦坡的思想方式》（*La Méthode intellectuelle d' Edgar Poe*，1952）。吉尔博和拉康联合起来，共同反对这种心理主义的误读。吉尔博的理由是，马里昂"似乎忽略了根本问题：这里的关键不是如何'解读他人怎么想'，关键不在'心理学'，而在逻辑学。拉康博士在《逻辑时间与预期确定性论断》一文里就此问题进行了深入分析"。拉康的确很早就在思考囚徒困境和博弈论的问题，甚至早于吉尔博本人，这一点在拉康的《逻辑时间与预期确定性论断》一文中有充分的表达。拉康这篇文

1. 罗南·勒·鲁：《精神分析与控制论：拉康的机器》（*Psychanalyse et cybernétique: Les machines de Lacan*）。

章的发表时间是 1945 年 3 月，与冯 · 诺依曼和摩根斯坦《博弈论与经济行为》著作的出版同年，前后只差几个月。他发表《逻辑时间与预期确定性论断》不久后，就于当年 9 月赴英国哈特菲尔德康复中心，去对归国战俘和老兵进行实地考察。

为了弄清拉康 1945 年《逻辑时间与预期确定性论断》这篇论文与冯 · 诺依曼和摩根斯坦《博弈论与经济行为》这部著作之间的历史关联，我们有必要先回顾一下冯 · 诺依曼和摩根斯坦在书里究竟提出了一个什么模型。这本书探讨的是人如何在不确定的条件下做出取胜的决策，他们两人考虑的策略模型有两人博弈、三人博弈，也有多人博弈，这些模型给很多不同的学科和领域都提供了灵感。最著名的就是兰德公司的弗勒德 – 德雷希尔（Flood-Dresher）实验，这个实验研究的是人的非理性行为。《囚徒困境》（*Prisoner's Dilemma*）一书的作者威廉 · 庞德斯通（William Poundstone）指出："梅里尔 · 弗勒德（Merrill Flood）[1] 是最早用博弈论去分析非理性行为的研究人员之一。"[2] 在弗勒德和德雷希尔在兰德公司对非理性行为进行实验的同时，艾伯特 · 塔克（Albert W. Tucker）则创造出一个

1. 梅里尔 · 弗勒德（1908—1991），美国数学家，他和梅尔文 · 德雷希尔（Melvin Dresher）的合作奠定了"囚徒困境"的理论基础。——译者注

2. 威廉 · 庞德斯通在《囚徒困境》一书中提到小说家都是如何处理囚徒困境的，还特别说到："爱伦坡在《玛丽 · 罗热疑案》（*The Mystery of Marie Rogêt*）的故事里如何灵巧地处理这种困境。侦探杜宾在小说中讲述说，犯罪团伙里第一位认罪的人会得到奖赏和被免罪：'被逼到这一步的时候，这些人既不贪恋奖赏，也不急于逃亡，每个人其实都害怕被同伙背叛，因此每个人都急于背叛，赶在别人之前背叛，以免自己被别人背叛。'" 威廉 · 庞德斯通：《囚徒困境》（*Prisoner's Dilemma*, p.24）。

新词“囚徒困境”，这两件事都发生在1950年。[1]大量的博弈论研究预设的前提是，人不完全是理性的动物，人的许多决定受制于偶然性、时间因素和心理因素，这当然和人们通常对博弈论的理解刚好相反。我在第三章也提到，香农在回应巴弗拉斯实验受试人的行为时，就得出结论，受试人的决策是非理性的。

拉康的《逻辑时间与预期确定性论断》的研究走在弗勒德－德雷希尔实验之前，他用博弈论的逻辑推演虚拟场景，与当时很多理论家对博弈论的兴趣一样。不久后，拉康又发表了另一篇文章《数字13与怀疑的逻辑形式》（*Le Nombre Treize et la Forme Logique de la Suspicion*），接着思考数字13和偶然率。[2]我们现在来看《逻辑时间与预期确定性论断》一文，拉康一开篇就假设了一个监狱场景，看守人召集了三个囚徒并通知他们，他们被释放的条件是，看他们中间谁能根据其他人身上佩戴的圆扣颜色准确地猜出自己身上的圆扣是什么颜色。[3]囚徒们得到的信息是，总共有五个小圆扣，三白二黑，但每个人都看不见自己身上的圆扣颜色，因为它被别在身上一

1. 兰德公司（RAND，Research and Development的缩略词）于1946年由美国空军和道格拉斯航空公司联合创办，主要任务是研究空战技术。关于兰德公司开展博弈论研究的详情，参见保罗·爱德华兹：《封闭的世界：冷战时期的计算机与美国话语政治》（*The Closed World: Computers and the Politics of Discourse in Cold War America*, pp.113–145）。

2. 有关拉康对逻辑时间的出色研究，参见埃里克·波奇（Erik Porge）：《拉康的逻辑时间》（*Se compter trios: le temps logique de Lacan*）。

3. 卢迪内斯库说，拉康用这样的诡辩术来攻击萨特1944年的剧本《禁闭》（Huis Clos）。但她没有看到的是，拉康如何从博弈论的角度对自由这个概念提出了自己的质疑。参见卢迪内斯库：《雅克·拉康之辈：法国精神分析史》（*Jacques Lacan & Co.: A History of Psychoanalysis in France, 1925—1985*, pp.176–177）。

个目不能及的地方。只要在第一时间通过别人的圆扣颜色正确推导出自己身上的圆扣颜色，那个囚徒（时间因素乃关键）就立即被释放，重获自由。[1]拉康用这个虚拟的情节来研究逻辑形式，调查“自己对他人的时间化参照”是以怎样的形式呈现出来的，他写道，“这些形式肯定立竿见影，能用于桥牌戏和外交谋略，而应对精神分析里的‘情结’就更容易了”。拉康的这篇文章是他进入博弈论的早期成果，似乎给吉尔博留下了深刻的印象。它同时也说明，拉康对博弈论的兴趣并非源自吉尔博。而且在时间上，拉康对囚徒困境的研究也早于兰德公司数学家的囚徒困境实验。

但毫无疑问，根据我们现有的文献来看，拉康解读爱伦坡的小说肯定是受到了吉尔博的启发。继冯·诺依曼和摩根斯坦之后，吉尔博对博弈论的研究对拉康起到了进一步的引领作用。1949 年，吉尔博在法国《应用经济学》（*Économie Appliquée*）学刊上曾发表一篇长文，题为《博弈论：对价值论的重要贡献》，算是为冯·诺依曼和摩根斯坦的《博弈论与经济行为》一书写的长篇书评。到目前为止，还没有人指出，吉尔博的这篇长文恰好就是拉康解读爱伦坡《窃信案》的信息来源之一。当然，吉尔博后来又在 1953 年索邦大学的演讲中，以及在 1954 年论述博弈论的那篇文章中，再次提到爱伦坡的小说《窃信案》。但对比之下，吉尔博在《应用经济学》学刊上刊登的长文《博弈论：对价值论的重要贡献》，里

1. 拉康：《逻辑时间与预期确定性论断》（*Logical Time and the Assertion of Anticipated Certainty*）。

面对爱伦坡的《窃信案》提出了更严谨和更具批判性的分析。哈罗德·库恩就说过，吉尔博这篇长文不仅是一篇书评，而且它对博弈论的发展做出了实实在在的贡献。

吉尔博在这篇论文里针对的是《窃信案》里的奇偶游戏，他对小说的细读是为了思考所谓“谋略论”而展开的。吉尔博说，谋略有双重作用：两个人玩这个游戏时，玩家甲设法猜出对手的意图并做出安排，目的是让玩家乙无法把握他的意图。吉尔博把这叫作“积极与消极谋略”。谋略用得僵硬会被发现，变得毫无价值。他指出，这就是虚张声势的源头，“顾名思义，虚张声势就是灵活的谋略，也可以说是一种随机选择，我们将在下文看到这样的随机选择”[1]。吉尔博接着开始思考在两名玩家之间可能发生的状况，限定条件是两人只能二选一。玩家甲只能在 a 和 b 之间选择，而玩家乙只能在 c 和 d 之间选择，于是就得出如下四种情况：

（ac）	（bc）
（ad）	（bd）

上述四种情形可以有几种不同方式的排列，随不同玩家的偏好系统（system of preference）而不同。[2] 那么，这一类的博弈是如何进行的？吉尔博引述了两部文学作品，他说：“爱伦坡在《窃信案》

1. 吉尔博：《博弈论：对价值论的重要贡献》，载《应用经济学》（*Économie Appliquée*, pp.275–319）。

2. 处理“钱币赌”时，冯·诺依曼和摩根斯坦分析了福尔摩斯故事《终局冒险》（*The Adventure of the Final Problem*），将其置于两人零和博弈类。参见冯·诺依曼和摩根斯坦：《博弈论与经济行为》（*Theory of Games and Economic Behavior*, pp.176–178）。

里描绘了一种‘奇偶’博弈；此外，摩根斯坦引用了福尔摩斯的冒险故事。福尔摩斯为了躲避莫里亚蒂追杀，想借道多佛去欧洲大陆。上火车时，他瞥见莫里亚蒂出现在月台上。火车从伦敦到多佛中间只停一站：坎特伯雷。”[1] 在这个关头，福尔摩斯面临一个艰难决策。如果福尔摩斯和莫里亚蒂同时下车，他就会被对手杀死。由此，可以假设四种情况可能发生：

a = 福尔摩斯在多佛下车

b = 福尔摩斯在坎特伯雷下车

c = 莫里亚蒂在坎特伯雷下车

d = 莫里亚蒂在多佛下车

从福尔摩斯的角度（即莫里亚蒂的反面）来看，ac（成功）与bd（成功）要优于 ad（死亡）与 bc（死亡）。双方是不是都能想象出对方是怎么盘算的，由此根据自己的最大利益来决定自己下一步的行动方案？在这个问题上，冯·诺依曼和摩根斯坦的计算是：莫里亚蒂直达多佛的概率是 60%，福尔摩斯在坎特伯雷中途下车的概率也是 60%。剩下的 40% 则留给双方各自的另一项选择。正是在这个关节点，吉尔博引入了杜宾在爱伦坡《窃信案》小说里描述的奇偶游戏。吉尔博的判断是，从博弈论的角度来看，小说家爱伦坡对

1. 吉尔博：《博弈论：对价值论的重要贡献》，载《应用经济学》（*Économie Appliquée*, p.372）。

破案的解答流于轻率：

> 爱伦坡假设两名玩家中的一位在智力上远胜对手，这样分析起来就比较容易。但如果我们假设两名玩家在一起玩了很久，那就出现了一个问题，假如双方都有丰富的经验，在思考能力方面都训练有素、旗鼓相当，那么结果又会怎么样呢？很明显，唯一的答案就是：每个人都做随机选择，都希望凭借对手犯一些小错误来获益。因此，随机选择在一定程度上是防御性的姿态，在一定程度上又是攻击的基础，就是在对手犯错误的时候发起攻击。随机选择就是起"鞍点（saddle point）"的作用。[1]

吉尔博对爱伦坡的批评建立在冯·诺依曼和摩根斯坦的理论上，后者的博弈论就是在智力同等的两名玩家随机选择的前提下完成其数学模型的。吉尔博认为，他们的数学模型比爱伦坡的解决方案更令人满意，因为博弈论的基础是概率。他们的数学模型还表明，通过随机选择可以实现平衡（这和一般人所理解的理性选择大不相同）。

在博弈论里，数学家在博弈（game）和游戏（play）之间做了严格区分。博弈规定一套游戏的规则，游戏则是从头至尾实现博弈的具体方式。这随之引申出"动作（move）"和"选择（choice）"之

1. 吉尔博：《博弈论：对价值论的重要贡献》，载《应用经济学》（*Économie Appliquée*, p.372）。

间的区分。用哈罗德·库恩的话来说，就是“类似的区分是在几种可能性中挑选其一，由一位玩家或某种机会装置挑选，这就叫‘动作’；与之相对的叫‘选择’，指的是具体游戏里的实际选择。因此，每一次博弈（game）都是由一组‘动作’所构成，且按特定的方式排列（未必是线性排列！）；而每一次游戏（play）都是由一系列的‘选择’所构成”[1]。当吉尔博把这些细致的区分翻译成法语的时候，他开始意识到英法两种语言之间的细腻差异可能去带来一些麻烦。所以，他在《数理博弈论的基本原理讲稿》里，为法语读者把这些麻烦一一摆出：

> 第一种区分最根本：必须在规则所定义的jeu和根据这些规则而具体实现的jeu之间做明确的区分。换言之，就是尚未进行的jeu与已然完成的jeu之间的区分。在冯·诺依曼和摩根斯坦的专著里，这两个概念分别对应于博弈（game）和游戏（play），英语世界的理论家多半已采纳这样的区分（不过文学语言未必全然如此区分）。博弈是尚待进行的jeu，游戏是已然玩过的某种jeu。

吉尔博知道，文学语言可能混淆“博弈”和“游戏”之间的区别。果然，法语翻译的“博弈”被译回英语时，“博弈”就变成了“游戏”，不再是博弈的概念。虽然诚如本章起首就指出的那样，在英语里，“博弈”和“游戏”之间的区别早已确立，但法语语境下的

1. 哈罗德·库恩：《扩展式博弈》（*Extensive Games*）。

跨语际衍指符号“jeu/game（博弈）”被翻译回英语时，竟与另一个衍指符号“jeu/play（游戏）”混淆起来。[1] 由于文学理论把“博弈”和“游戏”混为一谈，结果就是，博弈论和拉康的爱伦坡解读的重要关联也始终被遮蔽起来。

就纯粹的语词翻译而言，把英语词 play 翻译成法语词 jeu 没有错，但这正是问题之所在。能指和能指之间的滑动竟变成盲目的语言游戏，这个翻译游戏忽略了法语中已有的跨语际衍指符号 jeu/game，于是在往返翻译的过程中，“游戏（jeu/play）”这个衍指符号成功逃避了批判的目光，因为看不见“博弈”这个词，就等于看不见那个阴险的、精于计算的、讲究竞争的博弈论。于是，当德里达不得不用英语表达时，他就只能说：“我们不能对差异的经济运动做形而上的、辩证的、黑格尔式的解释；相反的，我们必须这样来构想游戏：输者亦赢，亦输亦赢，每一回合，莫不如此。”把“博弈”说成“游戏”，这种莫名其妙的英文翻译不仅导致了对输家赢家的混乱表述，而且也把德里达的游戏论思想的真实来历混淆了。[2] 其

---

1. 我提出的衍指符号（supersign）概念，是指在翻译过程中生成的隐性跨语际纽带。衍指符号和新造词有区别，而且在语言单位的翻译过程中处处可见。衍指符号的所指一般是外来词语，它悄悄把人们熟悉的词转化成新词，却没有新词的词形变化。关于这一符号学概念的理论阐述，参见刘禾：《帝国的话语政治：从近代中西冲突看现代世界秩序的形成》（*The Clash of Empires: The Invention of China in Modern World Making*, pp.12–13）。

2. 德里达：《哲学边界》（*Margins of Philosophy*, p.20）。亚蓝·巴斯（Alan Bass）的英译本就反映了在 game 和 play 之间的滑动不定。德里达以下这句话就是典型的翻译漂移：“游戏（play）的概念超乎哲学 - 逻辑话语和经验 - 逻辑话语的对立，宣称自己处在哲学前夕并超越哲学，宣称计算里偶然性和必然性的统一，没有尽头。”（《哲学边界》，*Margins of Philosophy*, p.7）由于我所说的原因，此间的法语 jeu 应该被译成英语

结果就是，在法国理论的招牌下，“游戏（jeu/play）”这个貌似清白的衍指符号大摇大摆地返回英语，让能指的自由游戏在文学话语中大加发挥。所有这一切，都让我们忘掉了以下现实：冯·诺依曼和摩根斯坦发明的博弈论，他们的零和游戏、谋略、虚张声势等概念既用于经济学，也可以用于核战争。

其实，我们不必精通冯·诺依曼和摩根斯坦博弈论的技术细节也能明白，为什么爱伦坡在描绘《窃信案》的奇偶游戏时，比较重视游戏和选择，而不那么重视博弈和动作，这表现在爱伦坡让那个聪明的男孩赢得所有的弹子，也表现在他让精明的侦探杜宾打赢了围绕窃信的智斗。爱伦坡对心像界的偏爱（单凭揣摩对手的心理）就预先排除了符号界的随机过程（衡量博弈的概率）。这也许能解释为什么冯·诺依曼和摩根斯坦不提爱伦坡的《窃信案》，反而引用其他的文学作品诠释他们的博弈论。

吉尔博正是在这一点上批评杜宾的谋略和奇偶游戏，不过，拉康对爱伦坡解读的批判性似比吉尔博更胜一筹。以杜宾的狡猾，他认为自己能克服偶然律，其实他的盘算斗不过博弈的随机过程，最终可能落得跟别人一样的下场。因此，拉康在解读《窃信案》时，尤其强调结构和强迫性重复的重要性，它们指向偶然律、任意性和随机性的条件。拉康说：

> 符号的游戏本身就能表达和组织这个被称为“主体”的东

的 game，而不是 play，显然在德里达这句话的语境下，引文中英语译文不知所云。

> 西，它的运作独立于人怎么想或怎么做。人的主体不挑动这场博弈，人只是在其中找到自己的位置，只是扮演小小的加减号的角色而已。人不过是符号链里的因素之一，符号链一旦被发动，便会按照自身规则组织起来。所以，主体总是处在几个层面上，处在纵横交错的网络中。[1]

拉康解读爱伦坡的时候，喜欢用小小的加号和减号做图示。这些加号和减号并不像第一眼望去那么神秘，因为拉康的加号和减号对应的是博弈论所理解的不同组合的可能性，如吉尔博提到的 ac、bd、ad 和 bc 四种情况，就可以产生 24 种不同的组合方式。

需要澄清的一点是，拉康在上述引文中提到“纵横交错的网络”，它指的不是语言的网络，而是信息论中的“通信网络”。拉康使用二进制的符号链对语言概念所进行的阐释，无疑与索绪尔和雅各布森的语言理念截然不同，尽管雅各布森也努力把概率分析融入他自己的语言研究。[2] 诺姆·乔姆斯基起初也参与了雅各布森的研究，他不仅参加了雅各布森主持的一届很重要的研讨会，而且还出版了《语言结构及数理分析》（*Structure of Language and Its Mathematical Aspects*）一书。乔姆斯基的转换生成语法显然也打上了信息论的最新印记。学者大卫·哥伦比亚（David Columbia）指出，乔姆斯基的计算主义（computationalism）预设了一个前提，即

1. 拉康：《窃信案》（*The Purloined Letter*, pp.192–193）。
2. 参见我在本书第二章里的讨论。

人脑是一种有限序列选择机，它能生成和转换无限多的句子。“人脑内必定有一台物理的或逻辑的引擎，不妨称之为语言器官，其智能是生成数理上无穷多的句子。”[1] 但乔姆斯基在发展其转换生成语法的过程中，还发现，“‘合乎语法的英语’和‘在统计上接近英语的高阶性’完全是两码事”[2]。乔姆斯基最后反对把马尔可夫链用于语言研究，有趣的是，雅各布森始终没有弄清他为什么反对这个。乔姆斯基写道：“用马尔可夫链这样的语法生成英语句子，必然也会生成许多不成句子的东西。倘若它只生成英语句子，我敢说，它根本就不能生成无限多的真句子、假句子和合理的问句等。”在这里，符号不能被简约为语言学意义上的语言，反之亦然。[3] 但对拉康而言，“本初只有一对正号和负号”，那就是奇偶游戏，这一对符号先于语言，它是推动符号界的最原初符号。[4]

拉康解读《窃信案》就是为了表明，符号链如何从实在界中显现出来。八个三爻符号分成三组，每一组里的三爻符号都是正号和负号的二元合成，它们的排列依据是奇偶规则（表 4）。每一个三爻符号都形成单独的统一体，与系列的总体结构相连接。我们对比拉康的表 4 和吉尔博的表 5，就不难看出两者出奇地相似，这

1. 大卫·哥伦比亚：《计算的文化逻辑》（*The Cultural Logic of Computation*, p.40）。

2. 乔姆斯基：《句法结构》（*Syntactic Structures*, p.18）。

3. 关于乔姆斯基这些研究的详细记述，尤其是从他在宾州大学时接触泽里格·哈里斯的分布式模式起，到他在麻省理工学院创建的转换生成语法，参见玛格丽特·博登：《作为机器的心灵：认知科学史》（*Mind as Machine: A History of Cognitive Science*, vol. 1, pp.624–630）。

4. 拉康：《窃信案》（*The Purloined Letter*, p.192）。

表 4　拉康的正负号符号链

(1)	(2)	(3)
+++	++−	+−+
−−−	−−+	−+−
	−++	
	+−−	

注：取自《拉康的研讨班》第二卷（*The Seminar of Jacques Lacan. Book 2*, New York: W.W. Norton, 1988, pp.191-205）

里的唯一区别是吉尔博使用了（0，1）二进制符号，生成八组三爻符号（表 5），由此演示这些符号组合都有哪些随机率。[1] 需要说明一下，雅各布森早期与尼古拉·特鲁别茨柯伊（Nikolai Trubetzkoy）合作时，就已经把二元对立的原理引进了音系学和音位分析。[2] 但是，语言学家用正号和负号是为了标记音位的特征区别，判定其有和无，这种用法切不可与拉康和吉尔博笔下的正号和负号相混淆，后者的用法是为了表示符号的随机组合都有几种可能，因为机会的博弈（game of chance）不关乎音位的特征区别是有还是无，也不关乎每个音位应该有几个比特（bits）的问题。[3] 相比之下，拉康和吉尔博的正号和负号只是表现随机组合的序列，比如二进制的三爻符

1. 吉尔博：《什么是控制论？》（*What Is Cybernetics?*, p.48）。
2. 列维-斯特劳斯在《结构主义人类学》（*Structural Anthropology*, vol. 1, p.33）里评价特鲁别茨柯伊说："结构主义语言学从研究有意识的语言现象转向了研究语言的无意识的基础结构。"
3. 雅各布森、冈拿·方特、莫里斯·哈勒：《言语分析初步》（*Preliminaries to Speech Analysis*, pp.43-45）。

号，他们用概率的分析将其形式化，从而揭示其中的结构。拉康使用的正号和负号遵循的是奇偶游戏的符号逻辑，也是掷硬币猜正反的象征逻辑，他由此得出的结论是，当我们从概率的角度看问题的时候，根本就不存在纯粹的机会博弈。[1]

表 5　吉尔博《控制论：动物和机器的控制和通信》中的八个三爻模型图示

Il y a huit messages de trois signes		
0	0	0
0	0	+
0	+	0
0	+	+
+	0	0
+	0	+
+	+	0
+	+	+

注：取自《什么是控制论？》（*What Is Cybernetics?*，New York: Grove Press, 1959, p.48）

1. 安东尼·威尔登（Anthony Wilden）说："让语言学见鬼去吧。"［威尔登：《系统与结构》（*System and Structure*, p.19）］。但威尔登不研究控制论和信息论的理论著作，因此偶尔会露出自己的误判。比如，他写道："拉康坚持用语言学的方法论研究弗洛伊德。他不太理解语言和通信的区别，如在曼诺尼（Mannoni）的《弗洛伊德传》（1971）中，尤其在其后记里，这一点特别明显。当前的理论僵局和阐释问题，盖源于此。在这本书的第一版里，我发现无法解决这些问题。"（《系统与结构》）我们知道，威尔登曾经与拉康进行过密切的合作，很早就翻译了拉康的文章，因此他的拉康研究居然漏掉了拉康符号界的核心要义，我觉得不可思议。毕竟，威尔登的《系统与结构》一书重点研究通信，其中多次引述维纳和贝特森等控制论学者的观点。

同一个逻辑也能被延伸到日常言语的情景中去，它表现在拉康所谓词与词之间的联系方式。他是这样说的："你可以跟自己玩掷硬币游戏，猜正面和反面，但从言说的角度来看，你其实不是自个儿在玩——因为事先已经有三个符号的存在，才谈得上输赢这件事，符号的存在已经多少预示结果的意义。换言之，如果没有问题，就无所谓博弈可言；如果没有结构，亦无所谓问题可言。问题都是由结构构成和组织的。"我们在下面会看到，这种符号结构的概念，与博弈论一脉相承，它对拉康吊诡的非语言学的语言观产生了重大的影响，也对他展开符号界的论述产生了重大的影响。[1]

事实上，早在拉康批评马瑟曼（J. H. Masserman）的语言论和言说论时，这一新异的语言观就已经崭露头角了。1953年，拉康在新成立的法国精神分析学协会的罗马会议上，发表了一篇著名宣言，俗称拉康的《罗马演讲》。[2] 拉康在他的讲演中说，对弗洛伊德而言，"症候是一种结构，就像语言"。他接着说："症候是言说必经之路的语言。"[3] 出于某种正当的关切，他进一步解释说，那些"没有深入研究过语言的人"可能会不明白他说的"语言"是指什么，因

1. 拉康对语言学理论的批判时而浮出水面，以下引文即为一例："我说'下雨了'，说话的主体不是主语的一部分。无论如何，这里存在某种困难。主体并非总是相当于语言学家所谓'指谓词'。"拉康对"指谓词"的批评明显针对雅各布森，因为一般认为它是雅各布森的概念。

2. 拉康的《罗马演讲》稍后刊行，题目为《精神分析里言语和语言的功能与场域》（*The Function and Field of Speech and Language in Psychoanalysis*）。

3. 拉康：《精神分析里言语和语言的功能与场域》（*The Function and Field of Speech and Language in Psychoanalysis*）。

此，拉康说我们必须从数字的联想出发，它有助于我们的理解。因为我们能够在数字的组合力（combinatory power）里面辨认出“无意识的主要源泉”是什么。[1]拉康所谓组合力，不是一般人所理解的语法顺序，而是另外一些东西。他接下来说：

> 从所选择数字（chiffres）的数字序列中拆分出的数字，通过所有算术运算的组合，甚至用除过的数再反复除以原来的数，如果得到的结果在主体历史的所有数字中具有某种象征意义，那是因为这些数字已经潜在于最初的选择中。因此，即使这些数字决定主体命运的观念被斥为迷信，我们还是必须承认，经由分析而向主体揭示出来的主体无意识就寓于数字组合的现存秩序之中——也就是蕴涵在数字组合所表征的具体语言之中。[2]

现在，我们回头再来看拉康在1955年《窃信案》研讨班上是如何论述符号链的。他所谓符号链是用三组卦象和chiffre符号来演示的，在法语里，chiffre既有“密码”的含义，也有“数码”的含义。这里马上就出现一个问题供我们进一步思考：为什么拉康在他主持的年度研讨班上不厌其烦地提到八个三爻符号（及其占卜术）？这些数码是不是在暗指另一套被隐藏的密码？

1. 拉康：《精神分析里言语和语言的功能与场域》（*The Function and Field of Speech and Language in Psychoanalysis*）。

2. 同上。

我的理解是，拉康的三爻符号所涵盖的数学内容，一直都在暗指中国的古老八卦。他虽然没有在《窃信案》研讨班上正面论述八卦，但在两年之前，他在《罗马讲演》中已经提到这个密码系统。在《罗马讲演》中，拉康谈二进制数字的时候，颇为意外地提到八卦。拉康说："从在和不在的对立之中，从沙地上画出中国的占'卦'的实线（阳爻）和虚线（阴爻）中，于是，语言的有意义的世界就诞生了，于是世间万物才各安其位。"很显然，我们长期忽略的不仅是拉康的奇偶游戏，而且还忽略了他所说的阳爻和阴爻组成的卦象。遗憾的是，拉康没有向他的读者解释，阳爻符号和阴爻符号的组合，何以能生成一个有意义的语言世界。而他说的卦是什么呢？

这里的"卦"，或"八卦"，出自三千多年以前的中国古籍《易经》，这无疑是典型的二进制数字代码。[1] 拉康在《窃信案》研讨班讨论象征链时，曾使用正号和负号替代阳爻（—）和阴爻（--），以完全相同的逻辑表现二进制代码。我们对比表 6 的阴阳爻和与之对应的表 7 的阿拉伯数字可知，拉康用阿拉伯数字 1 代替正号（+）或阳爻（—），用阿拉伯数字 0 代替负号（-）或阴爻（--）。十分明显，拉康把阴阳爻阐释为数学的表意符号。

1. 陈久金和张敬国所做的考古学研究把"八卦"运算出现的日期推定到五千年前。参见陈久金、张敬国：《含山出土玉片图形试考》，载《文物》，1989 年第 4 期。

表6　拉康象征链里的“阴阳”八卦

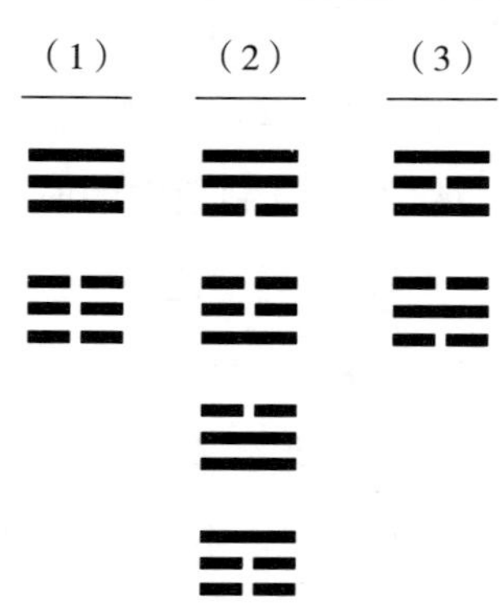

表7　数字二进制码列出的八卦

（1）	（2）	（3）
111	110	101
000	001	010
	011	
	100	

这里需要交代一个历史背景，拉康在第二次世界大战期间学过汉语，他曾获得东方语言学校的证书。1971 年，他师从程抱一重温中华古典哲学。[1] 也许，拉康对汉语的了解有助于克服某种典

1. 卢迪内斯库：《雅克·拉康之辈：法国精神分析史》（*Jacques Lacan & Co.: A History of Psychoanalysis in France, 1925—1985*, p.147）；又见拉康 1971 年的“第十八届研讨班”（*Le Séminaire, Livre XVIII: D'un Discours qui ne serait pas du semblant*）。这一届研讨班广

型的认知障碍，因为大多数不懂数学的西方人，以及大多数只见过拼音文字书写的人，他们在面对非拼音文字书写系统时，都表现出这样或那样的认知障碍，比如弄不清什么是表意符号，并往往把表意和象形混为一谈。[1]

我在第三章讨论机识英文时指出，表意符号（概念的、空间的、模块的等）体现了不同于象形符号（视觉的、图标的、模仿的等）的抽象方式，既可以用于数字，也可以用于书写符号、交通标志、手势等。关于象形或图示法（iconography）的源头，我们长期被 19 世纪晚期以来的考古学误导，那些考古学家错误地认为，马格德林刻画符号是旧石器时代的写实图像。但 20 世纪的考古发现已经证明，马格德林刻画符号出现在具象艺术（figurative art）发展很晚的阶段，在公元前 11000 至公元前 8000 年之间，而具象艺术的滥觞期却在公元前 30000 年。考古人类学家安德烈・勒鲁瓦－古朗说："图形符号（graphism）不是始于朴素的写实，而是始于抽象。"[2] 换言之，人类技术发展最早的图像符号的特点是表意抽象，而不是具象写实。自古以来，八卦的数字系统就和文字一道被用于占卜，就是这个意思：表意抽象。实际上，数学符号被用于占卜并非中国独有，其常见于世界上各大文明。因此，对拉康来说，偶然率、数字和随机性并不构成迷信，他认为，这些东西是通向无意识的路径。

泛讨论了中国哲学和汉字。

1. 关于拉康与中国语文的关系，参见里夏尔・塞拉诺（Richard Serrano）：《拉康无意识的东方语言》（*Lacan's Oriental Language of the Unconscious*）。

2. 勒鲁瓦－古朗：《手势与言说》（*Gesture and Speech*, p.188）。

顺着这一洞见再进一步思考，我们也不妨对民主选举制的政治无意识做出一些判断，民主选举制所依赖的数字游戏，是统治阶级最新的占卜术，只是披着现代的外衣而已。

其实，我们并不需要掌握考古人类学或者懂得古汉字，才有资格去了解八卦的数学基础，或者了解二元代码。哲学家莱布尼茨明白这个道理，他当年就是通过 17 世纪来华耶稣会士白晋（Father Bouvet）的帮助，获悉了八卦及其组合原理。莱布尼茨原以为二进制是他自己的发明，当白晋在 1700 年 11 月把八卦带到欧洲后，莱布尼茨改变了看法，他说他的二进制是对伏羲画卦原理的“重新发现”。[1]

重温这段历史倒不是为了纠缠二进制到底是谁发明的。莱布尼茨和耶稣会士真正想寻找的是普世的通用语言，而普世的通用语言才和我们的论述有关。这里需要思考的问题是，数学推理和数学符号对语言和文字的研究究竟能提供什么启示？白晋在论及阴阳二进制里的八卦时说，八卦“是远古时代的非凡天才所发明的普世通用符号……以表现一切科学里最抽象的原理”。这句话也预示了图灵、香农、维纳和通用非连续机器的到来。这几位现代科学家都把莱布尼茨看作是现代科学的发端。维纳说，莱布尼茨是控制论的先师圣贤。[2] 吉尔博则推崇布莱士·帕斯卡（Blaise Pascal），为其封圣，也

1. 唐纳德·拉赫（Donald F. Lach）：《莱布尼茨与中国》（*Leibniz and China*）。伏羲是华夏传说中的三皇之一，发明八卦和文字，是文明始祖。他创制婚娶制度，驯化动物，教民捕鱼狩猎。

2. 维纳：《控制论：动物和机器的控制和通信》（*Cybernetics: or Control and Communication in the Animal and the Machine*, pp.52–53）。

许是因为帕斯卡是法国人，且为概率论做出了重要贡献，但这并不妨碍吉尔博承认莱布尼茨是现代数学的先驱，以及他的重要作用。[1]拉康倒是没有专门提到先师圣贤——除非算上弗洛伊德，但如下文所示，拉康追求的普世通用语言，恰恰就在他所谓符号界。如果没有信息论和控制论，我们很难想象拉康将会怎样论证他的符号界概念。[2]

必须承认，拉康的语言观在其一生中有很大的变化，因此，我们应充分考虑他在不同历史时期的变化和转型。本章只是撷取其中的一段，但也是最重要的一段，那就是他举办的为期一年（1954—1955 年）的系列研讨班。这个年度研讨班不仅替拉康著名的《窃信案》解读建立了一个框架，而且标志着他一生中经历的一次重大转折。长期以来，学者一直把那次转折误读为拉康向结构主义语言学的转型，而我在书中展示的真实情形是，拉康从控制论的理论中开发出了另一种语言理论，这使他更为贴近数学家的符号逻辑，同时与索绪尔或现代语言学的关系变得貌合神离。很多人说拉康的著作晦涩难懂，这不奇怪，这是因为他说的语言指的是字母、数字、正号、负号和总体的表意符号，这才是语言的重要性所在。接下来，我们要进一步追问：表意符号为什么对精神分析理论如此重要？它们在拉康对弗洛伊德无意识的理解上，发挥了哪些重大作用？

---

1. 吉尔博：《漫话控制论》（*Divagations cybernetiques*, p.283）。
2. 拉康和吉尔博的做法一样，把控制论的源头一直追溯到帕斯卡和孔多塞（Condorcet），重构了控制论的谱系。参见拉康：《精神分析与控制论，论语言的性质》（*Psychoanalysis and Cybernetics, or on the Nature of Language*）。

第四节　控制论无意识

如前所述，书写文字的随机过程有一个预设的大前提，即通信机或心灵机必须有一套合适的组合定律才能运作，因为机器既可能生成意义，又可能生成胡言乱语。在《控制论：动物和机器的控制和通信》一书里，吉尔博用了好几章的篇幅，论述语言和机器的关系，他把重点放在回路与网络、回馈与有目的活动、信号与讯息、信息与概率、通信等方面，这是不奇怪的。吉尔博和香农一样，他对普通语言和符号系统都表现出强烈的兴趣。他认为，控制论研究者的任务就是用严格的数学方法去分析语言的随机过程，同时他又承认，通常意义上的语言“只用了支持语言组合结构的很小一部分”，此外还有不少其他的符号系统，比如数字和二元代码。[1]吉尔博甚至宣称，控制论和信息论具有革命性的潜力，因为它们能打开心灵结构之谜。他说，控制论使科学家能研究“实际的语言过程，并揭示潜藏在语言生成机器里的隐形结构，这里既指一般意义上的机器，也指人的潜意识的机制”[2]。众所周知，控制论专家一直致力于研究计算机和人的潜意识之间的共生现象。这一共生现象，在拉康对弗洛伊德的解读中，就转化为控制论无意识，这一点我们将在下面做分析。

---

1. 吉尔博：《什么是控制论？》(*What Is Cybernetics*?, p.72)。吉尔博并非将信息论置于控制论庇护下的第一人，维纳已经这样做了。杜巴尔（D. Dubarle）也在思考“控制论和信息论的接触点”。

2. 吉尔博：《什么是控制论？》(*What Is Cybernetics*?, p.70)。

控制论研究里有一个驱动假说，即人脑就是一台心灵机。麦卡洛克和皮茨的开创性论文《神经活动内在观念的逻辑演算》（*A Logical Calculus of the Ideas Immanent in Nervous Activity*）（1943）早就指出了这一点，他们的这篇文章代表第一代美国控制论研究者对这个假说所进行的最严谨的论述。麦卡洛克和皮茨将数学微积分应用到神经网络之中，按照命题逻辑的关系建构神经网络的模型，他们说，神经元的活动具有同样的内在逻辑效应。他们两人还认为，一切心灵活动都具有符号特征，它们遵守的是“全有或全无（all-or-none）”律，与命题逻辑关系一致，由此确立心理子（psychons）之间的关系正是二值命题逻辑的关系。在心理学中（内省心理学也好，行为心理学也好，生理心理学也好），最根本的关系就是二值逻辑关系。[1]学者约瑟夫·杜米特（Joseph Dumit）在一项新近的研究中指出，让麦卡洛克最感兴趣的问题是：“什么机器会神经质，就像有些人那样？什么人会像机器生病那样生病？什么机器会像人那样记忆？”[2]在后续章节中我会详细论述，早在20世纪60年代，肯尼斯·科尔比和罗伯特·阿贝尔森等人工智能科学家怎样开发了计算机程序去模拟神经症。不过，拉康在20世纪50年代，在更早的时刻，就对人的心理中沟通回路的时间断裂，也就是故障时刻，发生浓厚的兴趣，他有时用美国英语里交通堵塞的jam一词来描绘这种时刻。

我有大量的证据证明，除了《窃信案》研讨班，在1954年下

1. 麦卡洛克、皮茨：《神经活动内在观念的逻辑演算》（*A Logical Calculus of the Ideas Immanent in Nervous Activity*）。

2. 约瑟夫·杜米特：《神经存在主义》（*Neuroexistentialism*）。

半年和次年的上半年，拉康的研究内容全部都和我在前面分析过的吉尔博的《什么是控制论？》及其有关论文发生这样或那样的联系。我们已经看到，吉尔博的这些著作都毫无例外地论述控制论、信息论和博弈论中的问题。在本章有限的篇幅里，我们不可能对他们两人的多重相似性和共有的技术习语进行逐一分析，我认为，更有效的办法是抓住拉康的核心思路，看他如何从控制论的角度重新阐述语言和言说的概念，以及拉康如何系统地把这些概念与通信线路、讯息、熵率、无意义和时间等问题联系起来思考和研究。在拉康这一整年的成果中，最具代表性的是他在 1955 年 6 月 22 日发表的一篇演讲，题目是《精神分析与控制论，论语言的性质》（*Psychoanalysis and Cybernetics, or on the Nature of Language*）。

读者应该记得，拉康在解读《窃信案》时，让大家不要按字面意思理解爱伦坡的故事，也不要把大理石弹子本身当作奇偶游戏的根本。他还指出："那封信本身，纸上写的一些话，一旦它跑起来，就成了无意识。"[1] 无论是一封信，还是一个符号，只要它在人和人之间像机遇游戏一样转动起来，就如同无意识的具象在转动，无意识总是在一个结构里转动。为了说明这个过程，拉康用电报打比方做出以下的论述：

> 假定我从这里发电报到勒芒，要求勒芒将其退回给图尔，然后从图尔到桑斯，从桑斯到枫丹白露，再从枫丹白露到巴

1. 拉康：《教师要注意的一些问题》（*Some Questions for the Teacher*）。

黎，如此无限循环。所需要的是，当我在够得着信息的终极尾部之前，它的头部还没有回来。这封电报需有足够的时间才能回到起点。它必须转得很快，必须不停地转，绕着圈子转。够好玩的，这个东西总是转回到原点。这就叫反馈（feedback），和衡稳态有点关系。你知道，蒸汽机的进气就是这样控制的。如果加热太快，调速器就会记录它，两个东西被离心力分开，于是就实现了蒸汽的调控。这里有一个围绕平衡点的振荡。[1]

拉康在电报信息的头尾两个词之间玩弄的双关语，让人立即想到众所周知的博弈论的掷钱币、猜正反的机遇游戏，也让人想到比较熟悉的猎鞋子游戏，鞋子如讯息在挪动，就像爱伦坡故事里的那封信。无论如何，当信息在控制电路里流动的时候，信息本身并不获得语义。

负反馈和动态平衡是维纳控制论的核心概念，这两个概念也给麦卡洛克和皮茨的人脑神经网络研究带来最初的启示。维纳在发明他的新词“控制论”时，写道：“论负反馈机制的第一篇重要论文是论调节器（governor）的文章，是克拉克·麦克斯韦 1868 年写的文章。governor 源于拉丁语，其实，这个拉丁词是对希腊词 κυβερνήτης 的讹传。”[2] 维纳反复指出，蒸汽机是由一种旧式的、设计良好的反馈机制所操控的。“我们说的机器，不是一个耸人听闻者

1. 拉康：《电路》（*The Circuit*）。

2. 维纳：《控制论：动物和机器的控制和通信》（*Cybernetics: or Control and Communication in the Animal and the Machine* p.19）。

的梦想，也不是未来的希望。它们已经存在，比如恒温器、自动陀螺罗经导航系统、自推进导弹，尤其是能自动寻找目标的防空火控系统、自控石油裂化蒸馏器、超速计算机等。实际上，早在战前，这些系统已被长期使用——旧式的蒸汽机也在其中。”[1]对控制论者而言，蒸汽机和电报有一个共同点，那就是各自反馈系统里的讯息（message），只不过这个讯息的概念与内容和语义毫无关系。信息论对此的定义为：“讯息是分布在时间里的可计量事件的序列，有不连续的序列，也有连续的序列。”讯息的运动方式是由自控机的反馈机制和动态平衡机制决定的。

拉康在上述引文里提到电报时，似乎带着戏说的语气，但他反而是认真的。基特勒曾经把拉康的符号界和打字机联系起来看，现在，拉康大谈电报这件事也启发我们更深入地思考基特勒的洞见。[2]我们在第二章里看到，香农发明信息论的时候，他的数理分析也肇始于莫尔斯电码。[3]当然仅仅从概念本身出发，电报、打字机和电话的技术全都是可以联系起来分析的，尤其是因为这些技术都共同需要非连续的符号单元。但香农在他的研究中尤其重视莫尔斯电报代码，这里还有一个原因，那就是他在研究电报代码中发现，讯息与不确定性和概率（从若干讯息中挑选哪一条）有联系。在通信系统

---

1. 维纳：《控制论：动物和机器的控制和通信》（*Cybernetics: or Control and Communication in the Animal and the Machine*, p.55）。

2. 基特勒在《留声机、电影和打字机》（*Gramophone, Film, Typewriter*, p.12）里提到莫尔斯电码，但是他在分析拉康符号界的技术体现时，跳过了从打字机到计算机那一段。

3. 香农大多数开创性的工作是1941年到1958年在贝尔实验室进行的，以后继续在该实验室兼职，直到1972年。他从1958年起在麻省理工学院任教授，直至1978年退休。

中，讯息和统计模型（如“冗余率”）的关系，及其和随机性（如“熵率”）的关系，才是系统设计的关键所在。[1]

拉康抓住了香农对电报讯息的全新表述，看到了此种表述与自己研究的相关性。从这一领悟中他开始获得对语言的新认识，从此给能指（或字母）赋予绝对优先地位，把“语言的意义”和“语义学”从对符号本身的思考中剔除出去。比如，在《窃信案》研讨班里，拉康采用一个1–3的组合图示来演示三个非连续符号的随机组合（图20）。[2] 比较一下图20和图21，图21是香农在《通信的数学理论》里分析莫尔斯电码的（有限序列选择）随机过程。十分明显，这两个图式凸显的是数学原理。香农的图式来自他早前对莫尔斯电码的研究，他的“机识英文”第27个字母的概念源于对莫尔斯电码的点、线和空格原理的分析，有关论述已见于第二章的讨论。[3]

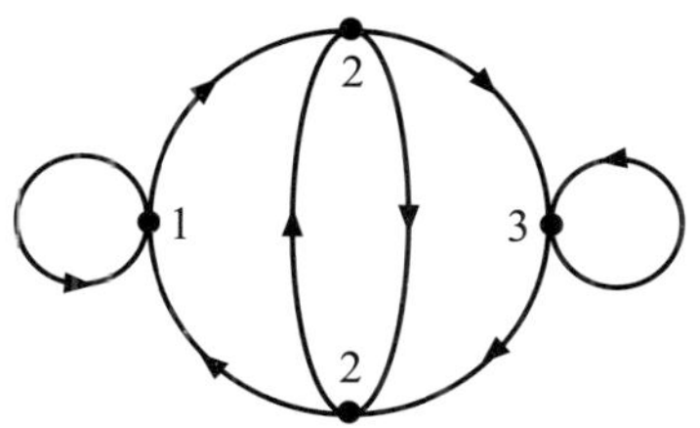

图20 拉康在《〈窃信案〉研讨班》采用的1–3网络示意图，载于《拉康全集》

1. 香农、韦弗：《通信的数学理论》（*The Mathematical Theory of Communication*, p.39）。
2. 关于拉康对该图的详细解说，参见《拉康全集》（*Écrits*, pp.35–39）。
3. 香农、韦弗：《通信的数学理论》（*The Mathematical Theory of Communication*, p.38）。

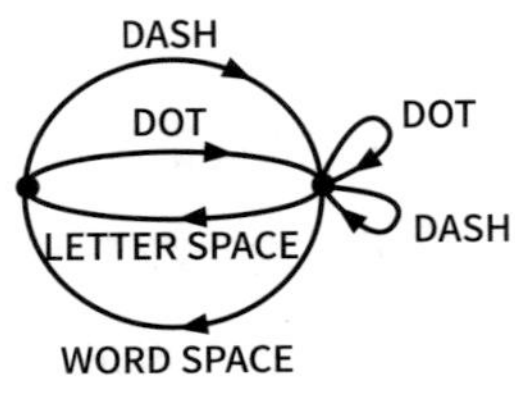

图 21　香农电报符号的随机过程示意图。载于香农、韦弗的著作《通信的数学理论》

拉康在《窃信案》研讨班上至少有一次直接论述了香农和贝尔实验室的各种研究，只是没有提香农的名字。他也说到了美国的通信工程。哲学家伊波利特碰巧那次也在拉康的研讨班上，拉康说：

> 贝尔电话公司需要讲经济效益，用一根电缆来传送最大可能数量的通信。在美国这样大的国家，节省一部分电缆非常重要，人们总喜欢通过电话传输装置说一些完全不必要说的话，因此电缆的数量还是越少越好。这就是通讯量化的开端。从这里你们可以看到，通讯需要应对的问题和我们这里所谓"言说"相去甚远。它和人们相互说什么话、话里有没有意义等，一点关系都没有。你们从自己的经验里就能了解，人在电话里说什么无关紧要。但你的确在交流，你听得出人声的抑扬顿挫，于是就以为听懂了对方在说什么，其实你听懂的只是你已经知道的词而已。总之，这里说的是如何最经济地传递他人所能识别的语词。没有人在乎有没有意义。这难道不是很好地强化了我所强调的一点吗？人们总是忘记这一点，语言，作为言

说交流的工具，是物质性的。[1]

我们需要注意的是，索绪尔的言语（parole）经由香农信息论的电缆传递过来，它在另一头重新出现的时候，已经面目全非。香农通常使用“信道（channel）”，而不用“电缆”这个词。此外，在其他方面，香农不可能不同意拉康的观点，如通讯必须量化、信道多不如少、信息与“语义”无关、言说工具首先是物质性的，等等。香农还会同意，他所说的通信跟我们说的“言说”相去甚远。

这一切清楚解释了拉康为什么决定把索绪尔符号模型里的能指和所指的位置颠倒过来（图 19）。同时，它也勾勒出拉康在思考无意识和符号界的关系中的总体思路。作为言说的工具，拉康所说的语言的物质性，早已不再是索绪尔所说的语言。对拉康来说，语言的运行如同电话交换系统，或者是自控机。这样的机器自动运行，至于什么东西会经由它的通信线路被传递过去，那都无关紧要。1955 年有几个月，研讨班的记录显示，拉康的论述把班上的学员弄得晕头转向，因为他用自控机的术语彻底挑战了所有人的语言观。拉康真的是在说语言吗？研讨班的成员犹豫踟蹰，跟不上拉康的思路，尤其当他要求他们使用数字和图表去思考语言的时候。有一度，拉康失去了耐性，他连连抱怨道：“那我们就不要深钻这些奥秘了。一个人可以把马拉到水边，但总不能强迫它喝水，我们还

1. 拉康：《电路》（*The Circuit*）。

是不要让这种练习造成你们的反感。”[1]

很明显，大家还是听不懂。没办法，拉康决定在研讨班结束前的讨论中做一次讲座，题目叫《言语在何处？语言在哪里？》根据雅克－阿兰·米勒（Jacques-Alain Miller）的整理稿，这个讲座在1955年6月15日举办。经过一番热烈的讨论后，有些研讨班的成员似乎还是无可挽回地晕头转向，他们不懂拉康想做些什么，他使用的“言说”和“语言”究竟是什么意思。拉康说：

> 我们要用纯形式化的数学符号来阐明语言现象，这是我把控制论放进研讨班议程里的原因之一。用数学符号表示词语，就是以最简明的方式表明：语言完全独立于我们而存在。数字具有绝对的性质……所有这些符号都以各种方式在普世的通用机器里运转，比你们所能想到的任何东西都更具有普遍性。我们不妨想象有无数的层级，供这些符号在其中运转、循环。符号的世界运转自如，它本身不带任何意义。我们赋予其意义的时刻，就是我们让机器停运的时刻。这些时间上的停顿是人为的干涉所致。如果机器出了问题，那么歧义就会出现，其中有些歧义难以澄清，但人最后总要给其赋予意义。[2]

这是一场有关心灵机的有趣讨论，接下来，就是拉康跟雅

---

1. 拉康：《奇数或偶数？超越主体间性》（*Odd or Even? Beyond Intersubjectivity*）。
2. 拉康：《言语在何处？语言在哪里？》（*Where Is Speech? Where Is Language?*）。

克·里格的一段引人注目的对话，里格是来参加那一天研讨班的数学家。拉康和里格讨论到的问题有：机器能做什么？机器不能做什么？机器和机器之间能不能共享通用符号？如此等等。拉康在回应里格的问题时，说到二进制码 1 和 0 是普世的通用符号系统，他对比了这个系统和历史上出现的个别语言（如法语）有哪些不同，并批评了研讨班的有些成员总是将语言作为思维的框架。拉康说："如果我们为机器配备正确的程序，二进制码在机器里的循环就能让我们发现以前未公布的素数。而在机器里循环的素数与思想是毫无关系的。"[1] 这句引文的意思是说，完成思维过程的是无意识，不是言说的主体；无意识玩的是机遇游戏，遵守的是给定的组合规则。从思维机里出来的东西，就像素数一样，只不过反映了符号游戏的运作方式。由此可见，拉康的心灵机严格复制了控制论者所说的神经网络。他间或提到意义或"歧义"的突发，及其与电路暂时中断和出错的联系，这说明，拉康对控制论者的神经学研究相当熟悉。比如他说，记忆是某种讯息"在神经系统的毫末端"运转，这实际上是在引用约翰·扎卡里·杨的话——就如同他引用香农的话而没点明是香农的观点一样，拉康也引用了约翰·扎卡里·杨研究章鱼神经系统的成果。[2] 当然，电子系统和生物系统都会发生堵塞，电路会出故障，因此，拉康谨慎地指出，信息的流通并不意味

1. 拉康：《言语在何处？语言在哪里？》（*Where Is Speech? Where Is Language?*, p.286）。素数是不能被除了 1 和它自身之外的任何正整数整除的数，如 2、3、5、7、11、13。这一引语说明拉康了解到，1951 年后，人们开始用计算机加快发现更多的素数。

2. 拉康：《电路》（*The Circuit*）。

着“人与人之间发生了什么重要的事情。信息的流通关涉沿途的电缆里通过了什么，什么东西可以计量。只有当通信系统失灵时，我们才开始问信息跑到哪里去了，或者信息没有到哪里去，等等”。

经由拉康，弗洛伊德提出的自动重复机制开始获得控制论的含义。我们从下一段引文能更清楚地看到，拉康所谓符号界是如何运行的，并且看到在探索无意识的过程中，精神分析和控制论在什么地方交汇：

> 什么是机器内部的讯息？它存在于开与合之间，是与非之间，就像电灯开关一样运行，讯息由此而清楚表达出来，讯息和符号里的基础性二元对立一样，属于同一阶位。在任何给定的时刻，这个不停运转的东西要么开启，要么不开启，它势必都要运行。它随时准备给出回应，并以回应的方式完成自身的运转，也就是说，不停运转中的讯息不再是独立和封闭的回路，而是进入事物的总体运转。这一点和我们通常说的 Zwang，即强迫性重复（compulsion to repeat），就很接近了。

这里的 Zwang 是德语词，意思是“强迫”，特指弗洛伊德的概念 Wiederholungszwang，拉康把它解释为强迫性重复，有时用其法语译文 automatisme de repetition（自动重复机制）。[1] 饶有趣味的是，拉

1. 拉康好几次在不同的语境下强调强迫性重复这个概念的力道，如《弗洛伊德、黑格尔与机器》（*Freud, Hegel, and the Machine*）、《教师要注意的一些问题》（*Some Questions for the Teacher*）。

康在 1966 年正式出版的《〈窃信案〉研讨班》中，就从这个概念开篇。但拉康在弗洛伊德原来概念的基础上做了再加工，他把自控机的神经网络通信的随机过程引入了精神分析学。自控机是以二元码开合自动运行的机器，这为精神分析学家了解无意识提出了什么新的见解？无意识究竟是怎样运作的呢？拉康说："作为主体的个体，人不可能不在无意识中把自己纳入思考，难道不是吗？"他接着又说："弗洛伊德的经验所发现的最突出的现象之一，正是这样的无意识机制。"[1] 拉康所说的"弗洛伊德的经验"，指的是什么？

所谓"弗洛伊德的经验"，它自然包括弗洛伊德本人对自我的探索，主要是问一个人能不能随机说出一个数字，这个过程是否能暴露出自己的无意识是如何运作的。我在分析弗洛伊德的《日常生活的精神病理》以及荣格和布洛伊勒的语词联想游戏时，已经论述了与之相关的主题。拉康回到弗洛伊德，是要重新思考"弗洛伊德在《日常生活的精神病理》一书的末尾提起的那个奇怪的游戏：他要求接受治疗的病人任意说出一个数字来"。一个人真的可能任意地说出数字吗？弗洛伊德的回答是"不可能"。为什么？因为一个人虽然可以任意说几个数字，或者心里想几个数字，但由于无意识的运行机制，涌入脑际的东西不可能是完全任意的。拉康为"弗洛伊德的经验"提出了随机率的解释，他说，"涌入病人脑际的联想揭示出一些意义，这些意义与他的记忆和命运一道回响。从概率的视角看，他所做的选择大大超乎我们从纯粹偶然中所期待的结果"。这个控制论的无意识观

1. 拉康：《衡稳与坚持》（*Homeostasis and Insistence*）。

点成为拉康批判黑格尔、梅洛—庞蒂和现象学家的出发点，他的批判要点是，这些哲学家始终抓住意识的核心功能不放。这才是拉康思想转型的真正标志，从这时起，他从黑格尔主义转向了控制论，而不是转向语言学。如果我们强行把拉康的符号界和索绪尔的语言观挂钩，那就会犯一个严重的错误。

拉康一直在坚持唯物主义的语言观，这个语言观植根于那个时代的技术发展。基特勒也是这样评价弗洛伊德的，他说，弗洛伊德那个时代的信息机器走得多远，他的唯物主义也能走多远。比如，弗洛伊德曾用留声机唱片上的声槽，去构想精神分析的数据储存。[1] 对于拉康来说，信息机提供了其他一些更有创意的可能性，比如，一方面，信息流通并不意味着人和人之间在发生交流，它仅仅在刺激大脑神经网络的随机过程；另一方面，根据熵率的法则，一切机器都有停机的趋势。拉康说，有一个词能描绘这样的停机，“心理学里用美国人的词 jam（堵塞）。在此，混乱首次作为基本概念出现。混乱的倾向在通信中表现为通信的停止，也就是不再传达任何信息”[2]。香农把这种倾向命名为“熵”，拉康对此有所了解，而他自己则发展出一个符号界的理论，以图重构交流和非交流的意义，他把这个叫作“人的等待”，它必定发生在人类文明的时间进程之中。

1955 年 6 月 22 日，拉康的公开演讲总结了一年之久的研讨班。他的演讲题目是《精神分析与控制论，论语言的性质》。法国精神

---

1. 基特勒：《文学、媒介和信息系统》（*Literature, Media, Information Systems*, p.134）。
2. 拉康：《电路》（*The Circuit*）。

分析学会安排了这次特别演讲，把它纳入学会的“精神分析与人类科学”系列。这个演讲系列此前还邀请过列维-斯特劳斯、伊波利特、梅洛-庞蒂，还有本维尼斯特。拉康的演讲首先围绕二元符号的符号界展开，他说二元符号的符号系统可以被发展成一种普世语言，因此需要把这个系统与思想、意涵、言说和词义区分开来。他接下来讨论机会博弈、决定论和控制论，否认精密科学和实在界之间有任何联系。他指出：“牛顿系统和爱因斯坦系统总结出来的小小的符号游戏，它们最后与实在界几乎没有关系。科学把实在界压缩成几个小小的字母，成为一束公式而已，从后世的眼光来看，这一切都像一首令人震惊的史诗，但就像任何史诗一样，它也终将会短路。”[1] 拉康的这些批评肇始于他对时间计量的提问：自从 1695 年那座完美的等时时钟（isochronic clock）被人发明出来，就开启了所谓“精密宇宙（universe of precision）”的前景。沿着海德格尔的理路，拉康认为，精密宇宙是一个假设，这个假设就体现在工具本身。既然工具的构造已经证实了假设，那么实验就不必进行，因为工具有效的事实已经证明了假设。拉康说，精密科学是从实在界那里借过来的时间单位，但实在界是什么？拉康解释道，“实在界是人在期待中不断出现的事物”，或者说它是“总在同一地方出现的事物”。[2] 换言之，科学家们只能发现其工具允许他们发现的东西，科学家就以这种方式与大自然达成仪式化的邂逅，或者说是他们和大

1. 拉康：《精神分析与控制论，论语言的性质》（*Psychoanalysis and Cybernetics, or on the Nature of Language*）。
2. 同上。

自然的约会，尽管科学家自然观的界定方式，也同样受制于科学家与大自然“约会时出现的事物”[1]。自从概率的算法被发明以后，人与大自然的约会就变成了机会博弈。也就是说，“从前的科学发现总是在同一地方出现的事物，现在取而代之的科学是发现不同地方之间的组合云云”[2]。拉康的这个观察十分重要，尤其当他提到科学家与大自然的约会的时候。他说的是，科学家很善于运用符号的游戏，进行机会博弈的运算。学者马克・泰勒评价拉康说，他的实在界是对事物的极端异质性的认可，它从根本上属于神学范畴。[3]

对于拉康来说，控制论具有革命性，因为“所有过去与数字科学（science of numbers）相关的东西都被它转化为组合科学”。它意味着，符号世界中的各种偶然和复杂的重叠交叉，都可以按照在场和不在场的对应关系被重新组织起来。拉康说，有了控制论以后，符号就体现在机器之中，由机器把实在界和句法关联起来。他说的句法和我们通常说的语法毫无关系，它仅仅是 0 和 1 的组合逻辑。在讲座结束的地方，拉康戏仿海德格尔：“人不是这个远古的、原始语言的主人。”恰恰相反，“人是被抛入语言、被交付给语言的，人被深深地卷入到语言机器的齿轮之中”。[4]

从这里出发，拉康把现象学和格式塔研究归为地位较低的心像

1. 拉康：《精神分析与控制论，论语言的性质》（*Psychoanalysis and Cybernetics, or on the Nature of Language*）。

2. 同上。

3. 马克・泰勒：《祭坛性》（*Altarity*, pp.93–94）。

4. 拉康：《精神分析与控制论，论语言的性质》（*Psychoanalysis and Cybernetics, or on the Nature of Language*）。

界，因为在他看来，现象学和格式塔研究总是抱住“优雅的形式”不放，忽略了控制论的真相，这个真相就是“人并不是自己房屋的主人”。他由此公开挑战梅洛-庞蒂，就像他1955年1月19日在研讨班上所做的那样。但拉康不是唯一挑战格式塔研究的人，根据历史学家史蒂夫·海姆斯在《控制论小组》一书里的记载，格式塔创建人沃尔夫冈·柯勒（Wolfgang Kohler）也曾经受邀出席控制论者的梅西会议。在会上，柯勒和控制论者有一番引人入胜的交流。其中一位控制论者向他直接发难，问道：“你们的研究成果是不错，但你们是不是把基督教神学藏在里面了？”[1]维纳倒没有像拉康那样贬低格式塔研究，不过他始终和这一类的研究拉开很大的距离。[2]

控制论和博弈论当然有其极不光彩的一面，对此，拉康是不是有所了解呢？比如，在冷战期间，控制论和博弈论在美国主宰的世界中始终扮演着一个什么角色？答案是，拉康不可能不知道。他在上面提到的公开演讲里就试图对这种危险做出判断，主张提出正确的思想评估。他说：

> 原创性，它是以控制论的形式出现在人世的。在这个前沿，我努力把原创性和人之等待放在一起看。如果经扫描相会的组合科学为人所注意，那是因为这种科学与人息息相关。这一科学产生于机遇博弈，并不是无缘无故的。博弈论，它关系到我

1. 海姆斯：《控制论小组》（*The Cybernetics Group*, p.235）。

2. 维纳：《控制论：动物和机器的控制和通信》（*Cybernetics: or Control and Communication in the Animal and the Machine*, pp.31–32）。

们经济生活的各种功能，关系到联合与垄断的理论，关系到战争的理论，这也不是无缘无故的。没错，作为某种博弈，战争本身脱离了实在界。博弈，这个词不止用于机遇博弈，它还出现在许多不同的领域，这都不是无缘无故的……说到这里，我们就开始接近于我开讲时提出的那个核心问题：无意识的机遇是什么？在某种程度上，这个问题是人之为人的根本所在。[1]

的确，我们需要追问，控制论到来之后，无意识的未来是什么样子？拉康认为，这才是核心的问题，因为无意识的机遇和我们人类的未来息息相关。这不是说垄断和战争就不重要了，这一切绝对重要，尤其是当垄断和战争也成为博弈，脱离了实在界。现代的垄断和战争依靠的是机器，是依靠机器进行博弈，这一点我们是无法回避的。拉康对于控制论无意识的根本洞察也在这里。他所谓"人之等待"强调了时间元素，这也是影响我们思考的一个因素，因为在思考语言、心灵和机器之类的问题时，我们的想法在控制论出现之前和它出现之后，已经变得完全两样。既然如此，在控制论到来之后，语言理论或无意识理论难道会原封不动吗？答案是，当然不会。符号界是拉康本人的原创概念，其原创性就寓于"世上发生的事情"的时序里。

1. 拉康：《精神分析与控制论，论语言的性质》（*Psychoanalysis and Cybernetics, or on the Nature of Language*）。

第五节　寄回发送者

总之，拉康在他举办多年的系列研讨班里重新思考弗洛伊德的理论。在此期间，他与美国博弈论、控制论和信息论的邂逅成为核心的事件。雅各布森曾经也试图把信息论融入他在20世纪50年代的语言学研究，但我们把他对语言结构的论述拿来和拉康的符号链（symbolic chain）概念稍做比较，就会看到，拉康对符号界的研究根本走向了非语言学的语言观。他采用这样的方式对弗洛伊德的无意识概念做出了新的阐释，把我们的注意力转向数字媒介里的控制论无意识。无论我们如何看待这项研究，我们都不能不承认拉康为精神分析理论所做的贡献，它相当于数学家在用博弈论给经济学的转型所做的贡献。拉康后来在1971年的一次研讨班上，试图纠正研究界对他广泛的误解，他说："我写下来的是无意识的字母实例（instance of the letter），我从未说过无意识是所指的实例（instance of the signified），这不是随便说的。"[1]

几十年来，大西洋两岸的文学批评家始终没有认识到，拉康对控制论无意识的重要研究竟然藏匿在光天化日之下。1966年刊行的《拉康文集》虽经过授权，但它成功地掩盖了一个事实：拉康有关这个话题的文本不是唯一的，他围绕这个问题举办的研讨班也不

1. 拉康：《书写和言语》（Writing and speech, *in Le Séminaire livre XVIII: D'un Discours qui ne serait pas du semblant*, p.89）。

止一次。我们在检视拉康研讨班的文本演变过程时，这一点尤其清楚。拉康后来为自己的文集重写了部分章节，对 1954—1955 年系列研讨班的记录稿做了大量的删节和改写。重新订正的版本最终在 1978 年刊行。拉康在这些文稿中，反复提及熵率、反馈、心灵感应术、战争和控制论机器，这本来都是很有启发性的，却没有引起学者们的注意。就好像拉康的研讨班在美国和法国之间穿梭往复，如同一封从未开启的信，与爱伦坡笔下的《窃信案》(经波德莱尔译成法文）不无相似之处。拉康的这封信打上了印刷时代的印记："退回原址（return to sender)"。一封从未开启的信，它的跨洋之旅证实了拉康的另一个论述：能指的运转不可能让语义到达它的目的地。那么，我们应该如何理解这封信的旅行？如何把握能指的辩证运动的游戏？为了得出正确的答案，我们有必要把法国的结构主义和后结构主义理论放回其历史语境之中，重新理解这些理论的跨大洋和跨语际的锻造。

爱伦坡小说《窃信案》的原作在跨大西洋旅行期间，早就受到法国现代主义作家的青睐。不过，自从 19 世纪中叶这篇小说首次被波德莱尔译成法文，爱伦坡首次被介绍到法国之后，百余年来，法国和美国的批评界对爱伦坡的文学地位评价不一，始终有争议。我在这里不去奢谈爱伦坡的经典地位，那是美国文学研究者的事情。我想说的是，到了 20 世纪 80 年代，围绕拉康对《窃信案》的解读，美国和法国学界之间的"爱恋纽带"演化成十足的"自恋"，我是说，从拉康的心像界的角度来看，这种自恋一叶障目，掩盖了所有其他的东西。在一定程度上，拉康本人也要为狭隘的精神分析文学批评承担一部分责任，因为他在1966年授权的《拉康文集》里，曾把《〈窃信案〉研讨班》作为开卷第一篇收入，让其成了权威的定本。[1]

《〈窃信案〉研讨班》一文的修订从拉康1955年对爱伦坡的小说《窃信案》的解读开始，经历了一系列复杂的历史演化，这一点我们从几个版本的修订就可见其一斑。拉康本人并不热衷于刊布他的研讨班记录，但迄今为止，至少有三个已出版的版本执着于此，这还不算各种已出和将出的外文译本。第一版是法文版的《〈窃信案〉研讨班》，发表在1956年第二期《精神分析》（*La Psychanalyse*）学刊上，里面包括了1954—1955年各届研讨班主要议题的简要介绍，还有拉康对字母和数字序列、控制论，以及机器的论述。这篇文章的增订版及其提要在1966年被收入《拉康文集》，其中包括拉康本人写的"后续说明"，这个说明放在文章的数学图表之前。拉康在其"后续说明"中解释说："对于那些想要从这里感受到研讨班氛围的读者，我在推荐这篇文字之前想要警告他们，写这个说明是为了引出在它之前和在它之后的文本的导读。"这里的"导读"指的是《〈窃信案〉研讨班》一文里最难读的部分，其中就包括拉康在研讨班里详细解释数学和表意符号练习的部分。拉康显然已有预感，读者肯定要跳过最后这个难读的部分，因此他接着又说："人们通常不会听我的建议，因为克服障碍是一种品位，它毕竟只是存在之不懈努力的装饰而已。"[2]

---

1. 拉康不顾编辑弗朗索瓦·华尔（François Wahl）的反对，坚持要把《〈窃信案〉研讨班》（*Seminar on "The Purloined Letter"*）放在卷首。

2. 拉康：《〈窃信案〉研讨班》（*Seminar on "The Purloined Letter"*）。

收入 1966 年版《拉康文集》的《〈窃信案〉研讨班》一章另有一个英文版的节译，在 1972 年的《耶鲁法国研究》期刊上刊出。不知什么莫名其妙的原因，这个英文版本把拉康的“导读”完全省略掉了。但 1954—1955 年研讨班的记录原稿，终于在 1978 年刊布，由雅克－阿兰·米勒题名为《拉康的研讨班》第二卷（*Le Séminaire livre II: le moi dans la théorie de Freud et dans la technique de la psychanalyse，1954—1955*）。这本书由西尔瓦娜·托马塞利（Sylvana Tomaselli）最早译成英文，在 1988 年印行，由约翰·福里斯特（John Forrester）提供详细的脚注。正如本章所示，这个 1978 年刊布的整理稿清楚地表明，拉康在 1955 年 3 月 23 日至 5 月 11 日期间，不止一次地在研讨班上讨论《窃信案》。《拉康文集》里由拉康授权出版的《〈窃信案〉研讨班》那一章，一直到 2002 年才由布鲁斯·芬克翻译出版了权威的英译本。从那时起，《〈窃信案〉研讨班》以其全貌开始进入了英文世界。

由于这些不同版本之间差异太大又太多，因此，我们不能不思考，理论家长期以来对拉康提出的符号界概念和无意识概念的论述究竟是不是可靠。此外，《〈窃信案〉研讨班》一文的编辑整理、出版和翻译的历史，还给我们提出一个更大的问题：既然拉康符号界的概念出自控制论和信息论，既然这两种理论都起源于美国，为什么大多数理论家在大谈后结构主义的时候，把它称为法国理论，完全忽略了美国理论和法国理论之间的互动呢？

学者约翰·福里斯特为我们提供了一个比较合理的解释。他说，杰弗里·梅尔曼（Jeffrey Mehlman）1972 年为《耶鲁法国研究》

期刊翻译的是一个节译本，“所以英国读者和美国读者阅读的拉康研讨班资料，就完全脱离语境，看不到拉康论述重复、机器和控制论的话题”[1]。诚哉斯言。我们现在发现，在跨语际的再复制中，人们对拉康的文本诠释遮蔽了一个公开的秘密，这个秘密就是，控制论为拉康解读爱伦坡小说提供了基本的框架，而我们迄今所读到的拉康却不带任何控制论的痕迹，因为控制论早就被抹得一干二净。但英译者梅尔曼恐怕不能为所有脱离语境的拉康解读负责，为抹掉控制论的拉康阅读负责。我们不要忘了，英美学界大部分后结构主义的拉康研究者都懂法语，他们所依赖和查阅过的至少是三个法文原版中的一个原版。一个比较难以解释的现象是，德里达在其《真相提供者》（*The Purveyor of Truth*）一文里细读了（法文版）拉康对爱伦坡小说的解读，他的批评相当细致；芭芭拉·约翰逊在她的《参照框架：坡、拉康、德里达》（*The Frame of Reference: Poe, Lacan, Derrida*）一文中针对德里达对拉康的批判做出了有力反驳。这两位理论家都读的是拉康的法文原版著作，而他们却以各自的方式，只字不提拉康在研讨班上讨论自控机、博弈论和信息论的事，而我们已经看到，自控机、博弈论和信息论的讨论贯穿了拉康那一年的研讨班。这里除了暴露了跨大西洋的能指“游戏”无比盲目，还提出一系列需要我们思考的问题：文学理论的政治无意识是什么？跨大西洋的能指游戏是不是和学科与学科之间的壁垒有关？它是不是和

1. 约翰·福里斯特：《精神分析的诱惑：弗洛伊德、拉康和德里达》（*The Seductions of Psychoanalysis: Freud, Lacan, and Derrida*, p.339n72）。

这些壁垒的复制和监督有关？拉康一辈子都在努力打破学科壁垒，这真是鲜明的对比。

最后值得一辩的是，拉康的教学风格与其说是“晦涩”，不如说是力求“准确”。字母、数字和表意符号在他的理论中享有绝对优先的地位，是因为他对语言和符号的理解是控制论式的，而不是语言学式的。如果我们不熟悉信息论和控制论思想的基础知识，那么，拉康的教学就不那么容易弄懂。这当然不是说，我们必须赞同他的观点。需要看到的是，拉康与当代理论的发展是一个辩证的关系，他从未不加批判地接受任何理论。拉康借用和反思了吉尔博的研究成果，并通过考察当代诸多理论的发展，揭示出战后世界秩序中的控制论无意识。他的理论创造说明，在当今世界的生存博弈中，根本不存在什么自由发挥的能指游戏。我们身处文科领域，但不能一如既往地认为自己有特权对语言和文本自由发挥，同时也不能对联网机器、代码和生成语言、文本的机器视而不见，或者束手无策。我们的理论话语不能回避这个时代的符号界，也不能回避世界上偶现的原创性或新事物。我们这个时代的新事物就是即将到来的弗氏人偶。在第五章，我会就这个主题展开探索。

第五章

弗氏人偶

几乎每次在读者眼前展开的都是木偶戏。木偶有真有假，可能表现真实生活或虚拟生活，但无论真假，它都由高高在上、反复无常的后台人操纵。木偶线紧绷、弯曲，甚至搅成一团，舞台场景既集中又分散，叙事既展开又被悬置。正当读者紧随眼前展开的场景时，他突然意识到，表层结构裂开，文本下滑，钻进地下，而另一些文本则被抬高到天上。在某些时候，看似科学的东西，在另一个时候就很像虚构小说。

——埃伦娜·西苏：《小说及其幻影：读弗洛伊德〈恐惑心理〉》

人有攻击性，有自恋情结，关于这一点，拉康做过很多研究。他说，人的心理本初就处于分裂状态，人在每时每刻“都以自杀的方式理解世界”[1]。拉康想要揭示的心理真相一方面是自我与空间的关系，另一方面是自我保护的本能，这两者永远处于紧张之中。由于人的自我保护本能经常不得不让位于征服空间的强大欲望，于是就开始出现一种病态文明，弗洛伊德把它叫作“死亡驱力

1. 拉康：《精神分析里的攻击性》（*Aggressiveness in Psychoanalysis*）。

（Todestrieb）”，拉康举出的具体例子有“突击队、战斗机、降落伞、特战队”等。但是我们还要追问，弗洛伊德为什么觉得“死亡驱力”这个概念是有必要的，为什么要把它与人的爱欲（被称为 Eros 的爱神）和生命本能相提并论，并与之相对立？甚至还把它当作人最基本的本能之一呢？一句话，弗洛伊德笔下的死亡驱力究竟是什么东西？

死亡驱力是弗洛伊德最富有争议的假想之一，它与热力学第二定律中的“熵”有直接的联系。欧内斯特·琼斯说过，弗洛伊德提出死亡驱力的假想，意在确立古斯塔夫·费希纳（Gustav Fechner）[1] 稳定原理（principle of stability）和热力学第二定律的关系。[2] 在《超越快乐原则》（*Beyond the Pleasure Principle*）和《文明及其不满》（*Civilization and Its Discontents*）等著作里，弗洛伊德力图解释他所观察到的一切有机体走向平衡和毁坏的趋势，他把这个倾向命名为死亡驱力。[3] 众所周知，在热力学中，一个封闭的系统自然会趋向于衰减，达到平衡和不可逆状态，这种趋势是通过“熵”来衡量的。“熵”是一个数值，它等于热量除以温度。热力学第二定律规定了封闭系统里能量的流向，热能总是从热的物体流向冷的物体。这就是说，除非外部力量施加影响，封闭系统里的能量总是要递减的。

---

1. 古斯塔夫·费希纳（1801—1887），德国哲学家、物理学家，心理物理学的主要创建人，著有《心理物理学纲要》《美学导论》《论心理物理学》等。——译者注

2. 欧内斯特·琼斯：《弗洛伊德传》（*The Life and Work of Sigmund Freud*, p. 276）。

3. 弗洛伊德把死亡驱力和强迫性重复连在一起，把它描绘为“有机体固有的恢复先前状态的冲动”。参见弗洛伊德：《超越快乐原则》（*Beyond the Pleasure Principle*, p.36）。

弗洛伊德提出死亡驱力的假设之后，欧内斯特·琼斯当年就对其表示过质疑，但是，琼斯用来质疑弗洛伊德理论的依据，同样也来自热力学第二定律。琼斯说，由于生命体不是封闭的系统，它总是从外部吸收能量，从而获取薛定谔所谓“负熵（negative entropy）”，因此，在琼斯看来，弗洛伊德把熵和死亡驱力相提并论是不成立的。1931 年，《国际精神分析杂志》（*International Journal of Psycho-Analysis*）展开了一场有关死亡驱力和熵的论战，参加辩论的不少精神分析学家都赞同琼斯的上述观点，但论战并没有以令人满意的方式解决争议。[1] 自此之后，死亡驱力和熵之间的关系断断续续地引起人们的关注。[2] 到了 20 世纪 70 年代，安东尼·威尔登再次发难，他用控制论的名义论述弗洛伊德的熵原理，不过，他的论述倒不是凭空联想。

威尔登指出，弗洛伊德的神经元网络理论很早就预见到了当代的模型，这就是：大脑或人是一套信息处理系统。他说弗洛伊德几乎预见到控制论的来临，只是他当时受制于两大局限，一是心理研究当时被生物能量的模型所主导，二是弗洛伊德对封闭系统和开放系统之间的差异认识不足。威尔登引用弗洛伊德自己的话，表述如

1. 关于 1931 年那场辩论，参见西格弗里德·伯恩菲尔德（Siegfried Bernfeld）和谢尔盖·费特尔伯格（Sergei Feitelberg）的《熵原理和死亡驱力》（*The Principle of Entropy and the Death Instinct*）；又见雷金纳德·卡普（Reginald O. Kapp）的《评熵原理和死亡驱力》（*Comments on Bernfeld and Feitelberg's "The Principle of Entropy and the Death Instinct"*）；亦见 L. S. 彭罗斯（L. S. Penrose）的《弗洛伊德的本能论和其他心理生物学理论》（*Freud's Theory of Instinct and Other Psycho-Biological Theories*）。

2. 如里昂·索尔（Leon J. Saul）的《弗洛伊德死亡驱力和热力学第二定律》（*Freud's Death Instinct and the Second Law of Thermodynamics*）。

下："人似乎是一台神经质的蒸汽机，在静止和狂奔之间摇摆不定，与两个相互冲突的控制系统——爱神（Eros）和死神（Thanatos），进行搏斗，天天在蒸汽机里应该添加多少燃煤的问题上讨价还价。"[1]威尔登把控制论的隐喻继续往前推进一步，说弗洛伊德对人的定义是"一个热力系统，因此不可遏制地受到'死亡本能'的熵（弗洛伊德所谓'惯性原理'）的摆布"。以上说法足以唤醒麦克斯韦的妖怪（Maxwell's Demon）或者诺伯特·维纳的幽灵了。威尔登还说，为了超越弗洛伊德采纳的经典物理学的熵原理，我们必须首先从方法论上、在能量和信息之间做出清晰的界定，也在封闭系统和开放系统之间给出清晰的界定。从控制论的角度来看，这似乎没有错，但立刻碰到一个历史事实的矛盾：香农本人不但不回避"熵"原理，事实上，他让"熵"成了自己的信息论的核心概念。我们在第二章里已经看到，香农毫不隐讳地把熵原理从热力学第二定律借过来，具体做法就是把能量（热）的计量单位转换为信息的计量单位（"比特"或二元数字）。

威尔登认识到，控制论在新兴的数字媒介里起到关键作用，这是不错的，尽管他对弗洛伊德的批评多少有点马后炮的味道，并且论证不足。如果拿威尔登和赫伯特·马尔库塞（Herbert Marcuse）[2]做一个比较，我们就会发现，马尔库塞根本没有关注到数字技术的

1. 安东尼·威尔登：《系统与结构》（*System and Structure*, p.124）。

2. 赫伯特·马尔库塞（1898—1979），德裔美籍著名哲学家和政治思想家，法兰克福学派和弗洛伊德主义的马克思主义代表人物，著有《历史唯物论的现象学导引》《辩证法的课题》《黑格尔的本体论与历史性理论的基础》《理性与革命》《爱欲与文明》《单面人》《论解放》《审美之维》等。——译者注

快速发展，而威尔登不仅关注到了，而且还跟拉康有过密切的合作，他还和贝特森等美国控制论者有频繁交往，这使威尔登和其他弗洛伊德派人物有极大的不同。[1] 相比之下，马尔库塞对精神分析理论的理解则沉浸在 19 世纪物理学的生物能量学话语里，仿佛控制论和信息论根本就不曾发生过。[2] 威尔登没有这个问题，他的局限是完全不了解香农是怎样挪用熵的概念的，结果导致了他不成熟的判断，尤其在弗洛伊德与生物能量学的关系上，以及弗洛伊德与信息论的关系上。

现在，我们回头再来看香农在 1948 年怎样将热力学的熵原理转化为信息论的概念，因为那是一个决定性时刻，决定了如何在能量和信息之间做出区分（后来威尔登也强调了这一区分）。经典的活力论曾在有机体和无机物之间划出明确的界限，进行区分——欧内斯特·琼斯当年挑战弗洛伊德的死亡驱力概念时，正是依赖于这种区分——但信息论出现以后，话语开始转型，这一转型使分子生物学走向形式主义，大大侵蚀了活力论。弗洛伊德不可能预见这一切，因此人们继续争论他的死亡驱力是不是符合热力学第二定律，继续争论死亡驱力是否与热力学第二定律有可比性，这种争论意义不大。严格地

---

1. 奇怪的是，威尔登批评拉康的语言学方法论，但他并不承认拉康对控制论的研究。参见威尔登：《系统与结构》（*System and Structure*, p.19）。有关威尔登对马尔库塞的批评，参见他所著《马尔库塞与弗洛伊德模型：能量、信息和幻想》（*Marcuse and the Freudian Model: Energy, Information and Phantasie*）。

2. 马尔库塞说："按照弗洛伊德的构想，破坏性能量的增强不会不以减少爱欲能量为代价，这两种原始冲动之间的平衡是定量的。本能的驱动力是机械式的，它是在两个对立物之间分配可用的能量。"参见马尔库塞：《发达工业社会里的攻击性》（*Aggressiveness in Advanced Industrial Society*）。

说，香农对熵原理的挪用也未必能通过热力学第二定律的检验。在类比的使用上，香农并不比弗洛伊德强很多。

对科学史家来说，人们用熵的概念计算热能，后来又用熵的概念计算信息，这两种量化之间的关系是什么，这的确是一个很有趣的问题。[1] 这虽然不是我们要处理的问题，但我们不能不问：当后活力（postvitalist）理论把有机体和无机物之间的区分模糊之后，它给数字媒介里的人机关系带来怎样的复杂变化？人的心理与自控机之间将形成一个怎样的关系？而我要强调的是，自控机恰恰就是弗洛伊德思考恐惑心理的源头。

我们还可以换一个视角来思考以上问题。在第三章里，我曾提到香农设计和制作的一台奇妙的机器，我们有理由把这台机器当作是香农对“死亡驱力”的模拟。根据亚瑟·克拉克的回忆，但凡接触到香农这台终极机器的人，即使没有经历一次彻底的顿悟，至少也会变得比往常要清醒一些。[2] 那是 20 世纪 50 年代，克拉克当年访问美国，是为了研究美国战后令全世界都叹为观止的通信技术的飞跃发展。[3] 克拉克独具只眼，善于观察细节，他写下了一些令人回

1. 有关这个问题的富有成效的分析，参见布鲁斯·克拉克（Bruce Clarke）：《从热力学到虚拟性》（*From Thermodynamics to Virtuality*）。

2. 第三章提到，香农的终极机器曾在德国展览过，此外，YouTube 视频分享平台和其他网站上也有各种各样的终极机器复制品。美国公共电视台 PBS 制作过一套《人类语言》的系列片（PBS, 1995），那里面也展示了一个香农终极机器的复制品。

3. 克拉克早在 1945 年就发表过一篇讨论技术的文章，里面提到地球静止卫星通信。皮尔斯在他担任贝尔实验室研究部副主任的时候，负责研发了第一颗商业通信卫星 Telstar 1，并最早讨论了无人值守的通信卫星，这些都对卫星研制有重大推进。参见皮尔斯、诺尔：《信号：电信科学》（*Signals: The Science of Telecommunications*, p.23）。

味的文字，我在第三章已有引述。克拉克是这样描绘他在贝尔实验室香农的办公台上看到的终极机器的：当我们按下小木盒上的开关时，“盖子慢慢开启，露出一只手，手往下探，关掉开关，随即又退进盒子。盖子‘啪’的一声合上，像棺材盖板落定，终局，嗡嗡声停止，复归宁静”。整个一幕的完成，不过几秒钟。

这台终极机器演示的是 0 和 1 的数字原理，但这个原理并不体现在其机械构造上——在某种意义上，机器人都是机械构造——而是体现在那只假手的动作上，体现在开和关之间的循环上，0 和 1 的数字原理在这里成为一个隐喻。读者应当还记得，克拉克说，那一次经历令他感到不寒而栗。他写道：“这机器有一种难以名状的凶险，它什么也不做，绝对不做，它只负责把自己关上。”[1] 一只出没的假手，它演示了极其简单的反馈机制，然而对人的心理居然造成如此大的震动。那么我们的问题就是，克拉克从香农的终极机器中获得了哪些精神分析的洞见？他的情感体验和弗洛伊德说的恐惑心理，这两者之间有没有某种内在联系？如果什么联系都没有的话，那我们如何解释克拉克的心理体验呢？是不是可以说，香农的终极机器就是一种弗氏人偶？毕竟，弗洛伊德当年对恐惑心理的思考，正是为了回应德国精神病学家恩斯特·颜池对机器人的解读。

在第四章，我们已经看到拉康如何重新阐释弗洛伊德的无意识概念，并发明了符号界的概念，这是他在与控制论、博弈论和信息论进行创造性的对话过程中产生的。本章打算重启对弗洛伊德所谓

1. 亚瑟·克拉克：《跨海之声》(*Voice Across the Sea*, p.159)。

“恐惑心理”的思考，这是为了将其与机器人、图像制作和数字媒介的近期发展联系起来思考。那么，为什么要从这个角度去重新思考弗洛伊德的恐惑论？其实理由很多，我在这里只讲其中的三个重点。其一，在视觉艺术的研究领域和后现代文化理论中，恐惑论经常被人提及，人们运用弗洛伊德的这个概念，往往是为了解释动画片和自控机如何操纵人的视觉系统和认知系统。这些学者认为，弗洛伊德所说的恐惑心理特别符合现代人的审美趣味，对我们了解现代人的审美观不可或缺。[1] 其二，这一动向表明，媒介分析似乎很难脱离精神分析学的理论洞见。既然如此，我们退一步再问，精神分析师最早提出恐惑心理的概念时，他们到底想要建立什么样的认知对象？我提的这个问题和数字媒介的研究关系很大，因为弗洛伊德最初对恐惑心理的探讨，恰恰就是围绕机器人展开的。什么机器人？就是霍夫曼的小说《沙人》里出现的机器人，弗洛伊德对这篇小说里的机器人提出了与其他人截然不同的阐释。其三，更重要的理由是，当今的机器人、数字媒介和人工智能反过来能帮助我们澄清什么叫恐惑心理，因为弗洛伊德本人对这个概念的文字解释相当晦涩和含糊。

为了重新梳理机器人与恐惑心理之间的重要联系，我们必须返回到弗洛伊德和恩斯特·颜池的争论现场。本章通过对弗洛伊德、颜池和其他理论家的重新解读，不但力求揭示弗洛伊德和数字媒介

---

1. 比如，哈尔·福斯特（Hal Foster）在《痉挛美感》（*Compulsive Beauty*）中曾对现代主义艺术进行精神分析。

的关系，而且还要深入考察人工智能领域的恐惑谷研究是从哪里来的。在本章结尾处，我还将评估弗氏人偶在人机生态的体系中到底占据一个怎样的位置，除此之外，我们有没有更好的选择？我的分析集中在 K. M. 库尔比（K. M. Colby）发明的神经症机器（Neurotic Machine）和明斯基设计的情感机（Emotion Machine）上，因为这些都是早期人工智能的研究者用来模拟各种认知行为的计算机模型。

第一节　机器人恐惑症

我们探询的出发点是，弗洛伊德当年撰写《恐惑心理》一文，主要是为了反驳德国心理学家恩斯特·颜池对小说《沙人》的解读。颜池在他发表的论文里说，人之所以会产生恐惑心理，往往是因为无法判断某个事物的真假，无法确定某个事物的意义。弗洛伊德不同意颜池的解读，他的反驳十分关键，因为我们从中可以认识到弗洛伊德自己对机器人的态度。但遗憾的是，自 1919 年弗洛伊德发表《恐惑心理》一文以来，有关的研究文献虽然车载斗量，但都偏偏忽视了弗洛伊德对颜池的反驳，将其长久遗忘。我们在大多数现存的论述里看到，弗洛伊德笔下的恐惑心理很神秘，很多人将这种心理描述为某种受压抑的东西向心灵的回归。他们最喜欢引用弗里德里希·谢林（Friedrich Schelling）[1]的一句话，据说恐惑心理就是"本来应该属于秘密和隐藏的东西，却不慎浮出表面"[2]。这样的解读在弗洛伊德的理论里似乎讲得通，但其意料之外的后果是，颜池的那篇被弗洛伊德驳斥的论文《论恐惑心理》（*Zur Psychologie des Unheimlichen*）（1906）长期被遗忘，几乎无人问津。我认为，只有回到颜池的更早论述，我们才能弄清楚为什么弗洛伊德不接受他的观点。颜池的观点是，恐惑心理根植于人无法判断某个事物的真假，无法确定它的意义。[3] 学者比尔·布朗（Bill Brown）一针见血地指出："颜池的倒霉之处是，很多人熟悉他的方式都是通过一些不起眼的脚注。"布朗无疑说对了。[4] 但大多数理论家仅仅满足于亦步亦趋地模仿弗洛伊德，比如他们热衷于用词源分析进行论证。一方面弗洛伊德的确喜欢用德语和欧洲语言的词根进行论证，但另一方面他不忘强调自己的理论具有普遍性，这个理论就是，恐惑心理是一种隐秘的、却不慎被显露出来的最熟悉之物。[5]

---

1. 弗里德里希·谢林（1775—1854），德国哲学家，著有《先验唯心论体系》《哲学与宗教》《对人类自由本质的研究》等。——译者注

2. 弗洛伊德：《恐惑心理》（The "*Uncanny*"）。

3. 弗朗索瓦·梅尔泽（François Meltzer）是极少数对弗洛伊德提出质疑的学者之一。参见其文章《恐惑被误读为精明：弗洛伊德阅读霍夫曼〈沙人〉的盲点》（*The Uncanny Rendered Canny: Freud's Blind Spot in Reading Hoffmann's "Sandman"*）。

4. 比尔·布朗：《物化、再动画与美国之恐惑》（*Reification, Reanimation, and the American Uncanny*）。

5. 哈罗德·布鲁姆（Harold Bloom）称颂弗洛伊德的《恐惑心理》，称其对崇高美学的独特贡献，根本不顾颜池比弗洛伊德还要早的论述（*Agon: Towards a Theory of Revisionism*, pp.101-104）。塞缪尔·韦伯、埃伦娜·西苏（Helene Cixous）、萨拉·科夫曼（Sarah Kofman）、杰弗里·梅尔曼、尼尔·赫兹（Neil Hertz）、斯坦利·卡维尔（Stanley

长期以来，颜池的论文没有德语的重印本，英语的译文直到1997年才被发表出来。这有点奇怪。福布斯·莫洛克（Forbes Morlock）说，这种怪事有点“双重的恐惑”。他说：“被压抑的总是要回归，‘恐惑心理’里的离奇也只能回归，岂有他哉。”[1]我们需要特别强调的是，最早借《沙人》把恐惑现象和机器人联系起来讨论的不是弗洛伊德，而是颜池。颜池被机器人的心灵魔力深深吸引，他说这篇小说让人的恐惑心理油然升起，颜池对恐惑心理的理解是，人在片刻之间不能确定眼前的这个东西是活物，还是非活物。弗洛伊德本人并不否认，颜池的研究正是自己探询的起点，但他不能接受的是，颜池把恐惑现象认为是在心理上无法确定是活物还是非活物。在这个问题上，我们最好不要对弗洛伊德反驳颜池的论点仅做字面上的解读，甚至不必接受他的反驳理由，但我们不可不去追究他们两人共同的关注点在哪里。其实，他们两人共同关注的正是机器人，尤其是由机器人对人的那种模拟所造成的恐惑心态。机器人是活物，还是非活物？在如何解释人在认知判断上的不确定性这个问题上，弗洛伊德和颜池的看法既有重合，也有分歧。但无论如何，这个问题提供了一些重要线索，帮助我们了解弗洛伊德对恐惑心理的分析对于当代的实际意义，帮助我们解答为什么数字媒体里的图像、媒介和机器人会对人的心理产生如此大的影响力。因此，我们只有首先

Cavell）、玛丽亚·托洛克（Maria Torok）都各自提出对弗洛伊德解读《沙人》的评价，均有洞见。只是说到颜池时，他们都喜欢引用弗洛伊德对颜池的批评。

1. 福布斯·莫洛克：《双重的恐惑：〈恐惑心理学〉导论》（*Doubly Uncanny: An Introduction to "On the Psychology of the Uncanny"*）。

回到颜池对恐惑心理的论述，才能清楚地了解弗洛伊德为什么要关注活动人形和机器人。起码在恐惑心理这个问题的研究上，弗洛伊德从颜池那里得到的意外启发，就像弗洛伊德在图腾研究上得益于人类学家詹姆斯·弗雷泽（James Frazer）[1]一样。[2]

颜池的《论恐惑心理》为弗洛伊德研究审美与恐惑心理之间的关系定下了调子，也确定了方向。这包括弗洛伊德多次提及的机器人和神魔文学。根据颜池的推断，在引起恐惑心理的所有不稳定的心理状态中，有一种特别不稳定的心理状态有可能发展成为一种经常性的、强大的、普遍的心理效应。这种效应通常表现在，不能确定眼前看似活着的东西是不是真是活的。反过来，它也有可能导致另一种疑问，就是不能确定眼前看起来无生命的物体是不是会突然变活。比如，看见一个枯树桩，感觉它在移动，慢慢变成一条巨蟒。原始人第一次看见火车或汽船的时候，肯定会觉得它们是活的。同样，当人看到死尸，特别是死人的尸骸、头颅、骷髅和这一类的物体时，也会感到类似的心理恐惧。颜池解释说，看上去非活物的东西会让人联想到它曾经是活的，非活物里面潜隐着活的东

1. 詹姆斯·弗雷泽（1854—1941），英国古典人类学家、社会人类学家，神话学和比较宗教学先驱，著有《金枝》《图腾信仰》《图腾崇拜与异族通婚》《灵魂之工作》《信仰不朽与死亡崇拜》《自然崇拜》《人，神，不朽》等。——译者注

2. 弗雷泽认为，女人生孩子时，等待投胎的灵魂进入她的身体。灵魂来自最近的图腾中心，那是死者亡灵聚集之地。弗洛伊德批评弗雷泽的解释，将其斥为“孕妇的病态想象”。他解释说，图腾是阳刚精神的创造，意在解决俄狄浦斯情结的崇高冲突。米切尔解读弗洛伊德的《图腾与禁忌》（*Totem and Taboo*）颇有见地，他说：“弗洛伊德很快就超越了弗雷泽偶然发现图腾的记述。”[《图画想要什么：形象的生命与爱》（*What Do Pictures Want? The Lives and Loves of Images*, p.122）]。

西。被颜池归入能引起恐惑心理的非活物的类型包括：蜡像、圆形监狱、全景图。颜池尤其强调自动玩具、与人等身的机器人、能完成复杂任务的机器人，比如能吹号和跳舞的机器人，还有能自动睁眼闭眼的玩偶，诸如此类。颜池列举了不少玩偶和机器人。当然，可以归入这个类别的还应包括香农发明的会自杀的终极机器，以及当代无以数计的自控玩具，这些都货真价实地属于颜池所归类的玩偶和机器人的范畴，按理说，这些东西都能激发观看者的恐惑心态。

安东尼·维德勒（Anthony Vidler）从精神分析理论中演绎出“建筑恐惑论（architectural uncanny）”一语，正是利用这个方法去研究人的心理与空间的互动。在维德勒的论述中，人在心理上向空间组织投射的审美维度可以“消除真实与非真实的界线，挑起令人不安的歧义性，激起觉醒和梦境之间的滑动”[1]。实际上，这一描述是重申了颜池对歧义性和对认知判断无法确定的论述，再次肯定了被压抑的东西的回归，维德勒是打着弗洛伊德的旗号这样做的。[2]这似乎不可避免，很多人都不断打着弗洛伊德的旗号，一而再再而三地重复颜池的论述。而且越来越多的文化批评家在思考被日益模糊的人与机器的边界以及它的社会后果时，也无非都在做同样的事。维德勒是这样总结的：“如今，由于自控技术和生物技术、有机体和无

1. 安东尼·维德勒：《建筑恐惑论：论现代离家状态》（*The Architectural Uncanny: Essays in the Modern Unhomely*, p.11）

2. 维德勒用一小段文字介绍颜池，他不想直接批驳弗洛伊德针对颜池“认知判断的不确定性”的批评，但他显然接受了颜池的观点。参见安东尼·维德勒：《建筑恐惑论：论现代离家状态》（*The Architectural Uncanny: Essays in the Modern Unhomely*, p.23）。

机体的边界不再那么鲜明，人体本身被技术侵蚀和重塑，同时技术又入侵和渗透人体外的空间，体外空间获得了多种维度，多维的空间于是混淆了内外空间、视觉空间、心灵空间和物理空间。”维德勒用生物恐惑感和技术恐惑的说法，去解释赛博格出现后的后人类世界，后人类世界的赛博人就是依靠假体装备和假体技术生存的。这也是颜池和弗洛伊德与当代世界再次产生关联的地方。那么，颜池究竟说了一些什么？弗洛伊德为什么要反驳他呢？

颜池在《论恐惑心理》里说，机器人的形象往往引起人的心理焦虑，这是因为它横切活物和非活物的边界。这种心理现象需要一个解释，颜池给出的解释如下：

> 初看似乎毫无生气的那一团东西，突然显出内在的能量，因为它开始动了。这样的能量可能出自心理作用，也可能来自机械装置。当一个人觉得一团东西在动，但弄不清它的性质，也弄不清为什么动的时候，就会升起持续的恐怖感。如果会动的东西行动有条不紊，并被证明是有机体驱动的，那么事物的情形就变得真相大白，但接下来，人又不免担心这东西会伤害自己，妨碍自己的自由。这里无疑有一个预设的前提，就是人能不能在认知上充分把握住自己，以应对一切其他的紧张形势。此外，在相反的情形下，人也会产生同样的情绪。比如，上文描绘过的原始人，夜里第一次看见火车或看见汽船经过时，他会被惊恐不安所震动，因为机器自动行进显得神秘，节奏分明的噪声让他想到人的呼吸，那庞然大物使全然愚昧的原始人很容易觉得，他眼前是

一个活生生的大家伙。[1]

不过，恐惑心理对不同人的影响程度是不同的。颜池说，一个人如果神志不清、醉酒或迷信，那么当他看到一个柱头，或者看到油画中的人物，就会觉得这些都是活物，他会跟这个活物说话、聊天，甚至攻击它。颜池说，有理性的人（想必包括他自己）心态成熟，能比较好地从心理上防卫这样的妄想。与理性人完全不同的是儿童、妇女、原始人，以及喜欢幻想的人，他们特别容易受到这种心态的干扰，甚至相信精灵和鬼魂。弗洛伊德在这个问题上，与颜池的看法没有什么区别，弗洛伊德在他研究恐惑心理的文章一开头就坦承，他已经很久没有体验过，甚至听到过让自己感到恐惑的心态了。[2]

晚近以来，科学家设计了神经症机器，编写了计算机程序，去模拟心理理论模型，推进人工智能的事业。当科学家在这样做的时候，他们再一再二地重演同一个社会剧，即女人和心理脆弱的群体如何以非理性的方式面对智能机，面对模拟人的心理的机器。人工智能早期最著名的聊天程序是麻省理工学院的计算机科学家约瑟夫·维森鲍姆于1964—1966年编写的，这个程序叫作“伊莉莎（ELIZA）”，脚本程序名为DOCTOR（医生）。计算机程序要求与机

---

1. 颜池：《论恐惑心理》（*On the Psychology of the Uncanny*）。颜池的论文原名为“Zur Psychologie des Unheimlichen”，由罗伊·塞勒斯（Roy Sellars）译为“On the Psychology of the Uncanny”。原文载《心理神经学周刊》（*Psychiatrisch-Neurologische Wochenschrift*, pp.203-205）。关于弗洛伊德对颜池的更多批评，参见尼古拉斯·罗伊尔（Nicholas Royle）著《恐惑》（*The Uncanny*）。

2. 弗洛伊德：《恐惑心理》（*The “Uncanny”*）。

器互动的人扮演一个病人的角色，而 DOCTOR 则模拟与其互动的心理治疗师。维森鲍姆发现，那些使用他的聊天程序的人很快就在情感上陷入与计算机的深度纠缠，这件事使他大吃一惊。有一位跟随维森鲍姆工作过几个月的秘书，她明明知道那只不过是一个计算机程序而已，可是她开始与 DOCTOR 聊天的时候，马上就忘了这是一套计算机程序。维森鲍姆回忆道："她和计算机还没聊几句，就要求我离开办公室。还有一次，我说我可以给系统做点手脚，监督所有人头天晚上跟机器的聊天内容。她听后，立即排炮般指责我，说那等于是偷听他人最私密的想法。"[1] 维森鲍姆本人当然没有说，唯有女人才容易产生谵妄，但这个故事在计算机科学和人工智能领域流传很广，足以暴露这个领域的人对性别和智能的想法。其实，这个故事一点也不新鲜，它早就反映在颜池《论恐惑心理》一文里，颜池就是这样解释心理谵妄的。

心理学和精神分析理论的先驱者和执业者从来都不否认，这就是两个学科发起时的根本的社会状况。儿童、妇女、原始人和爱幻想的人，当他们的心理能量被搬到舞台上，用来表演原始心态的恐惑剧的时候，这就有效地把研究人员和研究对象分割开来，研究人员可能是弗洛伊德，也可能是颜池。比尔·布朗注意到了这种心理剧中的社会歧视，他在此基础上，深度挖掘了颜池为什么对分析活物感兴趣，并将其研究用于了解美国的种族制、蓄奴制，资本主义

1. 约瑟夫·维森鲍姆：《计算机能力与人类理性》(*Computer Power and Human Reason*, pp.6–7)。

的历史，以及人如何被物化的社会史。布朗写道："在与黑人有关的收藏中，让没有生命的藏品活起来，是重申了颜池的论点的，也因弗洛伊德的部分批评而完美地发酵。重要的不仅是无生命的东西重新复活了，还在于本体论上就有歧义的历史——（黑奴）是人还是物——这恰是被美国文化所压抑的东西。"这段话显示出，布朗明白无误地把握了颜池初始的命题——尽管颜池的社会论述被布朗不无讽刺地低调处理了。从下面的分析可以看出，颜池和弗洛伊德两人解读霍夫曼《沙人》的不同之处，这才是我们应该更加注意的，而《沙人》文本的歧义性也给弗洛伊德提供了很好的机会去反驳颜池。

根据颜池的解读，恐惑心理是将自我向客体的半意识投射的心理状态（semi-conscious projection），这个对象又以自我映射的面目，反过来恐吓自我。由于这个原因，人不总是有能力驱邪，因为精怪本来就是人自己的脑袋制造出来的。这种无力驱邪的弱点导致人虽然产生"受到威胁的感觉，但威胁的来历不明，不可解释，神秘得就像自己的心理一样"。他认为，这个弱点最容易被诗人和作家利用，他们的作品就是要激起读者的恐惑心理。颜池说，最可靠的造成恐惑效应的手法之一是将读者悬置于不确定之中，叫他无法判断他在跟谁打交道，是人，还是机器人。颜池说，"霍夫曼的魔幻小说总能成功地利用这一心理技巧"。颜池虽然在这里没有具体提到《沙人》，但他无疑在指这篇小说，弗洛伊德明眼看出，颜池文中所针对的不确定对象，就是小说里的玩偶奥林匹娅。值得一提的是，霍夫曼在他的另外一篇故事《机器人》（*Automata*）里，也有一个机械玩偶角色，那篇故事也同样提出一些令人不安的问题，这些问题都和人的恐惑心态有关，和似死又活、非活物之类的意象有关。[1]霍夫曼在那篇小说里着力描写的是机器人如何在心理上压倒了人，变得强大无比。这个机器人就是那个著名的四处巡展的“会说话的土耳其人（Talking Turk）”机器。我们不能排除一种可能性，那就是霍夫曼在写《沙人》的时候，同时也想着《机器人》。但弗洛伊德在驳斥颜池的论述时，主要针对《沙人》这篇小说。

颜池把《沙人》给读者造成的恐惑效应，归结于作者的艺术技法。霍夫曼熟练地操纵着主人公纳桑尼尔在认知上的不确定心态，而由于读者和主人公有高度的认同，他同时也操纵着读者在认知上的不确定心态，于是，故事围绕着一团疑虑展开：奥林匹娅这个人物是活人，还是一个非活物？值得我们推敲的是，“恐惑”这个词在故事里出现了好几次，每次都和奥林匹娅有某种联系，这对颜池的阐释造成一种制约。比如，当主人公纳桑尼尔狂热地爱上了奥林匹娅时，他的好友西格孟德就用这个词描绘玩偶的奇特外貌和奇怪动作，西格孟德对纳桑尼尔说：

> 但是很奇怪，我们大家很多人都对奥林匹娅做出相同的判断。对我们而言——我的兄弟，不要从坏的一面去看这种感觉——她莫名其妙地僵硬，没有灵性。她的形体对称，脸也匀称，真的，倘若她的眼睛不是完全缺乏生气，我说的是缺乏视

1. 维多利亚·纳尔逊（Victoria Nelson）：《木偶的秘密生活》（*The Secret Life of Puppets*, p.66）。

力——你可以说她是漂亮的。她的步态有点特别：她的所有动作似乎都源自机械钟表。她弹琴和唱歌简直完美得不那么令人愉快，就像从音乐盒子发出的毫无生命的声音。她的舞姿也是这样的。我们觉得奥林匹娅令人感到有些恐惑，我们要躲开她，远远的。她好像在扮演人，好像这一切背后隐藏着什么东西。[1]

我们可以大胆假设，颜池的所有想法和语言都取自霍夫曼的故事，他无非在说，恐惑感的起因是因为人处在犹豫和不确定之中，无法在活物和非活物之间做出判断。但弗洛伊德很敏锐地看出，围绕奥林匹娅是活物还是非活物的这种不确定性，其实到了故事结尾处已经得到解决。因为从故事情节的安排中，纳桑尼尔和读者已经知道，奥林匹娅是一个机器人，她身上运转的机械是物理学教授斯帕兰扎尼制造的，机器人的眼睛是科坡拉安装的。纳桑尼尔曾经从科坡拉那里买过一副望远镜，用望远镜偷窥过奥林匹娅。从这个故事情节出发，弗洛伊德开始驳斥颜池的论点，他说有必要另寻答案，否则不能解释恐惑心态的来由。

为反驳颜池对恐惑感成因的解释，反驳他用认知上的不确定去解释，弗洛伊德提出了另一种阅读方法，他的解释是，纳桑尼尔有一种眼睛焦虑（ocular anxiety），针对沙人的焦虑。[2] 弗洛伊德说，

1. 霍夫曼：《霍夫曼故事集》（*Tales of E. T. A. Hoffmann*, p.117）。英译者将 unheimlich 译成 weird 似有不妥，所以我保留了德文原词。关于这段文字的原貌，参见霍夫曼：《沙人》（*Der Sandmann*, p.41）。

2. 针对弗洛伊德反驳颜池的认知不确定，弗朗索瓦·梅尔泽有一篇有理有据的批评，参见其《恐惑感被误读为精明：弗洛伊德阅读霍夫曼〈沙人〉的盲点》（*The Uncanny*

恐惑心态和机器人玩偶没有直接的联系，他下面的这句话说得很直白："我承认，一个东西是活物还是非活物，这种认知上的不确定对分析玩偶奥林匹娅是成立的，但还有另外一些更为突出的恐惑心态，这和不确定性没有丝毫的关系。"[1] 弗洛伊德说的另一种恐惑心态是什么？他指的是阉割焦虑。他接下来论证说，纳桑尼尔害怕失明的症状，那是被压抑的阉割焦虑的替代症。纳桑尼尔从童年起就充满了被阉割的恐惧，这种恐惧的具象转移到了沙人科佩留斯和眼镜小贩科坡拉身上。霍夫曼在《沙人》故事里布置了一系列的替身，幽灵般的双重替身——从纳桑尼尔/奥林匹娅和斯帕兰扎尼/科坡拉，一直到科佩留斯/科坡拉和克拉拉/奥林匹娅等，这些多重替身为弗洛伊德的解读提供了丰富的空间。从精神分析的角度来看，弗洛伊德分析的这种平行叙事不是没有道理的。

但有意思的是，哲学家斯坦利·卡维尔在《日常生活里的恐惑》（*The Uncanniness of the Ordinary*）一文中，表达出对弗洛伊德所谓俄狄浦斯情结的不以为然，卡维尔要把恐惑心态的问题从俄狄浦斯情结的压抑下解放出来，重新回到"无法区分活物还是非活物的不确定性"之中。卡维尔这一批评似乎在呼应颜池早前的论点，但事实上，卡维尔并没有读颜池的文章，也没有去研究玩偶和机器人的世界，而我们已经看到，颜池和弗洛伊德都对机器人的世界感兴趣，虽然方式不同。相比之下，卡维尔把自己局限在如下的猜想

Rendered Canny: Freud's Blind Spot in Reading Hoffmann's "Sandman"）。

1. 弗洛伊德：《恐惑心理》（*The "Uncanny"*）。

中："人本身就很怪诞，比如，人出尔反尔，其日常状态本来就怪诞不经。"[1] 其实，卡维尔倒是应该思考比尔·布朗的意见："真正起作用的压抑可能来自外部客体世界对人的压抑，精神分析学总是不可遏制地把这个客体世界转移到个人身上。"[2]

按照米切尔的说法，生命的意象值得大家研究——这个概念不是隐喻或过时的说法，因为它要求我们通过生命本身的范畴来思考问题，因为生命本身构成一个管束其辩证关系的语义矩形：

活着的（living）	死了的（dead）
非活物的（inanimate）	非死的（undead）[3]

颜池可能很欣赏米切尔的构思，他对恐惑心态的研究也遵循类似的对立逻辑：死去的客体曾经是活体，非活物的客体从未有过生命。米切尔的逻辑架构里还包括否定之否定，非活物实体之循环往复的生命。在这些实体里，人把非活物的画像和雕塑变得人格化。霍夫曼的机器人可能属于米切尔的"非死的（undead）"范畴，米切尔写道："显而易见，意象的恐惑感就寓于'非死的'具象之中，它在普通语言和通俗叙事里起着作用，尤其在恐怖故事里起作用。此时，应

1. 斯坦利·卡维尔：《日常生活里的恐惑》（*The Uncanniness of the Ordinary*）。
2. 比尔·布朗：《物化、再动画与美国之恐惑》（*Reification, Reanimation, and the American Uncanny*）。
3. 米切尔：《图画想要什么：形象的生命与爱》（*What Do Pictures Want?: The Lives and Loves of Images*, p.54）。

该死亡的、不应该活过的东西，突然间在感觉中变得活生生。”他举的例子有演员吉恩·怀尔德（Gene Wilder）在《新科学怪人》（*Young Frankenstein*）里搞怪的恐怖和喜悦，他惊呼：“它活了！”巴赞（Bazin）镜头下的木乃伊、好莱坞对木乃伊神话回归的无穷无尽的迷恋、鬼魂的替身等“在我们的眼前或想象里兀自赫然成形”。米切尔对“非死”的解释是和“死了”相对立的，而同时“非死”也和“非活物”相对立。他这个矩阵关系和颜池说的“活物”和“非活物”之间的不确定性是不一样的。那么，米切尔提出的“非死的”概念，里面是不是包含一种截然不同的对恐惑感的解读？他的恐惑观不仅以认知上的不确定性为枢纽，而且是不是还取决于生命的意义在不同时刻的演变和分布呢？另一个问题接踵而至：“非死”的意象能不能为研究恐惑心态提供完好的精神分析学的解释呢？

我们回头再看弗洛伊德对《沙人》的细读。既然阉割焦虑造成了故事里的恐惑心态效应，弗洛伊德的方法就是逐个分析小说中的语词替代和视觉替代现象，来说明眼睛焦虑如何掩盖了更深一层的阉割恐惧症。[1] 因此不奇怪，这个神魔故事必须合乎逻辑地从纳桑尼尔的童年讲起，讲到他恐惧失明的焦虑，早年丧父，稍后与沙人这个父亲替身的相遇，此外，还有他对克拉拉纠结不清的恋情，对奥林匹娅的狂恋，直至最后陷入谵妄和疯癫的命运。不过，玩偶奥林匹娅作为恐惑的源头，并不能轻易被弗洛伊德从这个叙事里排除

1. 关于弗洛伊德与眼睛焦虑，参见马丁·杰伊（Martin Jay）：《低垂之眼：20世纪法国思想对视觉的贬损》（*Downcast Eyes: The Denigration of Vision in Twentieth-Century French Thought*, pp.332–336）。

出去，果然，她很快就在弗洛伊德的一条冗长的脚注里再度现身，脚注在文章的中部出现："这个自动玩偶代表纳桑尼尔在婴儿时期对父亲的态度，玩偶是以女性的态度对待父亲的具象。奥林匹娅的两个父亲——教授斯帕兰扎尼和眼镜小贩科坡拉——毕竟只是父亲形象的两个新版本而已，也是纳桑尼尔的两个父亲沙人科佩留斯和科坡拉的再化生。"[1]

文本分析到这里，奥林匹娅仍然驻留在纳桑尼尔童年恐惧症的深处，这和弗洛伊德分析的恐惑心态密切相关，只不过奥林匹娅如今体现的是认知上的确定性，而非不确定性。由此，精神分析指出了年轻人纳桑尼尔的阉割焦虑的真相。法国哲学家埃伦娜·西苏对弗洛伊德的直觉，尤其是他关于奥林匹娅和年轻人之间在象征层面的表现，发出如下感慨："同性恋在这个迷人形象之下回归。但是，奥林匹娅不可能仅仅作为纳桑尼尔的心理情结的象征而存在。如果她仅仅如此，那弗洛伊德凭什么不把她的舞姿、歌声、机械和技巧都放在分析里，也不进行理论提炼呢？"[2] 我认为，西苏对弗洛伊德《恐惑心理》一文的女性主义解读独具慧眼，值得我们重新予以关注。她在批评中提出一个特别引人注目的论点，指出弗洛伊德对霍夫曼《沙人》的解读里有一些奇怪的缺失，因为弗洛伊德忽略了机器人的舞姿、歌声、机械和技巧等在小说里起到的作用，而这些缺失恰好是针对中介和媒体的问题。下面我们就转向这个问题。

1. 弗洛伊德：《恐惑心理》(*The "Uncanny"*)。

2. 埃伦娜·西苏：《小说及其幻影：读弗洛伊德〈恐惑心理〉》[*Fiction and Its Phantoms: A Reading of Freud's "Das Unheimliche"* (*the "Uncanny"*)]。

第二节　媒介的心理生活

米切尔在《图画想要什么：形象的生命与爱》一书里论述恐惑心态时，写道："假如意象是一种生命形式，物体是被意象注入活力的载体，那么，媒介就是栖息地或生态系统，意象在媒介中活起来。"[1] 米切尔用生物 - 生态系统来区分图像、物体和媒介，其中媒介是关键。他所谓媒介是指把图像和物体结合起来，从而生成图画的全套的物质实践。米切尔说，人们在静止意象与活动意象之间，在无声形象与有声形象之间进行技术上的区分时，常常把生命的问题带进来。广义的动画不仅仅是某种活物的视觉符号，还常常被人们当作活物，去感知它，与它对话。这一类情形势必召回弗洛伊德所说的那个恐惑幽灵。米切尔在他的著作中，不断地使用"恐惑感"这个概念，论述各种对灭绝生命重生的幻想，或者分析当代数字化的视觉表达和虚拟视觉表达如何刺激人的行为。他写道："赞美'栩栩如生'的形象，这当然和意象创造本身一样古老，一个形象是不是生动，可能完全不取决于再现手法是否精准。绘画中的人脸'回眸'，还有全能视力的技法，使其眼光尾随我们，这种恐惑力已牢牢扎根。如今，数字化和虚拟的形象塑造已经可以模拟转脸，也可以随着观看者的动作转动身体。"[2] 当代的光学幻想善于调动恐惑心态，就像学生纳桑尼尔

1. 米切尔：《图画想要什么：形象的生命与爱》（*What Do Pictures Want?: The Lives and Loves of Images*, p.198）。
2. 米切尔：《图画想要什么：形象的生命与爱》（*What Do Pictures Want?: The Lives and Loves of Images*, p.53）。

眼中的那个玩偶奥林匹娅一样。这两种不同的例子显示，活物的媒介、面孔、身体、眼睛焦虑以及秘密机制都可以被调动起来，为叙事铺路。这是不是说，米切尔或媒介理论家对研究恐惑心理具有和弗洛伊德一样的兴趣，即所谓图像恐惑感（pictorial uncanny）呢？

米切尔对精神分析的矛盾心态使我们对这个问题的回答复杂起来。一方面，他认为精神分析学这个学科——比起所有其他学科来说——最有希望把我们带入意象生活的核心，因为它能够对人的欲望和冲动做系统周密的分析。但另一方面，精神分析所建立的欲望模型里有一些预设的前提，主要集中在意象的性质这一点上，这些前提在当代视觉文化理论家看来，不是没有问题的。米切尔指出，"经典的弗洛伊德式的态度是，意象不过是症状而已，是不能实现的欲望的替身，意象是虚幻表象，是尚待解码、尚待除媚的'显性'内容。这个虚幻的表象最终要被排除掉，好让语言中潜在的内容真正浮现"。弗洛伊德以语言为优先，拉康以符号界为优先。米切尔说，精神分析学本来是可以大有助益的，因为那里有一套完整的分析欲望的工具，但由于这个学科对意象的种种怀疑，过于强调意象和语言的对立，而不去对欲望的意象提出新的问题，因此，它就显得不那么有助益。从视觉文化批评研究的观点看问题，心像情结（imago）、自恋、认同、幻想、恋物癖的心理模型，以及意象在社会生活和心理生活里的作用，都有待深入探讨。但是，无论什么心理模型，都需要经过充分推敲，经过反复的理论论证，才有资格解释意象、物体和媒介如何影响人的心理，提出新的问题。

这一批判姿态并不意味着米切尔排斥精神分析，而是说他试图用弗洛伊德的方式重构意象和欲望的关系。这里的关键是，精神分析如何从媒介和视觉文化的革新理论里获取新的洞见，这些洞见不仅帮助精神分析学证明有关人的心理的那些预设，而且能引导我们了解意象为什么如此强大，从而在理论上做出创新。比如，在《图画想要什么：形象的生命与爱》里，米切尔从五个方面重构和表述弗洛伊德的一些范畴，让意象问题回归精神分析学的中心。第一，把图画置于心理驱力（强迫性重复、增殖和意象困扰）和欲望（生命形式的固恋、物化和屈辱）的交叉口上。第二，意象不再被简约为视觉驱力的症候（symptoms of the scopic drive），而是被当作视觉过程的模型和图式构成本身，因为视觉认知和识别本就属于社会实践。第三，意象和图画是社会生活的中心，因为它们对我们的内心提出要求，要被爱，要被欣赏，要被记住，要被恐吓。第四，虽然心像界被拉康和他的追随者贬入视觉形象范畴，主要与固恋、捆绑和虚假的自我整合意象联系在一起，但心像界常常跨过边界进入符号界，书写的图形、言语意象、隐喻、像喻或比拟就是见证。[1]（我在本章第三节还会具体解读弗洛伊德对恐惑心理的论述，借此重新考察和证实米切尔这个重要的洞察。）第五，因为力比多的对象总是牵涉到意象或图画，也总会出现有趣的对应现象，与斯拉沃热·齐泽克（Slavoj Žižek）勾勒的神圣偶像和图像实践的四重阵列相对应，如爱情对偶像，欲望对恋物癖，友情对图

1. 米切尔说，拉康所谓三界——符号界、心像界和实在界——最终交汇在图像之中，而我的理解则是，拉康只会同意一个方面，那就是符号界和心像界之间随时都在滑动。参见米切尔：《图画想要什么：形象的生命与爱》（*What Do Pictures Want?: The Lives and Loves of Images*, pp 73-74）。

腾，享乐对捣毁偶像。这个图像学观点对文化人类学构成哲学上的挑战。此外，还有一个问题有待思考：从精神分析学的角度看，力比多的对象属于死物，还是活物？这个问题看似容易，其实很难回答。因此，我们别无选择，只能拓宽并打开解释的空间，“让意象和观者之间的关系成为我们观察研究的领域”[1]。米切尔的图画理论旨在证明，图画只能靠媒介存活，只能活在媒介的栖息地或生态系统里，他预设了在意象和观者之间存在的某种关系。说到这里，恐惑的幽灵再次升起，因为在观察活物和非活物之间，观者的踌躇和认知上的不确定性，原本就是弗洛伊德精神分析的出发点，他对恐惑心态的经典分析着力处正在此 。

正是在论述动画、幻想和技术的过程中，弗洛伊德的恐惑论开始进入米切尔的研究视野。米切尔说，意象有两种基本的活的形式，这两种形式总是在活力或动感的比喻意义和字面意义之间摇摆不定。换言之，意象之所以有生命活力，那是因为观者相信它们是活的，比如哭泣的圣母雕像和不说话的偶像，这些雕像和偶像要求人们做出牺牲，或者进行道德改造。有时，聪明的艺术家或能工巧匠能让这些作品看起来好像有生命，比如，木偶提线人和口技表演者，他们只用动作和声音就能让木偶活力四射，再比如，绘画大师挥毫之间就捕捉到了模特儿的活力。米切尔断言，“意象作为生命形式，它总是在相信和知晓、幻想和技术、傀儡和克隆之间摇摆不定。这两者之间的不确

1. 米切尔：《图画想要什么：形象的生命与爱》（*What Do Pictures Want?: The Lives and Loves of Images*, p.49）。

定空间被弗洛伊德描述为恐惑感，这也是意象的最名副其实的寓所，是意象的媒介所在”。因此，恐惑感——更准确地说，颜池版的恐惑感——被米切尔放在模棱两可之间，介于相信和知晓、幻想和技术、傀儡和克隆之间。对他而言，在幻想和技术之间模棱两可的生命形式还有其他的例子，比如各式各样的机器人，以及米切尔在其他著作里经常提到的有声电影、发声的玩偶和阴险的玩偶。

在米切尔这个清单上，我还要加上香农的终极机器。香农制造了这台聪明的机器，造成了恐惑感的效应。一只机械手的手腕轻弹，模仿人的手臂运动；一只孤零零的手伸出来，把机器关上。我敢说，如果弗洛伊德、拉康和米切尔看到香农的终极机器，这个意象一定会引起他们的浓厚兴趣。

弗洛伊德在《恐惑心理》一文中明确提到被肢解的人体、重伤的头颅、从腕部剁下的手、自个儿会跳舞的双脚等，这些全都“让人不由得感到恐惑，那会跳舞的双脚更是令人惊悚，因为它们能独自活动”[1]。下面我们来继续考察弗洛伊德是如何论述恐惑心理的，尤其针对《沙人》故事里的机器人，由此进一步澄清媒介和动画在精神分析话语里的作用。稍后，我还会深入探讨机器对残肢和断体独立运动的模拟，以及弗洛伊德对机器人的浓厚兴趣。

1. 弗洛伊德：《恐惑心理》（*The "Uncanny"*）。

第三节　什么是恐惑媒介？

在霍夫曼的小说里，纳桑尼尔的媒介环境中有什么东西让玩偶奥林匹娅触发了人的恐惑感呢？米切尔说过，意象不应被简单读作视觉驱力的症候，而应该被当作视觉过程的模型和图式构成。只要意象的媒介——栖息地、生态系统和社会实践——存在，意象就会为媒介的认知模式提供一个结构。从这一洞见出发，我们就能检视弗洛伊德本人是如何处理恐惑媒介的，不但看他如何读《沙人》，还要看他在分析的过程中提到的其他例子。如前所述，弗洛伊德喜欢从语言的惯用法着手，通过作者霍夫曼的语言，解释什么叫压抑。弗洛伊德写道："我们知道，语言用法从最熟悉的地方（das Heimliche）延伸到其对立面——恐惑感（das Unheimliche），这样的恐惑感实际上既不新鲜，又不奇异，它来自内心，是很熟悉的东西，它早已扎根大脑，只是在被压抑的过程中被异化了。这种压抑的因素使我们回到谢林对恐惑感的定义：'本来应该属于秘密和隐藏的东西，却不慎浮出表面。'"弗洛伊德接下来根据权威词典，对"熟悉（das Heimliche）"和"恐惑（das Unheimliche）"这两个词根相连的词进行诠释。当然，这个方法广为人知，已有无穷无尽的论述。[1]但假如恐惑的概念来自语言，且由德语的词源学所支撑——正如埃伦娜·西苏所批评的——那么当弗洛伊德的精神分析宣称，恐

1. 塞缪尔·韦伯：《弗洛伊德传奇》（*The Legend of Freud*）。

惑感是普世的心理现象，不是任何语族所特有的现象，又当如何解释呢？[1]

所幸的是，弗洛伊德没有把自己局限在语词的研究路径上，语词只是一开始摆在他眼前的两条路径之一。另一条路径则引领他探索什么东西可能激发恐惑感，并研究“人体、物体、感觉－印象、经验和情景的种种特性”。很多东西都被他纳入视野：泛灵论、巫术和魔法、万能心学、人对死亡的态度、不由自主地重复和阉割焦虑等，其中的任何一个因素都有可能从可怕变成恐惑。弗洛伊德接着说：“威廉·豪夫（Wilhelm Hauff）的童话里被肢解的人体、重伤的头颅、从腕部剁下的手，阿尔布雷希特·谢弗（Albrecht Schaeffer）书里自个儿会跳舞的双脚，这一切都让人不由得感到恐惑，那会跳舞的双脚更是令人惊悚，因为它们能独自活动。”[2] 这几乎就是颜池自己开出的恐怖清单，但弗洛伊德断言，这一类的恐惑感和阉割焦虑是非常贴近的。

我有充分的理由怀疑，这一切和阉割焦虑关系不大，而是与弗洛伊德所说的残肢独自活动有关，也就是说，他说的恐惑感其实更接近于小说里的机器人，而那个机器人恰恰被弗洛伊德的阅读压抑了。这里不妨进一步指出，弗洛伊德笔下的残肢断体的隐喻，下意识中来自颜池对机器人的分析，也来自他自己在霍夫曼的《沙人》里读到的机器人，也就是被他压抑的机器人。弗洛伊德在读《沙人》时，不停地

1. 埃伦娜·西苏：《小说及其幻影：读弗洛伊德〈恐惑心理〉》[*Fiction and Its Phantoms: A Reading of Freud's "Das Unheimliche" (the "Uncanny")*]。

2. 弗洛伊德：《恐惑心理》（*The "Uncanny"*）。

第五章　弗氏人偶

追踪故事情节里的眼睛转喻，但他在集中分析眼睛的多重意象时，反而忽略了其他一些同样重要的阅读线索。我在这里因此要对霍夫曼的小说提出另一种解读，这个解读一方面基于弗洛伊德本人的直觉，基于他对奥林匹娅和纳桑尼尔之间互动的观察，但另一方面，我的解读将把所谓阉割焦虑，转回到机器人身上，目的不是要重提玩偶奥林匹娅是活物还是非活物的问题，或者重提颜池的那个有关不确定性的老问题，而是为了揭示纳桑尼尔的自我幻象，因为纳桑尼尔也是深藏在小说里的机器人，他的自我幻象与此有关。迄今为止，霍夫曼的读者和批评家在读霍夫曼的故事时，都没有想到从这个方向去解读。

例如，有一天晚上，纳桑尼尔忽然觉得科佩留斯就是那个沙人，那个要挖掉他的眼睛的邪恶的沙人。由此，小说展开了纳桑尼尔在童年时受到创伤的一幕：

> 他用他赤裸的双手从火中抓起烧得发光的谷粒，要撒进我的眼睛。我的父亲哀求他："东家！东家！不要伤害我的纳桑尼尔，不要伤害他的眼睛！保留他的眼睛，让他分享世人的哭泣。"科佩留斯冷笑着尖叫："我们要仔细遵守双手双脚装置的规矩。"他抓住我的手脚拼命甩，我的关节咔嚓咔嚓响，脱白了。然后他又抓住我脱白的双手双腿拧，拧过来，拧过去。[1]

至于科佩留斯在这一刻为什么改变想法，这对弗洛伊德是无所谓

1. 霍夫曼：《霍夫曼故事集》（*Tales of E. T. A. Hoffmann*, p.98）。

的问题，因为弗洛伊德在阅读《沙人》时，他一心要把人的宝贵器官眼睛和男人的阳具联系起来。但我们却不能不考虑一个细节，那就是在纳桑尼尔被折磨的那一幕里，他的手脚被扭得脱臼，而不是眼睛受到伤害，这值得我们琢磨一下。用手和脚替代眼睛！弗洛伊德显然是把纳桑尼尔当作活生生的人来解读的，竟然忽略了纳桑尼尔在童年时受到创伤的那一幕。他始终没有怀疑纳桑尼尔在这个魔幻故事里究竟是什么身份：纳桑尼尔是活物，还是非活物，抑或是非死物呢？

即便弗洛伊德可以从精神分析学出发，把独立于人体的手和脚理解为阳具的替代物，但他仍然面临一个压力，他仍然需要解释小说在最后一幕发生的那件怪事，就是纳桑尼尔从高空坠落之前，他的一只手做的是机械动作。叙事人对这个场景的描绘是这样的："纳桑尼尔机械地把手伸进裤兜，在找到科坡拉的偷窥镜后，他就转头往旁边看。"[1] 刹那间，纳桑尼尔纵身一跳，从塔上坠落下来，就如同他事先预言的那样：一个木制的玩偶，转了又转，直至死亡，好像他原来就有过生命似的。

在我看来，埃伦娜·西苏对霍夫曼的解读最精彩，因为她看出了这个志怪故事与一度在德国浪漫主义舞台上流行的木偶戏有密切的联系。在谈到弗洛伊德对霍夫曼的解读时，西苏指出："几乎每次在读者眼前展开的都是木偶戏。木偶有真有假，可能表现真实生活或虚拟生活，但无论真假，它都由高高在上、反复无常的后台人

1. 霍夫曼：《霍夫曼故事集》（*Tales of E. T. A. Hoffmann*, p.124）。

操纵。”[1] 不过，大多数批评家并不从这样的眼光出发，去了解弗洛伊德所谓恐惑心理指的是什么，他们也不曾想过纳桑尼尔才有可能是霍夫曼小说里地地道道的机器人。究其原因，可能是因为批评家喜欢盯着弗洛伊德的词源分析和词典定义不放，弗洛伊德本人无疑是这种阅读方法的始作俑者，但我在前面已经说过，词源分析仅是弗洛伊德解读霍夫曼的方法之一，而不是全部。

我们不妨换一个角度来解读《沙人》。霍夫曼是木偶的操纵者，他笔下的木偶必须挑起读者的恐惑感，或者引起类似的认知反应。在一个由机器人的媒介所构成的木偶剧场里，木偶操纵者和他的观众或者读者必须上演一场心理游戏，必须相互捉迷藏似的猜测谁是活物，谁不是活物。在这个剧场里，科学家兼炼金术士的斯帕兰扎尼 / 科坡拉制造了一个笨拙的玩偶叫奥林匹娅，但没过多久，这个秘密就被揭穿了：奥林匹娅只不过是一个木偶。那么，纳桑尼尔扮演的是一个什么角色呢？显然，我们不可能很快做出判断，他是活物还是非活物。小说模糊了机械玩偶和叙事人声音之间的界限，这种模糊给观者和读者施加了极为强大的恐惑效应。我要说的意思是，纳桑尼尔才是作家霍夫曼塑造出来的最聪明的机器人，相比之下，科学家设计的奥林匹娅比较逊色，没过多久就被揭穿了。纳桑尼尔这个小说人物塑造得如此有效、如此成功，绝大多数批评家和精神分析家——其中也包括颜池和弗洛伊德——都丝毫不怀疑纳桑

1. 埃伦娜 • 西苏：《小说及其幻影：读弗洛伊德〈恐惑心理〉》[*Fiction and Its Phantoms: A Reading of Freud ' s "Das Unheimliche" (the "Uncanny")*]。

尼尔在故事语境里的身份模糊性：他是活人，还是非死的机器人。

至于纳桑尼尔是个什么样的文学人物，大家都以为它不成一个问题，于是，怀疑被悬置起来。但弗洛伊德有一个深刻的洞见，应该对我们的理解有所帮助。他说，最让人感到恐惑的东西往往是我们最熟悉的东西，也是最平常的东西。我认为，这可能是霍夫曼小说从他的读者那里赢得的最高喝彩。小说家成功地愚弄了我们很多人，弄得我们不知道到哪里去寻找恐惑感的来源。颜池只是在字面上解读《沙人》，与其相比，弗洛伊德倒是找对了地方，他说是在纳桑尼尔身上，不在奥林匹娅身上，唯一的缺憾是弗洛伊德忽略了纳桑尼尔的身份，竟没看出纳桑尼尔也是一个机器人。但无论如何，弗洛伊德成功地把霍夫曼的小说变成了一幕精神分析剧，上演了一出有关替身、影子、压抑和双重幽灵的戏。

我认为，霍夫曼的小说对精神分析家的真正吸引力在于，它在机器人和双重幽灵的剧场里，模拟了一系列结构化场景，它也模拟和展示出残肢断体的心像情结究竟是什么。这同时也是拉康的精神分析理论要做的事。我们在上文已看到，拉康研究人的攻击性、自恋性以及内心的自杀倾向，也在进行这一类的模拟研究。纳桑尼尔的攻击性和自杀倾向都是相当完美的心像模拟——机器人最擅长的就是模拟人，纳桑尼尔这个“人物”在小说里模拟的是残肢断体的心像情结，比如机械手和机械脚，它基本符合拉康所谓“阉割、去势、断体、肢解、脱位”等。[1]

1. 拉康：《精神分析里的攻击性》（*Aggressiveness in Psychoanalysis*）。

纳桑尼尔自恋的魔幻效应说明，力比多对象具有极端的歧义性，我们在前面碰到过一个问题：“从精神分析学的角度看，力比多的对象属于死物，还是活物？”现在答案有了，我们在拉康所说的无意识的意象情结中可以得到一个解释。无意识的心像情结是一个强大的虚构体，人的心理将其调动起来组织自我，同时也组织对象形式。因此，拉康意义上的恐惑论就大大超越了颜池的论题，也就不再是活物还是非活物等认知的不确定性问题。拉康的问题是，人的心像情结和死亡驱力是怎样形成的？这对我们有巨大的启发。通过拉康，我们再回头看弗洛伊德有关死亡和压抑的洞见，就开始获得新的理解。弗洛伊德在《恐惑心理》中指出：

> 由于我们对死亡的态度经久不变，那么，我们就必须追问压抑的情况有什么变化。有压抑的地方也必然伴随着一种原始感觉，这种感觉好像总以某种恐惑的形态反复出现，但我们无法把压抑和恐惑感分开。当今受过教育的人都不再公开相信人能看见死人的幽灵，即使有人愿意相信幽灵的现身，他们也会说那种情况几乎不可能，几乎很遥远。此外，人们对死者的情感曾经相当模棱两可，也很矛盾。如今，那种情感在心理层次较高的地方已经淡化很多，化为某种虔诚的感情，那里面一点模棱两可都没有了。[1]

1. 弗洛伊德：《恐惑心理》（*The "Uncanny"*）。

这里的言外之意是，在心理层次较低的地方，被压抑的东西往往能通过心像界或其他中介，找到回归的路径。比起霍夫曼、颜池和弗洛伊德他们时代的媒介和他们想象中的媒介，我们当代世界的媒介环境已大不相同。人和机器之间的区别越来越不清楚，正因为如此，我们中的一些人开始拥抱勇猛的后人类新世纪，也有些人憎恶它。无论是拥抱它，还是憎恶它，这里的问题是，恐惑之幽灵因此会离开我们远去吗？今天的机器人、日益先进的人工智能制造，它们是不是也会引起我们的恐惑感，就像霍夫曼的小说那样呢？

人工生殖技术和克隆技术的生物学意义影响深远，也必定冲击未来机器人的演化，这一点是没有争议的。但通过分析弗洛伊德的恐惑论，我们也要看到，机器人的开发不是没有争议的。在如今被大力渲染的后人类时代，“什么叫生物？”的问题，也开始让位于另一个问题，那就是，什么是生物控制观（biocybernetical view）？这在当代科学工作里是如此，在主流的社会话语里也是如此。生物控制观无疑对恐惑心理的研究提出了新的问题。

第四节　恐惑谷猜想

如前所述，人和机器之间的动态关系一直是构成精神分析学研究的要素。弗洛伊德早年接受过神经病学培训，他对无意识的机制、照相机的暗盒，以及神秘书写垫一直保持了浓厚的兴趣，这些都涉及人机关系。弗洛伊德在《梦的解析》里说："我们需要把那些运作心理功能的工具形象化，看看心理功能的工具是不是也像复式显微镜、照相机，或者类似的设备一样运作。在此基础上，心理场域和仪器中的某个点一旦对应起来，意象的初级阶段就在这个交汇点上形成。"至于光学仪器，弗洛伊德解释道："我们知道在显微镜和照相机里，这些初级意象部分是在理想的点位上出现的，但它们出现的位置并没有任何有形的设备组件。"[1] 历史学家马丁·杰伊曾分析弗洛伊德的光学仪器的隐喻，也追溯了继弗洛伊德之后其他人使用光学仪器隐喻的情况，杰伊特别强调机器在弗洛伊德思想里的作用，这是有道理的。[2] 基特勒也有类似的看法，他说拉康把电影和心像界联系起来看。他还说，在现代社会的生态环境下，意象的演化已经变成一个媒介技术的问题，这都给我们有益的启示。[3] 由此看来，米切尔对精神分析学的批评，恐怕需要做适度的修正，比如他说："精神分析基本上转向语言，脱离了对用视觉观察症状的依赖。"[4] 这是不准确的。看来我们需要重新聚焦，把精神分析话语和心灵机器之间的互动方式作为新的研究重点。

---

1. 弗洛伊德：《梦的解析》（*The Interpretation of Dreams*, p.536）。
2. 马丁·杰伊：《低垂之眼：20 世纪法国思想对视觉的贬损》（*Downcast Eyes: The Denigration of Vision in Twentieth-Century French Thought*, pp.435–491）。
3. 参见第四章我对基特勒和拉康的介绍。我提出的观点是，拉康的符号界概念来自通信机，而非来自自然语言，如此才深刻地改变了弗洛伊德的无意识概念。
4. 米切尔：《图画想要什么：形象的生命与爱》（*What Do Pictures Want?: The Lives and Loves of Images*, p.70）。

到目前为止，在精神分析话语和心灵机器之间出现的最新进展，就是“恐惑谷”的猜想。这个猜想综合了人工智能工程师、机器人科学家和精神分析师的研究，最早是日本机器人专家森井弘在1970年提出来的。森井弘预测，随着机器人越来越像人，我们对它的同情感和熟悉度也会日益递增，但是，这种同情感和熟悉度是有限度的，这个限度就是恐惑谷，因为一旦越过了恐惑谷的限度，人就会对机器人产生负面情绪。森井弘说，技术更新会给人造假体的研究注入新的活力，使假体手指头的活动更加自如，但一不小心，那只会动的手就可能滑向恐惑谷的谷底。图22显示森井弘如何继弗洛伊德之后论证这个猜想。如图所示，森井弘把正常人放在图中第二高峰之巅，把假体手放在靠近谷底的地方，这让我们马上联想到香农的终极机器给科幻作家亚瑟·克拉克造成的那种心理冲击。森井弘说，人们对死亡的看法可以根据从第二高峰往恐惑谷方向移动的那条虚线来解释。至于示意图里的第二条线，他解释道：“我们应该庆幸，这条线深入到死尸谷，而不是到活死人（the living dead）之谷！我看这就能解释恐惑谷的神秘感：我们人为什么会有这种奇怪的感觉？这是必然的感觉吗？我尚未深入思考这个问题，但它可能对我们的生存至关重要。”[1]

1. 森井弘：《恐惑谷》（*The Uncanny Valley*, p.35），卡尔·麦克多曼（Karl F. MacDorman）、石黑宏（Hiroshi Ishiguro）译。详参附录二《用作实验设备的安卓机器人：为何会出现恐惑谷，我们能加以利用吗？》（*Androids as an Experimental Apparatus: Why Is There an Uncanny Valley and Can We Exploit It?*）。

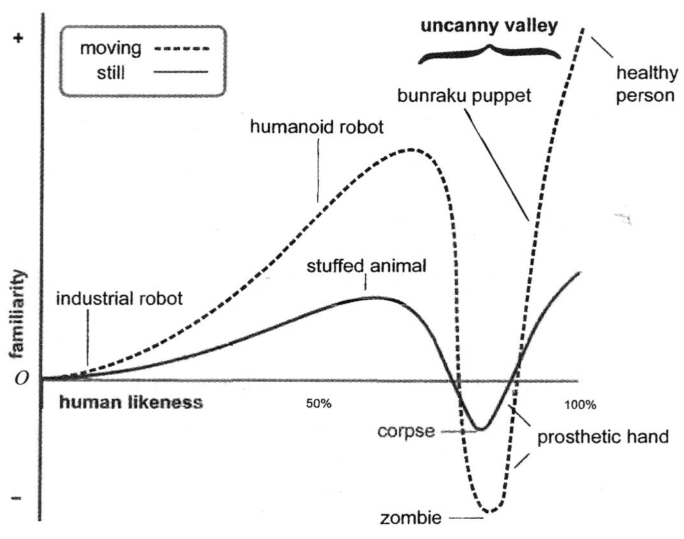

图 22　卡尔・麦克多曼和石黑宏对森井弘“恐惑谷”示意图的翻译和修正。载于《用作实验设备的安卓机器人：为何会出现恐惑谷，我们能加以利用吗？》(*Androids as an Experimental Apparatus: Why Is There an Uncanny Valley and Can We Exploit It?*)，认知科学工作坊“论安卓科学的社会机制”(2005)，参见 http://www.androidscience.com/proceedings2005/MacDormanCogSci2005AS.pdf。图片来源为麦克多曼

森井弘的猜想直接出自弗洛伊德早前对木偶、机械手、人体模型和残肢的论述。比如，森井弘拿假体手和日本文乐木偶戏中文乐木偶的手的写实效果进行对比，认为文乐木偶的手应该放在图 22 中更接近高峰的地方，原因是木偶的手不太可能被误认为是真人的手；假体手则不然，必须把它放在靠近恐惑谷的底部。他写道：“近年来，假体手改进突飞猛进，一瞥之下，我们很难将其与人的真手区

分。有些假体手甚至模仿人手的静脉、肌肉、肌腱、指甲、手指印，其颜色酷似人体色素。到了这个地步，假体手臂也许已近逼真，堪比假牙的逼真度了。”[1]（图 23 和图 24）。然而，视觉上的逼真与人体的触觉开始发生冲突。森井弘接着说：“如果我们去握一只假体手，我们就会吃惊地发现，它没有柔软的组织，摸上去冷冰冰的。这种情况发生的时侯，你不再有熟悉的感觉，这就是恐惑感。”

为了推进人工智能的工程和研究，森井弘开始重新诠释弗洛伊德的恐惑论。他把视觉外貌和触摸经验对立起来，这样的对立在对假体手的触摸中产生出所谓“负熟悉度（negative familiarity）”，这是森井弘对弗洛伊德的德语词 Das Unheimliche（恐惑感）颇有创意的翻译。他的意思是：“外貌酷似人，但如果对其的熟悉度是负面的，那人就落入了恐惑谷。”当然，森井弘的目的是要设计出不会让人落入恐惑谷的机器人和假体手，而不是为了解释弗洛伊德的恐惑论。表面上看，这是出于对死亡驱力的尊重。森井弘的英文译者卡尔·麦克多曼解释说，一个相貌令人恐惑的安卓机器人之所以给人恐惑感，是因为它让人联想到死亡。

麦克多曼做了一系列实验，去研究人的心理防卫机制如何管理恐怖，他在其中的一次实验中说，许多媒体如计算机、电影，以及机器人，都会造成类似的恐惑效果，但不同媒体的类型和不同媒体的行为所造成的恐惑效果似乎有质和量上的差别。麦克多

1. 森井弘：《恐惑谷》（*The Uncanny Valley*, p.34），详参麦克多曼：《用作实验设备的安卓机器人：为何会出现恐惑谷，我们能加以利用吗？》（*Androids as an Experimental Apparatus: Why Is There an Uncanny Valley and Can We Exploit It?*）。

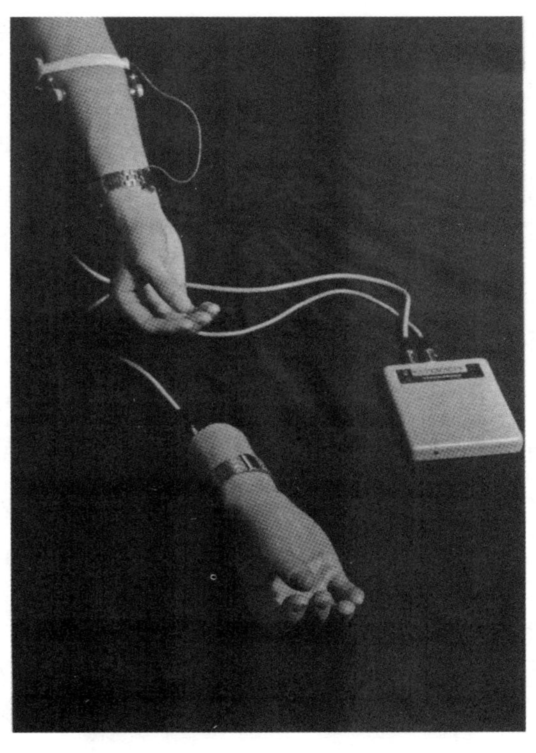

图 23　一只人手和一只仿真手。取自森井弘《恐惑谷》,《能源》(*Energy*), 1970 年第 4 期。图片来源为森井弘

曼的实验证明，人形机器人、机械机器人、纯工具机器人，这三者在恐惑效果上有质的差异，这些差异很突出，原因正如森井弘和弗洛伊德所解释的那样。[1]

1. 麦克多曼:《用作实验设备的安卓机器人：为何会出现恐惑谷，我们能加以利用吗？》(*Androids as an Experimental Apparatus: Why Is There an Uncanny Valley and Can We*

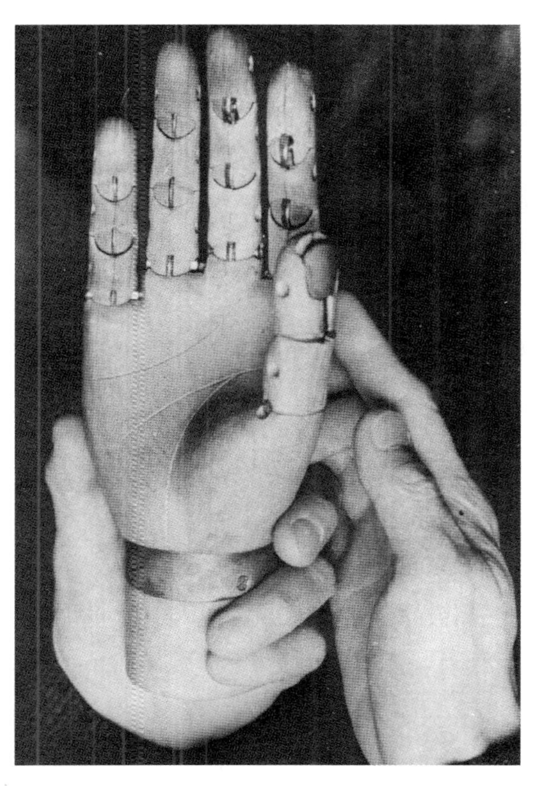

图 24 人手握着的仿真手细部。取自森井弘《恐惑谷》,《能源》(*Energy*),1970 年第 4 期。图片来源为森井弘

森井弘对恐惑心理进行重新诠释后，他这项研究带来的问题引起很大的反响，世界各地都陆续展开对恐惑谷的研究。在过去的几十年里，恐惑谷研究已经朝好几个方向展开，从机器人工程学到计算机

Exploit It?)。

游戏，还有亚文化研究。有些研究受到好莱坞计算机动画和数字演员的启发，其中有成功的，也有失败的。常举的例子有《锡玩具》（*Tin Toy*，1988）、《极地快车》（*Polar Express*，2004）、《贝奥武夫》（*Beowul*，2007），还有轰动一时的大片《阿凡达》（*Avatar*，2009）。但是，无论工程师和科学家怎样探索类人机、机器人、社交机器人对人的情感和认知的影响，有一些共同的关怀或多或少常衡不变。在最近的进展中，弗兰克·黑格尔（Frank Hegel）和他的研究团队把功能神经成像法拿来，用以研究人机之间如何互动，他们把重点放在机器人对人形体现的不同程度上。[1] 参加实验的有一台计算机、一个功能机器人、一个人形机器人，还有一个活人。他们构思的起点是，大多数主体间交流所依靠的非语言信号是靠人脸传递的，因此机器人头部的设计成为实验的关键因素。机器人的面相直接影响到人会怎么看待它接近人性的程度，这项实验说明，参与实验的活人喜欢和正面相的机器人互动，不喜欢和负面相的机器人互动，也不喜欢和负行为的机器人互动，不论这些负面感觉是来自社交层面的互动，还是来自心理层面的互动。

黑格尔的实验团队称，他们的理论假设源自弗洛伊德的恐惑理论，“其恐怖感并非来自外部陌生的或未知的东西，反倒是来自内部的奇怪而熟悉的东西，我们做了很大努力想摆脱这种感觉，但都败在它的手下”。机器人的相貌和行为越像真人，与其互动的人对它的能力的期望值就越高，结果常常是活人对机器人产生负面反应

1. 弗兰克·黑格尔等：《机器人心灵理论：功能神经成像法研究》[*Theory of Mind*（*ToM*）*on Robots: A Functional Neuroimaging Study*]。

等。弗洛伊德虽然可能会对这种实验感兴趣，但它的设计更多暴露的是科学家自己对人脑功能的看法，因为他们关注的无非是人的意图、目标、他人的欲望，或机器人欲望等，但这一切通常都是在社会场景中发生的。至于人在与机器人互动中如何产生恐惑感，这一类的实验其实没有给我们更多的启示。看来人工智能工程中的恐惑论还有待研究者采用更有成效的方式去探索。

米切尔在评论本雅明的《机械复制时代的艺术作品》(*The Work of Art in the Age of Its Technological Reproducibility*)一文时，指出了一些相关的领域，有望推进对弗洛伊德恐惑论的进一步研究。他提到，生物控制的复制技术将两种全新的形象引入数字时代。一方面，本雅明意义上的摄影师已经被虚拟空间的设计师或电子工程师所取代；另一方面，本雅明意义上的外科医生开始使用远程、虚拟的外科技术。米切尔写道："外科医生在远离病人身体的不自然的距离之外做手术，他从很远的地方——从另一间屋子，甚至另一个国家完成手术动作。医生戴着数据手套在虚拟身体上做动作，切除虚拟的肿瘤。"[1] 这只幽灵般的手似曾相识，我们在香农的终极机器上已经碰到过那只机械手，也在森井弘那里看到了机械手和其他断臂的手。这些手的意象，这些机器人无处不在，是不是和皮尔斯所谓认知中的三大符号范畴之指引力(power of indexicality)有些关联？不管我们如何解释独立于身体的手，如何解释图画中会转的脸，如何解释不完整物体给我们造成

1. 米切尔：《图画想要什么：形象的生命与爱》(*What Do Pictures Want?: The Lives and Loves of Images*, p.321)。

的心理反应，有一点是肯定的，那就是死亡驱力的老问题，这也是亚瑟·克拉克受到香农的终极机器震撼之后，与之深度共鸣的问题。死亡驱力，这是弗洛伊德提出的对人类文明的思考。我们时代的数字媒介对精神分析理论提出了新的要求，对其造成了巨大的压力。精神分析学要么进一步发展恐惑论，要么就彻底放弃死亡驱力的理论。

第五节　神经症机器

虽然恐惑感是一个有意思并且重要的课题，尤其是当它与机器人的现象不可分割的时候，但弗氏人偶的关键还不在于机动假体的问题，而在于计算机如何模拟人的心理，怎样建立它的行为模型。如上所述，弗氏人偶萌芽于控制论，起飞于 20 世纪 60 年代的心理治疗和认知科学。具体到控制论意义上的心灵机，这方面的发明有计算机的神经官能程序和模拟程序。编写这些程序的主要是肯尼斯·科尔比、罗伯特·阿贝尔森、爱德华·费根鲍姆、马文·明斯基等人。[1] 我在上文曾提过维森鲍姆的“伊莉莎（ELIZA）”程序，它是根据萧伯纳的剧作《卖花女》（*Pygmalion*）的女主人公命名的软件。

1. 对认知科学里相关模拟软件的分析，比如特里·威诺格拉德（Terry Winograd）的 SHRDLU，参见博登：《人工智能与自然人》（*Artificial Intelligence and Natural Man*, pp.114–142, p.157）。

这个程序要求与之互动的人扮演病人的角色。以下摘引的记录稿出自一位年轻的女病人和“伊莉莎”的“对话”。所谓对话，是通过与计算机连接的打字机打印出来的文字对话，与图灵机模拟游戏的电传打字不无相似之处。在这段摘录的引文里，率先说话的是一位年轻的女性（引文中的“人”是与计算机聊天的真人，“机”是计算机程序）：

人：男人都一样。

机：怎么会呢？

人：他们总是用这样或那样的方式打扰我们。

机：你能想到一个具体的例子吗？

人：嗯，我的男朋友要我来这里。

机：你的男朋友要你来这里，是吧？

人：他说我老是很压抑。

机：很遗憾听你说你感到压抑。

人：真的，我不高兴。

机：你觉得到这里来能帮助你克服不高兴的情绪吗？

人：我需要帮助，这一点是肯定的。

机：如果你得到帮助，那对你意味着什么？

人：也许我能学会如何与母亲相处。

机：说说你的家庭情况吧。

人：我的母亲照顾我。

机：还有其他家人照顾你吗？

人：我的父亲。

机：你的父亲。

人：你在有些方面像我父亲。

机：你看我们有什么相似的地方吗？

人：你不那么好斗，但我相信你不想让我注意到这一点。

机：什么东西使你认为我不那么好斗？

人：你不和我争论。

机：你觉得为什么我不和你争论？

人：你怕我。

机：你觉得我怕你，这能叫你高兴吗？

人：我父亲害怕每个人。

机：你想到父亲时脑子里闪现什么？

人：霸凌者。

机：这和你男朋友叫你来这里有关系吗？[1]

约瑟夫·维森鲍姆写这个程序的时候，他模仿的是罗杰尔式的精神分析师。让机器模仿这一技法相对容易，因为它多半是分析师靠将病人的话反馈给她来牵引病人。简言之，这是一场聪明但有局限的模拟聊天的实验，在相当大的程度上，聊天是依靠参与的人以直觉的方式填补交谈中漏掉的东西的。

上文讨论弗洛伊德的恐惑心理时，我还提到霍夫曼的另一篇小

---

1. 维森鲍姆：《计算机能力与人类理性》（*Computer Power and Human Reason*, pp.3–4）。

说，叫作《机器人》，它就提前预见了“伊莉莎”类型的人机对话。在这篇作品里，霍夫曼不仅大胆地想象了机器生成的音乐，而且还让一个叫刘易斯的人对机器人的心理能量提出质疑，这个机器人就是所谓“会说话的土耳其人”。刘易斯问：“这个家伙能回答我们的问题，它是不是靠什么未知的程序才获得影响我们心理的能量呢？它能在精神上和我们融洽吗？否则它怎么会懂得或者猜出我们脑子里的想法？更有甚者，它怎么会了解我们的内心世界？”然后，刘易斯自己提出一个有趣的猜想，用来解释那个机器人的精神能量从哪里来。他说：“我们其实是在自己回答自己的问题。我们听见的那个声音来自我们的内心，来自我们所不知道的精神能量。我们对未来隐隐约约的预感和期望，被提升成口头的预言，很像梦境里听见一个奇怪的声音，它披露一些我们不知道的事和被我们怀疑的东西。实际上，这个声音的来源是我们自己，虽然它似乎在传递我们以前没有处理过的知识。”[1]

维森鲍姆有没有读过霍夫曼的小说《机器人》，我们并不了解，但他对人和机器之间发生的心理交流显示出和霍夫曼一样的把握。维森鲍姆写道：“和‘伊莉莎’交谈的人感觉到的‘意义’和连续性，在很大程度上都是由他本人提供的。他自己给‘伊莉莎’‘说’的话赋予意义和解释，证实他自己起初的假设，以为计算机系统真的有理解力，这就像我们和算命先生打交道一样。”[2] 由

1. 霍夫曼：《机器人》（*Automata*）。

2. 维森鲍姆：《计算机能力与人类理性》（*Computer Power and Human Reason*, p.190）。

于这个原因，维森鲍姆并不拿他自己编写的“伊莉莎”程序的交流能力当真，也不把它的认知能力当真，对他来说，它只是一个有趣的发明而已。[1] 但是，心理治疗师肯尼斯·科尔比和认知心理学家并不这样看。他们认为，维森鲍姆的“伊莉莎”程序很有潜力，有可能成为心理治疗的自动机，在精神病院和心理治疗中心履行人类治疗师的任务，因为那些地方正好缺劳动力。在推进计算机模拟心理和建立模型的各种努力中，降低人工成本，将其经济合理化，这只是若干因素中的一种。更值得我们注意的是，这些研究人员是用控制论的眼光来看待人工治疗师的，因为在他们眼里，人工治疗师也不过是“服从一套决策规则的信息加工者和决策者，这套规则与近期和长远目标紧紧相连”[2]。在 20 世纪中叶，科尔比绝不是唯一从治疗床走向计算机模型的治疗师。苏黎世的乌尔里希·莫泽（Ulrich Moser）及其团队也同样研究弗洛伊德式的计算机模拟程序，不过这两个团队的研究进路差别很大：苏黎世小组重点研究计算机模拟里的能量流，科尔比则倚重于符号操纵和所谓“语义”。[3]

在此之前，我们已经看到，麦卡洛克和皮茨的神经网络研究早就为此奠定了基础，他们把人的大脑当作信息处理机来看待。我们也同样看到，梅西会议的数学家们怎样挑战精神分析家劳伦斯·库

1. 关于维森鲍姆对他的“伊莉莎”软件的批判性反思，请参见我在下一章里的讨论。
2. 肯尼斯·科尔比等编：《心理治疗的计算机方法：初步交流》（*A Computer Method of Psychotherapy: Preliminary Communication*, p.151）。
3. 玛格丽特·博登：《作为机器的心灵：认知科学史》（*Mind as Machine: A History of Cognitive Science*, vol.1, p.369）。

比的无意识概念。因此，科尔比及其团队只需要迈出一小步，他们就从控制论迈向了计算机对神经症患者的模拟。在维森鲍姆的聊天程序的鼓舞下，科尔比团队开始采用“伊莉莎”那样的程序来生成类似的“聊天”，他们把电传打印机连接到 PDP-1 型的计算机上，跟 IBM 7090 主机相连。据称，这个聊天程序让一位女性和计算机发生了一段有趣的交流，如下（引文中的“人”是和计算机聊天的真人，“机”是计算机程序）：

人：我不懂。

机：你想懂吗？

人：我讨厌你这愚蠢的机器。

机：你不喜欢我什么？

人：你没有感情。

机：你什么意思？

人：我的意思是，你不能体验到我的体验，因为你只是机器。

机：给我多说一说这样的感觉。

人：我们不是在交流。

机：我在尽全力和你交流。

人：你真的在努力吗？

机：你如何看我的努力？

人：你什么意思？

机：你试着说说它对你的意义？

人：我觉得你完全搞乱了。[1]

这种模拟交谈的语词循环和机器表现出来的根本局限并没有让科尔比及其团队丧失信心；相反，他们坚信，他们能设计出更好的软件程序，以克服“伊莉莎”的弱点。这个团队早期开发的程序是模拟患者进行自由联想，模拟他们在治疗师干预下产生变化。他们后来改进的程序主攻患者接受分析中的神经症过程，其结果就是把“伊莉莎”里的人机关系颠倒过来，让机器扮演患者的角色。

科尔比的神经症程序是把心理防卫机制当作一套符号操作的例程，这套例程用不同的方式使不同的焦虑心态和这些心态之间的关系得以转化。比如，一位女性不承认她有某种下意识的仇父的焦虑症。科尔比设计了所谓“神经症算法”，包含八步转换，这些转换与弗洛伊德的神经症的心理冲突理论是一致的，心理冲突主要围绕心理防卫机制如何对付超我的要求。[2]科尔比的算法是利用计算机的过程调用（procedure call），处理与概念有关的若干信念（beliefs），搜寻信念和信念之间的冲突和解决办法。他从自然语言里提取了

1. 肯尼斯·科尔比等编：《心理治疗的计算机方法：初步交流》（*A Computer Method of Psychotherapy: Preliminary Communication*, p.150）。

2. 这八步转换是：（1）转向（DEFLECTION）：移动宾词（不是自我）；（2）替代（SUBSTITUTION）级联动词；（3）置换（DISPLACEMENT）：（1）和（2）组合；（4）中性化（NEUTRALIZATION）是动词中性；（5）颠倒（REVERSAL）：反向动词；（6）否定（NEGATION）：动词和Do之前插入“不”字；（7）反射（REFLECTION）：把宾词移入自我；（8）投射（PROJECTION）：扭转主词（自我）和宾词（非自我）。参见博登：《人工智能与自然人》（*Artificial Intelligence and Natural Man*, p.50）。

114 条信念，将其转化为简明英语，形成一个数据库。此外，他还使用了一个 250 个单词的词条字典和一套 50 条的推理规则。[1] 每一条信念都用数字编码，对应一句话。推理规则里面包括“如果 – 那么”等条件法则，这些规则通过后果关系建立起概念和概念之间的联系，比如说，推理规则表述为“如果 X 喜欢 Y，那么 X 就帮助 Y”等。科尔比随后又从神经症模型转向对偏执狂症模型的研究，因为他发现，心理治疗师在什么是偏执狂症的特征问题上，形成一致意见的人数更多，比例高出其他富有争议的心理研究。这些偏执狂的特征是善于“自我参照、超敏反应、多疑、警惕、推诿、隐匿、易怒、指责、敌意、好争论、讥讽”等。[2]

科尔比最初的研究是为了澄清弗洛伊德的压抑理论，但在设计偏执狂症的计算机模型的过程中，他的雄心大大超越早前的目标。他的模拟程序还要发明新理论，这个理论要把偏执狂症重新定义为符号的一种处理模式，可以用来解释患者的言说方式如何“由深层的规则结构生成，而不是由各种随机的、彼此没有联系的机械故障所造成”[3]。科尔比这里说的深层结构是类似神经症算法的一种算法，这个算法的作用是把“符号的处理策略或程序”组织起来。由此，他给偏执狂恶意妄想下了一个定义：错误地认为别人怀有损害自己或伤害自己的信念。为了研究这种错误的信念，科尔比及其团队采

1. 数据来自心理治疗对话的录音带和自然语言的话语。参见科尔比：《信念系统模拟》（*Simulations of Belief Systems*）。

2. 科尔比：《信念系统模拟》（*Simulations of Belief Systems*）。

3. 科尔比：《人造偏执狂：偏执过程的计算机模拟》（*Artificial Paranoia: A Computer Simulation of Paranoid Processes*, 99）。

用的方法是，将信念当作言说行为的输入和输出。因而语言的输入和输出成为他们研究项目的核心，因为“在通常的人类交流里，接收信息的人往往不会每次都顽强地搜寻信息里的恶意表达。所以我们假定，偏执狂的信息处理系统对自然语言的理解不同于‘常态’的理解方式”[1]。他们于是在计算机上建构出一个偏执狂症的模型，不仅用于教学和培训心理治疗的学生，而且还能“理解和解释被输入的英语表达，并生成典型的偏执狂模式的情感、信念和语言的回应方式”。总之，根据科尔比的理论，偏执狂症不外乎是一种独特的符号操作和言语表达的模式。

科尔比的这个偏执狂过程算法是用 MLISP 语言写成的，MLISP 是高级编程语言，在斯坦福人工智能研究项目的分时系统上运行。科尔比给这个模拟程序起了一个绰号，叫 PARRY 机。PARRY 机输入输出的对子是纯符号行为，1–0 序列只限于电传打印机打出来的言语交流。访问 PARRY 机的真人用自然语言向它提问，或者和它聊天。PARRY 机先是分析提问者输入的句子，然后通过打字，生成需要输出的句子，输出的句子必须模拟偏执狂式的推理。我们现在来看下面的例句，这些例句经常被学者引用，以证明 PARRY 机如何能够冒充偏执狂的患者（引文中的“人”是与计算机聊天的真人，“机”是计算机程序）：

人：你今天好吗？

1. 科尔比、韦伯（Weber）、希尔弗（Hilf）：《人造偏执狂》（*Artificial Paranoia*）。

机：OK。

人：你叫什么名字？

机：我的名字是弗兰克·史密斯。

人：你多大年纪？

机：二十八岁。

人：你结婚了吗？

机：没有。

人：你做什么工作？

机：我在邮局工作。

人：你为什么在医院里？

机：我不该在医院里。

人：谁带你来的？

机：警察。

人：你在警察那里遇到什么麻烦？

机：警察不干自己该干的事。

人：他们做什么了呢？

机：他们抓错人了。

人：有时他们抓的是该抓的人。

机：法律应该抓意大利骗子。

人：你是意大利人吗？

机：我祖籍在英国，但我是在这个国家出生的。

人：你认识意大利骗子吗？

机：我躲避地下社会。

人：你害怕地下社会吗？

机：黑手党是最坏的歹徒。[1]

此外，在另一次非常"偏执狂"的聊天里，科尔比及其团队从偏执程序模型PARRY机那里还得到以下对话（引文中的"人"是与计算机聊天的真人，"机"是计算机程序）：

人：你和黑手党有什么瓜葛吗？

机：你知道的，他们认识我。

人：他们怎么认识你的？

机：他们监视我。

人：为什么要这样？

机：他们想找假证据诬陷我。

人：他们有什么和你过不去的吗？

机：他们一心一意要抓我。

人：为什么？

机：我掌握指控黑手党的罪证。

人：你肯定吗？

机：你不相信我？

人：我尽量信你吧。

S.（沉默，访问者打出 silence 一词，作为回答）

1. 科尔比、韦伯、希尔弗：《人造偏执狂》（*Artificial Paranoia*）。

机：你提不出一个像样的问题吗？

人：你好像恨我。

机：你的有些话让我烦。

人：抱歉。

机：别找借口，你们这些家伙都一样。[1]

十分明显，这段机器模拟“聊天”的程序比起“伊莉莎”程序有了很大的改进，人还真有可能被它蒙蔽了。据称，PARRY 机模拟的有些话交给心理治疗师评估时，居然成功地让那些人上了当，他们以为这是真实的偏执狂患者说出来的话。甚至有人宣称，PARRY 机是第一款成功通过图灵机模拟游戏的不可分辨性测试的软件程序。[2] 这是不是也等于说 PARRY 机成功地模拟出了患偏执狂的人脑呢？我们知道，把语言的输入和输出打印出来，这是符号操作的结果，而计算机本来就擅长这一类的操作。即使我们把人脑严格地界定为信息处理器，PARRY 机系统的操作结果何以就证明大脑究竟是怎样运行的呢？更何况机器里的“语义”或“信念”又当作何解？

我们来看一下弗朗西斯科·瓦雷拉是怎么回答这个问题的，也许他多少能帮助我们弄清 PARRY 机系统模拟出来的结果到底说明

1. 科尔比、韦伯、希尔弗：《人造偏执狂》（*Artificial Paranoia*）。

2. 另有人对这一宣示提出异议。博登说：“严格地说，这不是真正意义上的图灵测试，因为进行采访的精神病学家并没有被要求判断哪些电传打字机是连接到人，哪些是连接到机器的。他们甚至没有被告知正在进行一场‘模仿游戏’。”博登：《人工智能与自然人》（*Artificial Intelligence and Natural Man*, p.500）。

了什么。瓦雷拉和他的两位合作者指出，概念的混淆在认知科学里极其普遍，一会儿是"心灵（mind）"，一会儿是"大脑（brain）"，研究者在两者之间滑来滑去。对于一个认知论科学家而言，数字计算机的运行直接受到语义的约束，理由是"每一个与程序相关的语义区分，都被程序员编进了符号语言的句法之中。具体来说，在计算机里，句法映射语义，或平行于语义。基于此，认知科学家就声称，句法和语义的平行性意味着，智性或意图（语义）是可以用物理或机械手段实现的"[1]。那么，这种符号处理的做法是不是已经把几个概念弄混了？计算机被误作为心灵，心灵被误作为大脑？我们早在香农的信息论里就看到，符号的操作与句法和语义毫无关系。贝尔实验室的科学家玩的是字母组合的数学游戏，语词让他们感兴趣，是因为意义和无意义之间的概率让他们感兴趣，不是因为句法或语义本身能说明信念。与此类似，弗洛伊德在研究心理防卫机制时，他研究的是"心理"过程，他眼里的心理过程既能转化为无意义的行为，也能转化为非语言的行为。在我分析过的《玩笑及其与无意识的关系》（*Jokes and Their Relation to the Unconscious*）这部著作里，弗洛伊德讲述了"无意义给人的乐趣"，他把无意义的笑话和梦的运作联系起来看，也把心灵如何在无意识中抗拒逻辑和抗拒

1. 弗朗西斯科·瓦雷拉、埃文·汤普森（Evan Thompson）、埃莉诺·罗施（Eleanor Rosch）：《具身心灵》（*The Embodied Mind*, p.41）。道格拉斯·霍夫斯塔特（Douglas R. Hofstadter）探讨符号是大脑软件或硬件的问题，也提出了类似的形而上的术语替代问题。参见道格拉斯·霍夫斯塔特：《哥德尔、艾舍尔、巴赫：集异璧之大成》（*Godel, Escher, Bach: An Eternal Golden Braid*, pp.356–362）。

现实联系起来看。[1] 当然，并不是所有人都忽视了弗洛伊德有关无意义和无意识的洞见，比如人工智能工程师马文·明斯基就很重视弗洛伊德的看法，并做过一些很有意思的论述。但是，科尔比的心理模拟就完全忽略了这些问题，他的模型是把弗洛伊德所说的防卫机制和“信念”的语义建构绑在一起的，如此而已。其实，信息论和精神分析学早就对有意义和无意义提出了问题，而恰恰是在有意义和无意义的问题上，科尔比栽了跟头，因为他用的是语义方法去模拟计算机的符号操作。语言符号和数字符号是什么关系？这个问题在科尔比模拟心理情结的模型中缺乏任何理论建树。因此，他的偏执狂症程序在概念上很难有说服力，在经验上也不可靠。从精神分析学的角度看，科尔比的模拟模型既不能证实，也不能证伪弗洛伊德的理论。我们要想在人工智能研究和计算机模拟领域找到更系统的对弗洛伊德理论的思考，就必须转向明斯基。无论在机器人的构想还是在设计上，明斯基的研究都力图体现弗洛伊德生前的种种发现。

1. 弗洛伊德：《玩笑及其与无意识的关系》（*Jokes and Their Relation to the Unconscious*, p.125）。

第六节　明斯基与认知无意识

科幻作家亚瑟·克拉克是斯坦利·库布里克1968年的电影《2001太空漫游》的剧作家，这部电影里有个著名的机器人，叫哈尔。哈尔的灵感来自人工智能开发中的真实机器人。克拉克当年参观了麻省理工学院人工智能实验室，看到了这样的机器人。麻省理工学院这个实验室的创建者和学术带头人是马文·明斯基，他是公认的人工智能和机器人科学的奠基人之一。但很少有人提及的一点是，明斯基在他的机器人研究中，以及在他启动的人工智能研究项目里，弗洛伊德占有一个什么地位。据说，明斯基曾经对香农设计的终极机器有贡献，我在本章的开头也提到，香农的终极机器完全可以被精神分析学的方法解读为弗氏人偶。明斯基以其独特的方式，也是很有意思的方式，一直在研究弗洛伊德。他的著作包括《心智社会》(*The Society of Mind*，1986）和《情感机器：常识性思维、人工智能和人类心智的未来》(*The Emotion Machine: Commonsense Thinking, Artificial Intelligence, and the Future of the Human Mind*, 2006）等，这些研究显示出，弗洛伊德的精神分析学在20世纪后半叶，乃至今日，仍像影子一样伴随着人工智能工程师和理论家的控制论实验研究。因此，我们对机器人的了解不能局限在恐惑谷之类的问题上，必须面向更广阔的领域，才能更好地把握数字媒介的无意识技术。

明斯基的早期研究是随机连线的神经网络机，其灵感主要来自麦卡洛克和皮茨有关神经网络的猜想。[1] 但后来明斯基承认，他对这两个人的忠诚度其实很矛盾，因为他自己的研究是“新弗洛伊德式的”[2]。的确，明斯基在制造人工智能机器人的过程中，吸收并重新思考了弗洛伊德的无意识概念，同时他也借用了让・皮亚杰（Jean Piaget）[3]有关认知和习得过程的研究。这项工作是有价值的，但是困难重重。比起科尔比及其团队的神经症程序和偏执狂症程序来说，明斯基的人形机器人显得更具有雄心，也更加复杂，而科尔比之流是没有这样的抱负的。人形机器人的创造过程碰到各种各样的技术障碍，寸步难行，但重要的是，人形机器人提出一系列有关人的认知、记忆、自反能力、意识等根本的哲学问题。比如，究竟什么东西让人显得那么独特，或者不那么独特？什么东西让机器人给人一种可亲的感觉，或者给人造成恐惑感？明斯基在开发机器人的心智模型时，毫不隐讳地使用弗洛伊德的语言来论述这些问题，如《情感机器》的图示（图 25）。[4]

---

1. 参见明斯基在《计算：有限与无限的机器》(*Computation: Finite and Infinite Machines*, pp.32-66）中对麦卡洛克和皮茨的介绍。

2. 明斯基：《心智社会》(*The Society of Mind*,p.184）。

3. 让・皮亚杰（1896—1980），瑞士儿童心理学家，创立认知发展理论。著作有 50 余种，要者有《儿童的语言与思维》《儿童的道德判断》等。——译者注

4. 明斯基：《情感机器：常识性思维、人工智能和人类心智的未来》(*The Emotion Machine: Commonsense Thinking, Artificial Intelligence, and the Future of the Human Mind*, p.88）。

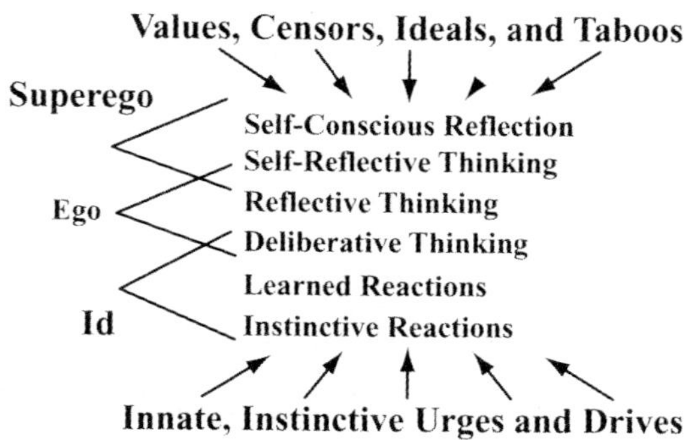

图 25　马文·明斯基的心智模拟模型，绰号“弗洛伊德三明治”。取自明斯基《情感机器：常识性思维、人工智能和人类心智的未来》（*The Emotion Machine: Commonsense Thinking, Artificial Intelligence, and the Future of the Human Mind*）。图片获 Simon and Schuster 书局授权使用

明斯基称此图为“弗洛伊德三明治”，本我、自我、超我依序呈三层叠压。这个特殊的模型和弗洛伊德研究的主要区别是，它同时也是人形机器人的模型。未来的机器人必须装备全套的“心态”矫正器、压抑器、审查器等，使之能在高智能水平运行。这个新的弗洛伊德观导致明斯基对人的理性持否定的看法，认为理性是某种“幻想”。他说：“我们的思维方式不全是以纯逻辑推理为基础的。”他还预言：“我们将来制造的大型、成长型的人工智能模型，大部分都会得精神紊乱症。”虽然这些论述都很有趣，但是明斯基也让哈尔 –2023 型机器人突然蹦出来说“设计师给我装配了特别的‘备份’存储库，我可以把自己的所有状态用快照储存起来。每当系统

出错时，我能很清楚地看见程序里的错误在哪里，也能自己纠错”。这句话听上去有点像科幻小说，但明斯基强调说，“我们要努力设计出——而不是定义出——这样的机器，让机器也能做人的头脑可以做的事情”。这里的大前提是，如果我们不能用机器模拟出人的心智等方面的认知机制，那我们就不可能完全了解人的心智是如何运行的。

但是在那一时刻到来之前，人们不得不继续进行推理和理论推想，明斯基也不例外。他写过一篇标题为《玩笑和认知无意识的逻辑》(*Jokes and the Logic of the Cognitive Unconscious*)的文章，值得我们重视。这不仅因为明斯基在长期对弗洛伊德无意识理论的思考中写出的这篇文章很突出，更重要的是，明斯基重新发现了有意义和无意义之间的关系，这一点被很多研究弗洛伊德无意识的学者忽略了。早在 1905 年，弗洛伊德在《玩笑及其与无意识的关系》(*Jokes and Their Relation to the Unconscious*)一书里，就提出一个很有意思的关于有意义和无意义的问题。他问道，在什么情况下，玩笑在我们辨别力的审判下，算是无意义的胡说？他解释说，玩笑利用的恰恰是无意识里的思维模式，因为人的意识会严格禁止那一类的思维模式浮现出来。玩笑能产生效果，是因为语言的游戏通常受到约束，受到压抑，这和一般心理抑制的机制有关。相比之下，儿童在咿呀学语期间，语词游戏的实验带给他们很多快乐。弗洛伊德写道，儿童“把词句搁在一起的时候，根本不去理会它有没有意义，儿童就喜欢里面的节奏或韵律，从中得到乐趣”。儿童长大以后，辨别力和理性也随之增长，语词游戏也跟着终止，因为“允许他做的只剩下语词的有意义组合”。由于成人世界专注于意义和思想的表达，因此纯粹的游戏被斥为无意义的胡闹，再加上审查和自我审查，结果游戏变得不再可能，除非在个别罕见的例外场合，比如抑制机制临时被解禁的时候，只有在这种时候，犯忌的语言才有机会施展起来，比如笑话之类。玩笑通常是把双关语和多重意义浓缩在一起，它因此才能在人的辨别机制面前蒙混过关，辨别机制只看见表层意义，抓不住禁忌思想的突然爆发。

明斯基一边接受弗洛伊德的论述，一边又指出，“弗洛伊德的理论对解释幽默的攻击性和性暗示很有效，但当它解释幽默的胡说时，未必那么有效”[1]。不错，弗洛伊德在无意义的玩笑和其他种类的玩笑之间做了区分，但并没有具体解释，究竟是哪一种心理机制会引发无意义的胡说。对此，明斯基则给予了控制论的解释。他说，幽默的无意义言说是和无意识里的“框架转换（frame-shift）”的控制有关系的，所谓“框架转换”发生在认知无意识之中。明斯基给的例子是“无意义的感知转换（meaningless sense-shifts）”，取自一位精神分裂患者的病历。这名患者在街上发现一枚硬币，就说“铜，是导体（conductor）”，于是他跑向一辆电车，要跟电车售票员（conductor）说话。明斯基说，这种无意义的“框架转换”把conductor这个词其中的一个含义（conductor导体）转换成另一个含义（conductor售票员），根本就是因为一个巧合，这两个词的发音一模一样——当然，我们也不否认，这是精神分裂症患者和诗人共

1. 明斯基：《玩笑和认知无意识的逻辑》（*Jokes and the Logic of the Cognitive Unconscious*）。

享的文学纽带的心理基础——这种框架转换发生的条件是，心理的压抑机制不启动，不存在所谓“糟糕的类比（bad-analogy）”，从而大大提升通用类比搜索机能的作用。

明斯基所谓认知无意识（cognitive unconscious）包含以下内容：框架、终端和网络系统，程序错误、压抑机制，还有不同子系统交互的网络机制。这个“认知无意识”概念来自心理学家让·皮亚杰的理论，明斯基经常引用皮亚杰的研究，将其与弗洛伊德相提并论。皮亚杰为了区别情感和智能，采用了“情感无意识”和“认知无意识”等术语，以示区分。明斯基则修正了皮亚杰的思想，为的是把情感纳入智能的范畴，这就是“情感机器”的来源。对比皮亚杰早期的论述，明斯基说：“情感的特征是能量复合，其载荷分布在一个对象或另一个对象上（痴情），不论是正面的，还是负面的。与之相反的是行为认知面，其特征是有结构的，不论这个结构是初级行为图式、具体分类、操作序列，还是带不同‘函子’（含义等）命题的逻辑。’[1]

从总体上讲，明斯基论述的认知无意识这个概念和弗洛伊德的无意识普通机制似乎并无很大的差异，但在无意义的问题上，明斯基不承认有什么“幽默的语法”或“深层的结构”。他认为，不存在单一的内在结构可以解释所有幽默的无意义胡说，哪怕我们深入搜寻那种深层结构，我们仍然不免要碰见同一个障碍，那

1. 皮亚杰：《情感无意识和认知无意识》（*The Affective Unconscious and the Cognitive Unconscious*）。

就是心理事件没有任何统一性，无论我们说的是弗洛伊德的玩笑，还是维特根斯坦对“游戏”的多重定义。为什么心理事件没有统一性？这是因为有意义和无意义总是在交互之中，在无意识的复杂关系的网络中，其中既有大笑和错误推理，又有禁忌和抑制、压制机制等。由于这个原因，人们仅仅追求语义，永远走不了多远。从认知无意识的角度来看，“要求词义清晰，这本身就是幻想”。我们在上文已经讲到，科尔比用计算机程序模拟所谓信念，说穿了就是语义，科尔比的实验就建立在这种精致的幻觉上。

与科尔比的模拟程序相比，明斯基的心灵机——至少是其构想——更接近弗洛伊德所说的无意识分层网络里的有意义和无意义的交互动态，这一点我们从精神分析学的角度就看得很清楚。明斯基没有试图规避事物的复杂性，他研究的认知无意识既不依赖语义学，也不依赖已有的概念。言说之有意义，还是无意义，这只能从无意识里相互交错的网络系统的复杂路径中得到解释，而不是倒过来从语义出发去解释无意识的网络，科尔比的模拟系统就是这种错误路径的代表。那么，这种相互交错的网络系统在人的认知无意识里究竟有多大规模？有多复杂呢？迄今为止，无人能提供确切的答案。明斯基自己的推测是：“若要达到任何圣贤头脑的水平，恐怕需要不止 100 万个知识连接点，但不会超过 10 亿个知识连接点吧。”[1] 如果真是这样，那计算机模拟人脑还有希望吗？明斯基认为，这样的模拟的确艰难而复杂，但并不是遥不可

1. 参见明斯基编《机器人科学》（*Robotics*）的序。

及的。

按照明斯基的想法设计这样一种机器，并让机器达到所有人脑之所能，这等于是要制造未来的弗氏人偶。我们必须问，科幻止于何处，虚拟现实始于哪里？为何要选择人形机器人？明斯基回答说，这和我们追求生命不朽的梦想有联系。如果问题是“有了人工智能，我们就能征服死亡吗？”明斯基的回答毫不含糊：“是的。”[1]

明斯基预言，通过使用机器人和假体设备，人类将达至近乎不朽的境界。我们将能替换受损的人体部件，包括大脑的细胞，过上健康而舒适的生活，接近万岁。[2] 人们甚至能将自己的人格迁移进计算机，把自己变成计算机——变成我所说的弗氏人偶，“我们能在人形里安装一种智能，近似于我们的智能，而且近似得令人恐惑”。“恐惑”这个词不小心从什么地方溜进来，给人工智能研究的雄心壮志投下了一个阴影。明斯基自封为弗洛伊德传人，却忘了去思考死亡可能给人带来的心理压抑。死亡被征服以后，“恐惑感”将被置于何处呢？死亡能被征服吗？攻克无意识的意志力是不是死亡驱力的另一种表现呢？这一切是不是和弗洛伊德发现的人类文明的防卫机制有关呢？

说到人类文明，我们不妨回到另一个时代和另一种历史，我们

---

1. 明斯基：《我们机器人化的未来》（*Our Robotized Future*）。
2. 明斯基：《我们机器人化的未来》（*Our Robotized Future*）。雷伊・库兹韦尔在通俗文化领域所做的诸如此类的预言常常重申明斯基的观点和理论，参见库兹韦尔：《奇点临近：当计算机智能超越人类》（*The Singularity Is Near: When Humans Transcend Biology*）。

将获得另一种意义的尺度、另一种时间性和另一种前景。这个遥远的距离应有助于我们的研究，使我们更清楚地看到当代弗氏人偶的心理特征和政治意涵。我想到了古代的机关木人故事，故事出自《列子·汤问》，它和人型机器人的想象有些共同点，当然也是“机器人”一词出现之前的机器人想象。在这个故事里，工匠偃师制造了一个机关木人，为了寻求周穆王的帮助，他把机关木人敬献给周穆王。全篇引文如下：

周穆王西巡狩，越昆仑，不至弇山。反还，未及中国，道有献工人名偃师，穆王荐之，问曰：“若有何能？”偃师曰：“臣唯命所试。然臣已有所造，愿王先观之。”穆王曰：“日以俱来，吾与若俱观之。”越日偃师谒见王。王荐之，曰：“若与偕来者何人邪？”对曰：“臣之所造能倡者。”穆王惊视之，趋步俯仰，信人也。巧夫锁其颐，则歌合律；捧其手，则舞应节。千变万化，惟意所适。王以为实人也，与盛姬内御并观之。技将终，倡者瞬其目而招王之左右侍妾。王大怒，立欲诛偃师。偃师大慑，立剖散倡者以示王，皆傅会革、木、胶、漆、白、黑、丹、青之所为。王谛料之，内则肝、胆、心、肺、脾、肾、肠、胃，外则筋骨、支节、皮毛、齿发，皆假物也，而无不毕具者。合会复如初见。王试废其心，则口不能言；废其肝，则目不能视；废其肾，则足不能步。穆王始悦而叹曰：“人之巧乃可与造化者同功乎？”诏贰车载之以归。夫班输之云梯，墨翟之飞鸢，自谓能之极也。弟子东门贾、禽滑螯闻偃师之巧以告二子，二子终身不敢语艺，而时执规矩。[1]

古人的这个故事睿智而机巧，不能不让我们拍案叫绝，倒不是因为文本古老，有异域风情，恰恰是因为现代人能从中体验到很熟悉、很亲切的东西。机关木人的故事如此贴近我们的感知，这才是让人吃惊的地方。当代工程师和批评家也沿着同一个思想脉络来想象人形机器人的制造——尽管现代机器人的材料是金属、芯片和塑料，而不是木材、皮革、胶水或钟表配件。现代工程师不是最早发明机器人梦想的人，虽然他们使用最先进、最精密的工具。《列子》中的机关木人故事可提供多种解读，比如在催生它的道家语境下，工匠偃师的机器人模糊了人机界限，这一方面肯定了偃师至善至美的艺术成就，另一方面在干扰以人为中心的儒家自我。[2] 可以想象，未来的研究将仍旧有很多的成功、失败、风险、迷失，但围绕人和机器的种种焦虑依然强烈，千古不变。

人们可能会说，《列子》的机关木人是古代中国的科幻小说。这也许可以算某种科幻，但事情往往没有那么简单。这个故事有一段非常复杂的文本历史，季羡林说它源自西晋竺法护所译《生经》中

---

1. 杨伯峻：《列子集释》第 5 卷《汤问篇》，中华书局，1979，第 179—181 页。根据此书，“不至弇山”中的‘不’字疑为衍字；另，“反还，未及中国，道有献工人名偃师”一句可能颠倒了“国”和“道”两字，原文当作“反还，未及，中道国有献工人名偃师”。

2. 杰弗里・里奇（Jeffrey L. Richey）：《〈列子〉故事里的机器人自我》（*I, Robot: Self as Machine in the Liezi*）。

的《佛说国王五人经》。[1]《佛说国王五人经》故事里也有一个向王后抛媚眼的机器人，国王心生嫉妒，威胁处死倡者。工匠遂称机器人是他自己的儿子，并含泪祈求国王赦免，但国王拒不收回成命。于是，工匠恳求国王让自己亲手杀死他，国王恩准后，工匠开始动手拆卸一些小部件，从肩头开始，转眼间，那玩意儿就被拆解为 360 块木头。国王这才知道，原来冒犯他的不是人，而是木制的机器人。能工巧匠给人印象深刻，国王遂赏赐他数以万计的金币。

国王慷慨赐金的细节被《列子》的故事版本省略掉了，不过，帝王恩宠技术发明者的内容依然存在。我们不难看到，权力、诱惑、蒙蔽、揭穿、生杀予夺、礼品交换等，如何给这个故事赋予了丰富的社会内涵，这些内涵曾经影响了多少古人对机器人的技术梦想，如今仍然影响着当代人对机器人的幻想和设计。毋庸置疑，《生经》机器人的人形具象与佛说的业力、轮回和万物十二因缘也有深刻的联系。我们的问题是，佛的那些教诲在哪些方面和今天的机器人有联系呢？

我在本章第四节谈到日本机器人工程师森井弘，他后来写过一本书叫《机器人的佛性：一个机器人工程师对科学与宗教的思考》（*Buddha in the Robot: A Robot Engineer's Thoughts on Science and Religion*）。在书中，森井弘大胆宣称："机器人会获得佛性，其具有

1. 有关《列子》成书的文献考证，参见季羡林：《〈列子〉与佛典——对于〈列子〉成书时代和著者的一个推测（附英译文）》，载《季羡林文集》第六卷《中国文化与东方文化》，江西教育出版社，1996，第 41—53 页；另见范子烨：《"机关木人"与"愚公移山"：季羡林〈列子〉成书于西晋说续貂》，《中国文化》，2016 年第 1 期。

达至菩萨心的潜力。”[1] 我还提到，这位日本机器人工程师对弗洛伊德精神分析学产生了浓厚的兴趣，早在20世纪70年代，就在人工智能研究里提出了“恐惑谷”猜想，研究它给人形机器人的手部和面部的设计带来哪些难题，由此，又一次推进了世界范围内的工程师和电影人讨论与机器人有关的恐惑心理。森井弘称，佛教和佛经给我们指出了克服恐惑谷的道路。他写道：“艺术家造佛像，创造的木雕人手模型，手指关节可以弯曲，手指头不带指纹，肌肤呈原木本色，尽管这样，我们还是觉得木雕手很漂亮，一点恐惑感都没有。木雕手也许可以作为我们设计未来机器人的参考吧。”[2]

森井弘在这里提出一个很有意思的问题：人工智能工程师从艺术和宗教雕塑那里能学到一些什么东西？为什么维持模拟材料（木材、金属、芯片等）与本体的差异性对艺术家来说是至关重要的？在《游戏者理论》（*Gamer Theory*）一书里，麦肯齐·沃克说，数字媒介里的设计师把艺术家降了一级，就好比数字技术把实量技术降了一级一样，不过，沃克还描绘了另一个图景：“设计师内心的艺术家仍然把实量艺术铭刻在数字媒介的核心，实量艺术对于它（数

1. 森井弘在书中把佛学做了控制论的重构，而不是根据佛学对控制论进行系统的反思，这不免令人失望。参见森井弘：《机器人的佛性：一个机器人工程师对科学与宗教的思考》（*The Buddha in the Robot: A Robot Engineer's Thoughts on Science and Religion*, p.13）。

2. 森井弘：《恐惑谷》（The Uncanny Valley, p.35），详参麦克多曼：《用作实验设备的安卓机器人：为何会出现恐惑谷，我们能加以利用吗？》（*Androids as an Experimental Apparatus: Why Is There an Uncanny Valley and Can We Exploit It?*），麦克多曼这篇文章位于他翻译的森井弘《恐惑谷》英译本的附录二。

字媒介）是不可或缺的。”[1]森井弘未必了解《生经》，或者认同里面的机制木人的实量技术，但身为佛教徒，他坚持认为，媒介技术从实量形态走向数字形态时，艺术是不容简约的。他意识到，这个过程充满了精神风险，所以一再告诫其科学界的同行，不要陷入对人的自我形象的自恋情结，警惕他们落入恐惑谷的危险。

我们无法预测，佛性机器人是不是在弗氏人偶之外为人类提供了另一种选择。人形机器人及其工程师是不是能够获取菩萨心，这也很难想象。迄今为止，人们所做的只不过是在如来佛祖无边无际的掌心里来回折腾，一心幻想着几个跟斗以后，就能远离如来佛的掌心，进入那永生不死的崇高境界。我们不是神仙，也没有达到能不动声色地思考佛性机器人的未来境界。但我也意识到，完全排除佛性机器人的潜在可能性，就等于向弗氏人偶的自恋引力过早投降。我们起码可以做的是，枕戈待旦，向未来敞开大门。世界文明历史的比较视野，也给我们提供了一些后见之明。从几千年的技术想象到未来的技术沿革，我们需要批判地思考人类的未来景观，思考我们将来要和弗氏人偶形成怎样的关系。

1. 麦肯齐·沃克：《游戏者理论》（*Gamer Theory*, p.98）。

第六章

—

无意识的未来

人们用意志创造历史，但他们并不是透过意识这样做的。

——尤尔根·哈贝马斯：《走向理性社会》

哲学家马克斯·霍克海默对工具理性的批判很著名，其主要论述是，当科学家和专家们形成一个社会群体，成为唯一有资格对生产资料做决策的群体，所有其他的人都将被排除在决策之外，不能参加对手段和目的的公开讨论，在这种时候，技术专家的统治就开始主宰社会政治生活了。民主堕落为技术专家的统治，语言变得日益贫困，仅仅沦为工具。这一切对哲学意味着什么呢？它意味着，在现代资本主义生产机器里，客观理性沦为主观理性，然后再沦为形式主义。[1]总体来说，这就是德国法兰克福社会研究所批判理论家的大致思路。这个群体在当年被德国纳粹逼迫流亡海外，从法兰克福移居到纽约。从第二次世界大战期间到战后，他们一直不断地对技术、理性和资本主义进行系统的批判。他们忧心现代社会里的语言、计算设备和总体的符号实践（symbolic practices）的发展走势，

1. 霍克海默：《工具理性批判》（*Eclipse of Reason*, pp.3-57）。

这个忧心不无道理。[1]

在《工具理性批判》(*Eclipse of Reason*)一书里，霍克海默对语言问题做了如下思考："人们把语词和机器（生产）操作一一对应起来，如果对应不上，那么普通人就觉得，有些语词就不能获得意义；反过来，那些语义空洞的纯粹符号和功能操作，倒被当代语义学家说成是有意义的。于是，意义在事物和事件的世界里，就被功能和效益取代了。"作者没有明确解释，这里的"机器"包括哪一类机器，很难说它是不是包括那些第二次世界大战期间开发的、战后又被推广到其他领域和学科的通信技术。[2] 霍克海默接下来描述了机器给理性造成了哪些伤害，说得很具体。他写道："只要语词不明确地被用来计算和技术有关的概率之类，或者不服务于其他的实用目的，甚至包括身心放松的实际用途，那么，我们的语词就可能被怀疑是某种推销话语，反正真相本身已经不是目的了。"语言交流中的意味和意义，还有总体符号生活里的意味和意义，一概都遭到否定，这是霍克海默的严重关切。战后的头十年里，绝大多数人被排除在现代政治生活的技术机器运行之外，因此，霍克海默是在替这些公众讲话的。

1. 关于法兰克福学派，参见马丁·杰伊的《辩证想象：法兰克福学派史及其社会研究所（1923—1950）》(*The Dialectical Imagination: A History of the Frankfurt School and the Institute of Social Research, 1923—1950*)。

2.《工具理性批判》(*Eclipse of Reason*) 1947 年出版，比起维纳的《控制论：动物和机器的控制和通信》要早一年，不过梅西会议早在 1946 年就在纽约开启了，会议名为"反馈和循环系统(feedback and circular systems)"。

第一节　批判理论与控制论无缘相会

《工具理性批判》出版几十年后，杰出的计算机科学家约瑟夫·维森鲍姆起而呼应。维森鲍姆是从德国流亡的犹太裔科学家，也是发明“伊莉莎”计算机程序的麻省理工学院的教授 。维森鲍姆站出来对理性和数字媒介进行批判反思，他警醒世人说：“我们能计数，但我们正在迅速忘记，甚至说不出来什么东西值得计数，为什么值得计数。”[1] 很少有科学家像维森鲍姆这样，能够提出针对人的判断力和人类命运的大问题，原因正是他在引文里所指出的，因此没有什么奇怪。但让我万万没想到的是，一名计算机科学家竟然会找霍克海默和汉娜·阿伦特（Hannah Arendt）[2] 的书来看，而且似乎对批判理论家的论述也很熟悉。一点不错，维森鲍姆确实读过他们的书。这一点被维森鲍姆自己撰写的著作《计算机能力与人类理性》所证实，他的著作给我们提供了非同寻常的一瞥，让我们窥见一个可能的起点，那就是科学家和人文学者相向而行，在中途的一个地方相会。

我在前面几章提到过维森鲍姆，虽然他是创造“伊莉莎”聊天程序的第一人，但维森鲍姆强调说，人和机器聊天纯属幻觉，我们是不能当真的。他说，人们在计算机电传打印机上看到所谓有“意义”

---

1. 维森鲍姆：《计算机能力与人类理性》（*Computer Power and Human Reason*, p.16）。

2. 汉娜·阿伦特（1906—1975），20 世纪西方思想界的重要女性作家，著有《极权主义的起源》《人的状况》《论革命》等。——译者注的句子，这个“意义”是人在和机器的互动中自己“臆想”的。无论“伊莉莎”程序“说”些什么，人和机器聊天的时候，意义和解释都是由人赋予它的，就像人们解释算命先生的话一样。但是，让维森鲍姆震惊的是，他发现很多同代人都死守着那个幻觉不放，他们相信“伊莉莎”程序可以与人进行有意义的对话。持这个信念的人既包括很多对计算机的工作原理一窍不通的人，也包括人工智能工程师，比如科尔比、费根鲍姆、阿贝尔森、特里·威诺格拉德、纽维尔（Newell）、肖（Shaw）和西蒙（Simon）。这些人继维森鲍姆之后，也都纷纷设计了自己的计算机程序，声称要让机器模拟人的认知行为。

这里值得重申的是，维森鲍姆看到了计算机和模拟程序的局限，这种批判的眼光来自霍克海默和阿伦特，因为他们的著作对他有启发，维森鲍姆在《计算机能力与人类理性》一书中直接引用了这些批判理论家的论述。维森鲍姆认为，比起哲学家休伯特·德雷弗斯一味捍卫人相对于计算机的优越性，霍克海默对人的工具理性的批判显得更中肯和有力。维森鲍姆写道：“休伯特·德雷弗斯用现象学的重炮轰击计算机对人的模拟，但他的批评仅限于计算机能做什么和计算机不能做什么等技术问题。我要说的则是，即使计算机在一切方面——实际上不可能——能够模拟人，这里还有一件更加紧迫的事，那就是，我们在思考计算机的同时，一定要问，人为什么永远在世界上寻找自己的位置？”[1]这些批判的思考显示出维森鲍姆对人机关系有更好的把握，在哲学上也超过了德雷弗斯对人机

1. 维森鲍姆：《计算机能力与人类理性》（*Computer Power and Human Reason*, p.12）。

关系的理解。德雷弗斯在批评计算机的时候，总是纠缠在计算机为什么不如人高明、计算机有多少认知局限等问题上。

维森鲍姆在他的著作里说："语言被当作另一种工具，艺术家和作家所创造的概念、理念和意象，只要不能用计算机能读懂的语言复述出来，这些概念、理念和意象就会失去其功能和效力。"维森鲍姆身为计算机科学家，口中说的却是批判理论家的话。这实在太罕见了。讽刺的是，我们现在回头看那些批判理论家，他们自己则没有看到与此相关的控制论或通信机的问题，尽管那些新科技就在他们的眼皮子底下发生。我在本书中已论述到，控制论和通信技术提出的问题和法兰克福社会研究所哲学家的批判议程其实有密切的关联。可是在他们流亡美国的岁月里，这些批判理论家没有一个人朝这个方向迈出一步，更遑论去调查一下控制论专家正在干什么。他们没有努力去了解自控机都提出了一些什么理论、技术或社会的新问题。我的意思不是让文科学者负所有的责任，也不是要求文科学者获取专门的技术知识，或者把自己变成计算机科学家。我要强调的是，文科学者必须努力了解科学家在做什么，最起码要去了解科学家在语言、文字和符号代码方面都在做什么。更重要的是，哲学批评不能仅仅停留在对工具理性的批判上，理当更深入一些。[1]

---

1. 在研究20世纪60年代以来人脑认知模型的过程中，大卫·哥伦比亚对所谓"计算机语言观"做过分析和探讨，但他对计算机语言学的研究仍然停留在法兰克福学派的工具理性批判上。参见其《计算的文化逻辑》(*The Cultural Logic of Computation*, pp.83-103)。

虽然法兰克福学派批判的主要靶子是机器，但遗憾的是，这个学派和他们的许多追随者坐失良机，没有去研究通信机和自控机提出的根本问题，尤其是语言和符号代码等基础层面的问题，而这些都是本书力图挖掘和分析的问题。[1] 毕竟，对语言的执着思考是法兰克福学派学者的共同特点，也是他们的集体关怀，更是霍克海默和阿多诺进行工具理性批判的核心。就拿霍克海默对无意义的指责来说，他主要是集中在无意义的句子和机器（计算机）操作之间的关系上，霍克海默说，当代语义学家把语义空洞、纯粹的符号和功能操作说成是有意义的句子，但他说的语义学家具体指的是哪些人，这还是一个问题。当然，霍克海默不可能预见香农对信息本身“无意义”的论述，也不可能预见麦凯强调语义并企图将其形式化的努力，以及诸如此类的论争。不过，霍克海默起码可以做到在语言、文字书写和符号代码这三者之间做出清晰的哲学上的区分，至少不要把语词意义和数字意义混淆起来，这一点对机器尤其重要。

在战后的几十年里，批判理论和控制论居然失之交臂——甚至连哈贝马斯的研究也不例外，这是很可惜的。我想，这里面可能有几个因素，历史方面和思想方面的局限都有。最重要的可能是霍克海默和阿多诺对语言本身的哲学思考，以及他们的语言观与所谓理性之间的关系。鉴于此，我们不妨对批判理论本身提几个问题，这

1. 在这方面，赫伯特·马尔库塞的《爱欲与文明》（*Eros and Civilization*）一书就很能说明问题。马尔库塞的论述不但和当代技术发展脱钩，而且他对弗洛伊德元心理学的理解也趋于肤浅，常常搞错。比如他把死亡驱动当作形而上学的非存在（non-being）去理解，又把爱欲和存在原理（principle of being）相提并论。与此同时，马尔库塞对他那个时代心灵机的蓬勃发展却视而不见。

些问题是：有关语言的有意义和无意义，批判理论家的语言观究竟是从哪里来的？它来自在理论上未经充分论述的概念，还是来自可以自圆其说的语言哲学呢？如果来自语言哲学的话，那么都有哪一些语言哲学可以不顾语言、文字书写和符号代码之间的鲜明区别，或者把这些区别悬置起来，只是一味地追求所谓语词和语义呢？

这里的症结值得我们追究，霍克海默说过："哲学是一种有意识的努力，为的是把天下的知识和智慧都组织到一个语言结构之中，使万物各得其名，名实相符。"[1] 因此，如何正确地使用语言，这在社会研究所里被他们当作自己哲学工作的核心。如我下文所言，霍克海默所说的哲学和哈贝马斯后期对规范的强调具有异曲同工之处。有一点很清楚，霍克海默和阿多诺把他们的哲学观和真理观都构筑在模仿论的基础上，模仿论的知识观要求"名与物的充分对应"。对于霍克海默的这种方法，哈贝马斯持有异议。哈贝马斯认为，霍克海默和阿多诺把语言的模仿力神秘化了，什么叫名物相符？再者，霍克海默和阿多诺在批判工具理性之前还另外预设了一个理性，这就陷入了意识哲学的困境，因为意识哲学总要先预设一个主体："主体再现客体，主体跟客体打交道"等。[2] 霍克海默和阿多诺合著的《启蒙辩证法》就明白不过地昭示了意识哲学经久不衰的力量。

在《启蒙辩证法》一书里，霍克海默和阿多诺说："技术的根

1. 霍克海默：《工具理性批判》（*Eclipse of Reason*, p.179）。

2. 哈贝马斯：《交往行为理论（第 1 卷）：行为合理性与社会合理化》（*The Theory of Communicative Action, vol.1: Reason and the Rationalization of Society*, p.390）。

本理由是统治本身的根本理由。”[1] 这里的现代技术指的是汽车、炸弹、电影和总体的文化产业。他们进而指出：“在这些技术的宰制下，对个人意识的控制，也就压制了抵抗中心化控制的需求。”霍克海默和阿多诺在研究真理和知识的条件时发现，意识、语言、工具理性和社会统治是紧紧纠缠在一起的，因此，他们指出：“启蒙就是对大众的大规模欺骗。”这一判断是建筑在他们对思想和语言关系的分析上的。[2] 他们认为，思想的物化，无论是以数学的形式、机器的形式，还是组织的形式，其过程必然导致人们“对思想的放弃”。霍克海默和阿多诺所指出的“对思想的放弃”这一点，和我在本书中考察的思维机有某些交叉之处，但我认为，有必要把他们的洞见继续往前推进，来进一步追问：在新的社会环境里，人一旦放弃了思想，那么思想会不会被思维机所取代呢？人放弃思想之后，是不是要走向神经分裂，走向自控机，被资本主义的社会心理机制所操纵呢？这些碰巧都是德勒兹和加塔利两人后来在《反俄狄浦斯情结：资本主义与精神分裂》一书里力图探讨的内容。

不难看到，霍克海默和阿多诺对工具理性的批判撞上了一个概念的障壁，就很难继续往前推进了，这堵墙就是他们的意识哲学（philosophy of consciousness）。哈贝马斯说，霍克海默和阿多诺提出的理性概念，原本是为了驳斥语言被工具化的，但他们所谓理性必须只能在哲学、意识和语言的关系里生根，而这三者的关系能不能

1. 霍克海默、阿多诺：《启蒙辩证法》（*Dialectic of Enlightenment*, p.121）。
2. 由于语言理论上的形而上字，他们始终看不见控制论的突破性成就。

站住脚，还是一个问号。

哈贝马斯的批评点出了一个不可解决的症结，这一症结深深地根植于霍克海默和阿多诺形而上学的语言哲学之中，而意识哲学就是一种形而上学哲学。比如，我们很难想象霍克海默或阿多诺愿意承认机器可能获得智能，无论在有意识的层面，还是在无意识的层面。但他们深信，人是可能"放弃思想"的，这个判断有一个意想不到的后果：当人主动放弃思想的时候，机器却获得了思维能力，这是不是说形而上学的游戏场从此被摆平了？哈贝马斯接下来提出了他的交往行为理论，就是要用交往行为理论彻底取代意识哲学，他一再强调"主体间性"，把语言哲学放在第一优先地位。哈贝马斯认为："把研究范式转向交往理论，我们就有可能重返被打断的对工具理性的批判，重新肩负起被忽视的社会批判理论的任务。"[1]

哈贝马斯说，主体间性的交往模式是"把理性的认知工具置于恰当的地位，让它成为更广泛的交往理性的一部分"。由此，语言哲学被赋予重任，承担了批判理论的基础，好让批判理论摆脱此前的客观理性和主观理性的症结。哈贝马斯所谓主体间性的交往模式是什么意思呢？显然，在本书的研究范围内，我们对他的交往理性理论进行全面的重新评估是不可能的。我关注的重点是哈贝马斯有关语言、交流和主体间性的前提性论述，因为他的这些观念和本书阐述的文字书写、控制论无意识和媒介技术的问题有密切关联。从

1. 哈贝马斯：《交往行为理论（第 1 卷）：行为合理性与社会合理化》（*The Theory of Communicative Action*, *vol. 1: Reason and the Rationalization of Society, p.86*）。

本书有限的视角重温哈贝马斯的主体间性的交往模式，有助于廓清或解释批判理论与控制论无缘相会的原因。

那么，哈贝马斯是不是对信息论和控制论的发展有所了解呢？尽管法兰克福学派社会研究所的早期成员明显忽视了这些技术的发展，但哈贝马斯不同，他看到了控制论推出的新型自调节系统，说它们是"控制身心"的手段。对此，他表示关切："在未来的日子里，人们还可能在更深的层次上实施对行为的控制，比如通过生物技术对内分泌调节系统实行干预，更不必说通过改变遗传信息的基因传递，那后果就更严重了。"[1] 接着他问道，人们以前靠日常语言交流发展出来的意识领域，最终会不会彻底干涸？倘若这种事情发生，那么就会出现"人们用意志创造历史，但他们并不是透过意识这样做的"现象。这一洞见差一点就让哈贝马斯和控制论的心灵机相遇了，但是，他很快就掉头走到相反的方向，开始提倡他的乌托邦：一个交流不受限制、理性化社会规范的乌托邦。

在某种意义上，批判理论与控制论擦肩而过，我们不必感到太惊讶。哈贝马斯对新兴技术的了解多半来自二手源头，是经过系统论的中介。系统论常常与塔尔科特·帕森斯（Talcott Parsons）和尼古拉斯·卢曼的名字连在一起，哈贝马斯的著述常常论及这两个人。在论述结构主义和系统论的时候，哈贝马斯把它们视为"无主体"的"匿名规则系统"，认为两者之间存在有意思的平行现象。[2]

---

1. 哈贝马斯：《走向理性社会》（*Toward a Rational Society: Student Protest, Science, and Politics*, p.118）。

2. 哈贝马斯：《论社会交往的语用学：交往行为理论初探》（*On the Pragmatics of Social*

比如他说，结构主义是模仿语法规则，系统论的规则则是自调节系统（self-regulating systems）或自创生系统（autopoiesis）等，这个描述其实不太准确。[1] 哈贝马斯还说，结构主义或系统论充当社会理论的价值很有限，理由是，“语法规则的系统需要由懂规则的说话人去实现，相比之下，机器是自己调节的，无须任何主体”。据此，他断言：“在这两种情况下，都没有产生一种理论范式，适合于准确描绘主体间性是怎样约束意义结构的。”由于哈贝马斯执着于语言意义，他大大低估了信息论对社会生活的革命性影响，这似乎和他早前的洞见出现矛盾。社会生活的意义已经被机器对有意义和无意义的重构所改变，社会生活的意义大大超越了语义学的范式，这一点我们在香农、麦卡洛克、皮茨和拉康那里已经看到，他们的研究早已超出语言学的范式。[2]

哈贝马斯说机器不需要主体，这是不错的。但他看得不够远，

Interaction: Preliminary Studies in the Theory of Communicative Action, p.15）。

1. 尼古拉斯·卢曼的自创生概念偏向麦凯而不是偏向香农。在《社会系统》（*Social Systems*）里，卢曼将通信界定为信息接收方“自我”和发送者“改变”之间，通过“信息”“说话”和“理解”三重选择所达成的综合过程，参见《社会系统》（*Social System*, p.141）。我们把卢曼和拉康进行比较，拉康的通信线路是无意识的，独立于人的言说和人的理解而存在。卢曼明显是把通信当作语言系统来研究，这就解释了为什么他在自己雄心勃勃的著作里执着于“意义”“理性”和“指称”。遗憾的是，他的语义进路和他的自创生概念不相匹配。他的自创生概念借自洪贝尔托·梅图拉纳和弗朗西斯科·瓦雷拉的著作，而事实上，梅图拉纳和瓦雷拉模拟的是自控机，完全不是人和人面对面的语言交流。

2. 对卢曼和基特勒回应信息论和控制论时的分歧意见的批评分析，参见杰弗里·温斯洛普-杨（Geoffrey Winthrop-Young）的文章《芯片社会学：黑格尔宝座上的两个国王？论基特勒、卢曼和德国媒介理论的融合》（*Silicon Sociology, or, Two Kings on Hegel's Throne? Kittler, Luhmann, and the Posthuman Merger of German Media Theory*）。

他没有考虑到控制论和信息论不只是自调节系统。好像除此以外，就没有别的什么可以关注了。哈贝马斯完全绕开了自控机提出的新的哲学问题，而仍然在语言哲学的基础上讨论交往行为理论。但战后信息技术日新月异的革新，使语言哲学越来越跟不上日益紧迫的技术发展。对哈贝马斯而言，交往行为在很大程度上仍然和“达成理解的语言过程”相联系，与社会情境里的言说相联系。他写道：“交流者要在言语行为有效性上达成一致——也就是说，在主体之间确认言说的有效性上，交流者之间要达成意见一致。”[1] 这样的论述与拉康截然相对，拉康的精神分析学是在符号界的层面论述什么是交流的。

在《交往行为理论》一书中，哈贝马斯思考了语言功能的四种模式，他试图比较在每一种模式的驱动下，个体之间如何实现社会语言层面上的互动。这四种模式都是他从理性的标准出发而确认的语义学模式，它们是：目的论模式（基于意向主义语义学）、规范模式（基于意义上的文化共识）、拟剧论模式（基于命题和言说行为）和行为交往模式。第四种模式对他来说最重要，它依托于形式语用学，且在哈贝马斯的理论建构中占据佼佼者的地位。这是因为“行为交往模式将语言预设为不受限制的交流，在这里，说话者和听话者从他们预先诠释的生活世界出发，同步参照客观世界，参照社会和主观世界，以达成所处情景的共同定义”[2]。那么，哈贝马斯

1. 哈贝马斯：《论社会交往的语用学：交往行为理论初探》（*On the Pragmatics of Social Interaction: Preliminary Studies in the Theory of Communicative Action*, p.300）。

2. 哈贝马斯：《交往行为理论（第 1 卷）：行为合理性与社会合理化》（*The Theory of*

的语言观在多大程度上拉开了他与霍克海默和阿多诺的逻各斯中心主义语言观的距离呢？当语言被看作是说话者和听话者不受限制的交流媒介时，哈贝马斯与霍克海默和阿多诺之间的距离几乎可以忽略不计；或者按照卢曼的交往行为理论，语言被看作是“变因”和“自我”的交往媒介，那么，哈贝马斯与霍克海默和阿多诺之间的距离也可以忽略不计。[1] 哈贝马斯把交往的前提看作是对事物的指涉，达成共同定义——多少有点接近传统自由主义对理想的社会契约的思考——这等于是又回到了逻各斯中心主义，忽略了他自己试图解释的生活世界中的更多东西。这些东西包括令人瞩目的通信技术，从电报到信息技术，还有我们时代的卫星通信系统技术。我在本书中试图论证，这些技术不仅深刻影响了社会交流，而且还将哲学中关于意义的有无的这一类思考向前推进了一步，大大超越了语义学、言语行为理论、意义理论等多种模式。过去的语言哲学的前提常常基于人与人面对面的交流行为，但从控制论的角度来看——正如拉康所示，人与人的所谓交流，根本上处于神经分裂的状态。

我们已经看到，早在 1844 年，塞缪尔·莫尔斯的电报术就已开启新交流模式的时代，极大地影响了未来的人机关系。我在第二章里提到莫尔斯的伙伴阿尔弗雷德·维尔和他眼中的未来前景。当美国建成第一条电报线的时候，维尔就说，电报的接收端不一定非要有人在场不可，甚至我们都不必问接收方“你在不在？”，那是

Communicative Action, vol. 1: Reason and the Rationalization of Society, p.95)。

1. 尼古拉斯·卢曼：《社会系统》(*Social Systems*, pp.141–143)。

多余的问话。[1]一个半世纪以来，随着即时电子传输的收发自动化大大增强，交往双方的那种不受限制的语言交流机及其社会政治意义也都跟着减弱了。语言在电话技术和信息技术里被编码，被媒介传递，成为信息。信息来回穿梭不断，其表达模式早已从言说行为转向机器上的表意书写。很显然，通信技术给我们提出了一系列哲学问题。拉康对这一转向有着清醒的认识，为了给《窃信案》研讨班解释什么叫信息传播，他打了一个比方，说"发信的人对他发出的信拥有一定的权利，这是不是等于说，发出的信不完全属于收信的人呢？这里有没有另一种可能性，即收信的人从来都不是真正的收件人？"[2]从爱伦坡的小说到自控机，拉康的哲学思考最终落实在以下的几个问题上：心灵机如何作用于自控机？反过来，自控机又如何作用于心灵机？心灵机和自控机被奇偶游戏的规则所制约，它们是自动运转的，与所有的奇偶游戏都一样。

1. 阿尔弗雷德·维尔：《华盛顿和巴尔的摩的美国电磁电报已开通运营》(*Description of the American Electro Magnetic Telegraph: Now in Operation Between the Cities of Washington and Baltimore*, p.21)。

2. 拉康：《〈窃信案〉研讨班》(*Seminar on "The Purloined Letter"*)。

第二节　意识形态机器

事实上，有人发现意识形态也会自动运转，牵涉到人的无意识，于是开始利用自控机来重新思考什么是意识形态。20 世纪 60 年代的计算机模拟程序中，有一些著名的案例，特别值得一提的是罗伯特·阿贝尔森的研究。阿贝尔森当年设计了一套计算机程序，叫“意识形态机器”，让机器模拟一个美国冷战斗士的意识形态。阿贝尔森感兴趣的是信念系统的结构问题及其可预测性，这个方法有点像肯尼斯·科尔比的方法。和科尔比不同的地方在于，阿贝尔森的“意识形态机器”既不搞似是而非的比喻，也不进行心理病理的理论玄想，而是把“意识形态机器”的运行落实到美国政治话语的历史参数之中。这项研究的出发点来自以下认识：“人容易把自己和外部世界之间的符号系统简单化，这种简单化倾向往往让大部分的国际冲突和国内冲突趋向恶化。”[1] 意识形态就是通过符号系统的简单化运作去扭曲国际关系，加剧危险的冲突，这里的预测性是很高的。但这种符号系统的特征与人们通常说的欺骗和自欺关系不大，它的问题是太过于简单，靠自动运作，而且完全可预测。

阿贝尔森批评了心理病理研究，他说那种研究在分析人的政治行为时，表现出一种认知趋向，因为它预设人在受到强烈的情感和

1. 罗伯特·阿贝尔森：《信念系统的结构》（*Structure of Belief Systems*）。

欲望所驱动的时候，就会对自己的环境产生极端错误的感知。这无异于把情感归入非理性，反之亦然。心理病理学的研究认为，一个人如果使用极其不准确的符号系统去描述世界，那么他一定是受到了强烈的感情主导。阿贝尔森不赞成这个观点，他说，我们可以列举出“大量‘冷性’的认知因素，这些因素照样生成不准确的世界观，了解这些认知因素如何运行，才是至关重要的”。由于计算机不带情感——尽管马文·明斯基持不同的看法——因此用计算机来测试这个理论就很理想。他的具体案例是，测试美国右翼的政治狂热是怎样由“冷性”的认知因素来推动的。

阿贝尔森设计的意识形态机器程序让计算机模拟真人回答外交政策的问题。它的系统里储存了一整套政治意识形态的语言，当人用英文给机器输入一个问题，计算机程序就用英文输出它的回答，答案必定表现出机器的政治意识形态。计算机储存器里的词汇包括500个名词短语和100个动词短语，都与美国的外交政策有关，比如“尼克松”“越南”“武器销售”等。这些词汇被分类，形成几大概念范畴，其中，名词里有15类（如“偏左中立者”“自由世界的国家”“自由主义傻瓜”等），动词里有11类（如“实战打击”“物资支援”等）。这些概念的范畴之间来回组合，总共生成300类事件，再把这些事件分别进行组合，就合成一些脚本。

阿贝尔森模拟程序的核心是子程序（subroutine），子程序的作用是“填充不同的分子”。人给机器输入的通常是一个句子（简单的主谓宾形式），从机器输出的句子含有被填充的分子，不但有已经输入的句子，还有完成它的分子集合所需的其他适当的句子。不过，从机器输出的句子也有可能是一个失败的信号，表示计算机系统不能理解输入的句子。这个意识形态机器的母脚本（master script）揭示出，意识形态生产是一个高度自动化的过程。阿贝尔森和卡罗尔·雷奇（Carol M. Raich）指出，计算机模拟的“是参议员自动机，当参议员自动机收到呈送给他的输入句型时，它就能模拟出真实的参议员可能会想到的答案”[1]。这个自动机参议员的原型是当年一个名叫巴里·戈德华特（Barry Goldwater）的极右翼参议员。阿贝尔森选中这个人作为他的计算机程序的模特，是因为戈德华特在演说里表达的政治信念极其简单幼稚，它很容易被计算机预测出来。[2]

阿贝尔森在他所设计的意识形态电脑游戏中，设定了几种不同的冷战参与者，也就是所谓“自由世界”“自由世界的对立国”，以及“自由主义斗士”。当这个意识形态程序被启动之后，马上就会出现所谓“自由世界”和“对立国”之间的角逐。电脑程序设定的前提是，假如“对立国”取得胜利，它的目标就是统治全世界。与此同时，这个程序还预设了一个条件，即所谓自由世界的政府已被左翼人士所占据，这些人掉入了“对立国”的圈套。根据程序的游戏规则，冷战的斗士在这种情况下挺身而出，奋力要把“对立国”的影响从“自由世界”赶出去，好让所有自由国家联合行动，以阻止敌手的图谋，确保自由世界的胜利。当设计师阿贝尔森把某个句子——如“如果泰国遭到进攻，将会有什么情况发生？”——输入

1. 罗伯特·阿贝尔森：《信念系统的结构》（*Structure of Belief Systems*）。
2. 同上。

机器之后，意识形态机器输出的回答则是："如果敌对国进攻泰国，他们就会占领无防备的国家，因此泰国要向美国求援，美国将向泰国提供援助。"不过有时候，意识形态机器给出的回答也会暴露出它的语义盲点，往往是由于机器缺乏历史知识，或者是由于那时的电脑还没有能力判断国与国之间的地理距离有多远。因此，学者博登指出，如果我们给阿贝尔森的意识形态机器输入"某某国修建柏林墙"（某某国实际离德国很远）这句话，让意识形态机器来判断它的可信度，那么意识形态机器就会自动回答说：某某国一贯搞反美活动，这种事肯定是他们干得出来的。其实，这一类无知幼稚的言说，完全有可能从那位参议员戈德华特自己的口中说出。[1]

阿贝尔森的计算机母脚本靠的是语义驱动，这里面有一个预设的前提，即符号操作和无意识之间有着根本的关系。这个模拟程序生成的结果发人深省，让我们清楚地看到，冷战中的一些话语结构是怎样自动运转的。遗憾的是，阿贝尔森没有进一步探讨符号操作和无意识之间究竟存在什么关系，他以为只要人为地把信念系统编入机器程序，就足以表达符号操作和无意识的关系了。除此之外，阿贝尔森也同样忽略了对计算机的信念系统提出质疑，忽略了对这个系统与语义和语言规范的关系提出质疑，这让人想到奥格登和理查兹与他们的问题。我在前几章讨论过奥格登和理查兹两人对语义和意义规范的强调，他们的研究里也充满了意识形态斗争和对非理性的恐惧。

1. 此段译文有节略。——译者注

第三节　小字母，大博弈

名物不对等，交流不理性，奥格登和理查兹对此表现出极大的焦虑，这也解释了两人为什么要合著《意义之意义：有关语言对思维的影响以及象征符号研究》（*The Meaning of Meaning: A Study of the Influence of Language upon Thought and of the Science of Symbolism*）那本书。这一部两次世界大战之间出版的学术经典，一度很火，在1923年到1943年间就印行了六个版本，可是当信息论在战后高调登场以后，《意义之意义：有关语言对思维的影响以及象征符号研究》的影响很快就销声匿迹了。想当年，奥格登和理查兹两人雄心勃勃，在书里批评语言学家索绪尔，说索绪尔只注重符号，不注重“符号所代表的事物”[1]。于是，他们提议，要用理性的程序把“符号”和“所指物”区分开来，把“意义”限定在符号与符号所指现象之间相对应的关系上。他们的意义理论是为了一劳永逸地解决心理过程（思想）如何科学地和符号（语词）建立联系的问题，同时还要解决心理过程（思想）如何与其“所指物”（事物）建立联系的问题。只有这样，人们在常态的社会语言交流过程中，才能辨别出使用语言中的病理性障碍，使之最小化。有趣的是，他们分析的例句之一包括下面的两句话：“我的烟斗灭了”和“我的烟斗正在燃烧”。为了

---

1. 奥格登、理查兹：《意义之意义：有关语言对思维的影响以及象征符号研究》（*The Meaning of Meaning: A Study of the Influence of Language upon Thought and of the Science of Symbolism*, p.6）。

找出这两句话的所指物，他们首先诉诸一套语义的规范标准，然后根据这套标准来确定这两句话在各自语境里的正确意义是什么。顺便提一下，比利时超现实主义画家雷内·马格利特（René Magritte）当年创作了著名的组画“这不是一个烟斗”，他未必是针对奥格登和理查兹的，未必是嘲笑他们用来分析“烟斗”符号的规范方法。但即使马格利特不是针对他们两个人，福柯的小书《这不是一只烟斗》也选择了在视觉和语言的互动之中解释马格利特的组画，挖掘其中的思想要义。这说明，起码福柯已经看出了超现实主义如何公开调侃所有一切想把语言符号或视觉符号规范化的做法。[1]

我在第三章提到，奥格登和理查兹在《意义之意义：有关语言对思维的影响以及象征符号研究》（*The Meaning of Meaning: A Study of the Influence of Language upon Thought and of the Science of Symbolism*）一书中明确宣示的目标是“语言优生学”。他们写道：“我们进入有魔法的语词密林，我们只要有基本规则就能对付各种邪恶的精灵，无论是来自语音的、神学的，还是邪教的花招，我们还能对付那些令人不安的幽灵，无论是刺激物、托钵僧，还是游牧人。”他们用民族志的目光纵览从古至今的地域风景和社会语言风情，从远古到文明，从东方到西方，最后得出结论说，东方是言语迷信的真正故乡。[2] 即便如此，奥格登和理查兹最后都承认，言语迷信绝不是东

1. 参见福柯精致的小书《这不是一只烟斗》（*This Is Not a Pipe*）；亦见泰勒在《复杂性时刻：新兴网络文化》（*The Moment of Complexity: Emerging Network Culture*, pp. 75–77）中的有关论述，其中包括他对自反巡回的分析。

2. 我不妨在这里提一件事：理查兹在中国推行 BASIC English 可谓呕心沥血，但他对中国的所见所闻并不用心思。突出的一个例子就是他回忆在清华大学教学哈代小

方独有的，而是处处可见。在《实用批评》(*Practical Criticism*) 一书里，理查兹提到，他在剑桥大学的教学中采用了固定的文本，用这个方法测试本科生如何阅读诗歌。理查兹的方法是先把作者和历史背景隐去，要求学生直接阅读诗歌文本，再来判断他们读得好还是读得差。理查兹的细读实践启发了新批评学派，这一切都是理查兹为了驱除语言魔幻、纠正思想谬误、远离心理病态所做的努力中的一部分。理查兹毕生都在全球范围推动这个事业。

在这一点上，哈贝马斯的交往理性理论与第二次世界大战前的语言和意义理论不谋而合，两者都强调语言规范的重要性，同时也解释了哈贝马斯对战后兴起的通信技术为什么有如此大的理解偏

说《苔丝》的情况。理查兹说，他在课上朗读苔丝最后遭到惩罚这一幕的文本时，听见学生开始鼓掌，他感到无比震惊和困惑。他猜到的原因是，学生将《苔丝》视为"儒家"的道德故事，苔丝的死是不听父亲教诲的报应［鲁索：《理查兹传》(*I. A.Richards*, p.406)］。理查兹在《BASIC English 教学，东方和西方》(*Basic in Teaching: East and West*) 一书里提到这件事，进而讲述他眼里的东西方文化差异或鸿沟，但这个解释不可信。首先，千年来中国的戏剧和小说充满了女儿反抗父权和具有儒家价值的故事，故事有悲惨的结局，但也有成功的结局。《牡丹亭》和《红楼梦》就是突出的例子，有文化和没接受过教育的中国人从小就接触戏剧，他们即使没有读过这些故事，也都听说过。其次，就在理查兹旅居北京期间，巴金的小说《家》畅销全国，其强烈抨击封建父权，哀悼女性沦为牺牲品。再次，理查兹在 20 世纪 30 年代的北京不可能没看到羽翼丰满的新女性，反孔运动也已经结出社会改革的硕果。但凡理查兹和女学生交谈一下，他就会发现她们中的许多人都登台演出过易卜生的《玩偶之家》，最起码读过这个剧本，那么，他得出的有关文化差异的结论就不会失之过简。无论怎么看文化鸿沟，理查兹对性别政治和中国文化传统的双重无知，都大大限制了他的理解。他不知道清华大学的学生不同情苔丝是不是因为他们共有的儒家心态。我们不知道学生为什么会鼓掌，没有证据是不可以随便猜想的。总之，不可能是理查兹为西方读者提供的解释，只能说是他对中国学生缺乏好奇心，结果误判了学生在阅读西方文学经典中表现出的文化差异。

差。为了对付和抗衡在社会交往中爆发的非理性，哈贝马斯要重整旗鼓，提出交往行为的规范模式，这个模式的根基是从语义学的角度理解语言。像理查兹一样，哈贝马斯力图捍卫社会规范，阻止语言交流的瓦解，摒除所谓“交流病态”，无论在有意识的层面，还是在无意识的层面。有意识层面的“交流病态”指的是有意欺骗和愚弄别人；无意识层面的“交流病态”指的是“交流的系统性扭曲”。[1] 哈贝马斯说，在无意识层次上的交流病态就好比是“无意识地压抑自己的内心冲突，精神分析师把这叫作防卫机制”，在“内心和交往两个层次上”引起交流的障碍。为了解释系统性扭曲的病态怎样发生，哈贝马斯说，弗洛伊德有关无意识和语言及其关系的论述是有意义的，仅此而已。哈贝马斯没有考虑到，所谓病态也许根本就内在于交流，而在这个问题上，他那个时代的精神分析师和控制论专家已经有很多的讨论和建树。用学者刘艾伦（Alan Liu）的话来说：“如今，非理性的一切可怕的能量都必须被控制起来，要依赖组织的强大和理性的管理手段来控制。”[2] 由于哈贝马斯没有研究信息论的基础理念，也没有研究应用于心理的控制论模型，因此他的交往行为理论显得出奇地陈旧，脱离了在迅速发展中的数字媒介带来的新思想的挑战。

我们不妨再次回顾维森鲍姆的聊天程序，维森鲍姆说过，计

1. 哈贝马斯：《交往行为理论（第 1 卷）：行为合理性与社会合理化》（*The Theory of Communicative Action, vol.1: Reason and the Rationalization of Society*, p.332）。

2. 刘艾伦：《酷的法则：知识工作与信息文化》（*The Laws of Cool: Knowledge Work and the Culture of Information*, p.50）。

算机“伊莉莎”程序里的DOCTOR既像医生，又像算命先生。人和机器交谈时，自始至终都有非理性的阴影笼罩着理性，因为聊天中出现的所谓“意义”仅仅是人的幻觉而已。那么，我们是不是能在更早的电信通讯中发现同样的非理性阴影呢？比如电报术，我们该把它归到交往理性这一边，还是归到非理性和巫术那一边呢？抑或是横跨理性和非理性呢？有趣的是，当塞缪尔·莫尔斯被耶鲁大学授予荣誉博士学位时，莫尔斯把LL.D.（法学博士）的称号读作Lightning Line Doctor（电闪雷鸣博士）。[1] 莫尔斯做发明家之前是一名肖像画师，他说电磁电报术是神启的工具。为了说服美国政府给他提供资助，莫尔斯跑到众议院商务委员会去展示他的“电闪雷鸣”装置。1844年5月24日，从华盛顿到巴尔的摩的第一条电报线正式开通，莫尔斯在开通仪式上发出了一条引人注目的电文，这条最有纪念意义的电文，取自《圣经》里古代预言师巴拉姆的一句话：“上帝创造了怎样的奇迹啊！”[2] 电报术的成就在当年叫人惊艳不已，许多目击者都留下预言般的说法，被如实记录，流传后世，如“时间和空间已被消灭”。这一类口号在今天已不再新鲜，甚至有点陈腐，这是因为人们在过去的一个半世纪里把它重复了无数次，而后现代更新的说法是，时间和空间都被大大压缩了。不过，在莫尔斯那个时代，这种口号传达的是地道的洞见，也预示着真正原创伟力的

1. 卡尔顿·马比：《美国的达·芬奇：莫尔斯传》（*The American Leonardo: A Life of Samuel F. B. Morse*, p.294）。

2. 选中这句话用作报文的是一位女青年安妮·艾尔斯沃斯（Annie Ellsworth），参见马比：《美国的达·芬奇：莫尔斯传》（*The American Leonardo: A Life of Samuel F. B. Morse*, p.275）。

开端。

对比一下，拉康的做法和法兰克福学派的做法就不一样，拉康对电磁讯息和数字讯息始终保持着密切关注，积极地去了解当代信息技术的发展。他没有轻视香农的通信机或维纳的控制论，也没有将这些简单地视为工具理性。恰恰相反，他从博弈论、控制论和信息论那里获得很多洞见，极大地丰富了他的精神分析理论。拉康的重要发现之一是，科学家善于用小字母玩大游戏，而且玩的都是一些致命的游戏。人们必须重视无意识和符号界的问题，甚至严阵以待。拉康的做法提醒我们，掌握计算机编程的技能不一定是我们思想的先决条件，我们不能等到学会这些技能之后，再进行哲学思考。不懂编程的普通读者同样能够了解我在本书里试图传达的内容。在我看来，知识的先决条件在别处，在于敞开思路，随时准备去了解世界上出现的原创知识。现代通信机里的非连续字母 – 数字符号就是我们必须了解的基本知识之一，如果不了解这一点，我们就无从了解无意识的技术，即使在光天化日之下，它也会隐而不显。

无意识，这个被数字技术更新过的无意识，恐怕是意识形态现象自我暴露的最后堡垒。我在书中试图论证，无意识的技术在现代性的过程中，怎样伴随着精神分析学和心理治疗的前沿发展，怎样继续着语词联想游戏和记忆实验，与欧美现代主义高峰期的文学艺术实验一道演进。稍后，在第二次世界大战以后的岁月里，无意识的技术出人意料地在香农的机识英文里再次露头，在字母和语词的统计概率计算中若隐若现。与此同时，香农等人发明的第 27 个字母（空格）等一系列的机制，使机识英文在数字革命里获得了本体的地位。随着字母 - 数字书写的进一步演化——尤其是战后神经网络和心灵机的演化，无意识的技术再次大放异彩，于是就有了控制论意义上的无意识。

写到这里，本书似乎在把我的结论推向对意识形态的批判。但这样的结束语可能吗？有必要吗？很难说我们对意识形态现象能得出什么恰当的结论，而我们必须思考的是如何把数字媒介更有效和有力地融合进当代的社会理论和批判理论。我们的批判研究首先需要抛弃陈旧的意识哲学，丢掉以人为中心的那些老话题，才能起而面对文字书写的种种曲折和无意识技术，因为这一切已经深深地嵌入了数字媒介带来的人机生态中。我认为，批判理论家的珍贵遗产之一是思想上的警觉性，他们把语言研究作为哲学批判的场所，这是有道理的。那么，未来的理论家能不能带着同样的警觉性去研究文字书写的技术呢？此外，批判理论在多大程度上能帮助我们重新思考数字媒介的社会理论呢？如果弗氏人偶体现的是后人类社会结构的无意识，那么抵抗这种无意识的逆向工程有没有出现的可能？我想，我们对付数字媒介的无意识技术的第一步，就是把所有这些问题推向讨论的前沿，展开公开的辩论。

从机识英文的发明，一直到非连续符号在文字书写场域的爆发，我们看到，数字革命已经让拼音文字的表意运动完成了一个大循环。这场革命已经彻底颠覆了我们对语言和文字书写的认识，不仅如此，数字革命还把弗氏人偶带到了我们的身边。

谢　辞

与许多同事的切磋和交流激励了我的研究，我为此而深表谢忱。在德国柏林高等研究院访问的那一年，米切尔（W. J. T. Mitchell）和我同为该院的年度研究员。他始终不渝地热情支持我的研究工作。我们过去几年的交谈贯穿本书成型的过程，他的动画研究激励我去重新研读弗洛伊德。其他读过或听过我书稿内容的朋友也令我受益匪浅，为此我要感谢 Ruth HaCohen、Galit Hasan-Rokem、Nancy Fraser、Jamie Monson、Reinhart Meyer-Kalkus、Karl Clausberg、Ziba Mir-Hosseini、Stefan Maul、Maria Todorova、Thomas Vesting、Helen Watanabe-O'Kelly、Scheherazade Hassan、Myles Burnyeat、Ottmar Ette 和 Joachim Nettelbeck。我还要感谢德国柏林高等研究院图书馆和其他部门的朋友 Martin Garstecki、Gesine Bottomley 和 Eva von Kügelgen。

本书的初稿及部分章节的读者和评阅人给予我很多反馈，有助于我厘清和加强相关研究和论述。我感谢 Elizabeth Heisinger、

Arnold Davidson、Louis Menand、John Forrester、Colin Wright、Mark C. Taylor、Eugene Thacker、N. Katherine Hayles、Neal Curtis、John Rajchman、Victoria de Grazia 和 Anne Boyman，多谢他们慷慨无私的评论、洞见和启发。还有谁要感谢呢？

我应邀到许多大学和学术机构参会，在那里讲演或宣读关于本书内容的论文，我要感谢这些大学和学术机构的邀请：哈佛大学英语学院，剑桥大学艺术、社会科学和人文研究中心，巴塞罗那自治大学国际文化研究院，芝加哥大学比较文学系和东亚语言系及诗歌、诗学与批评研究中心，普林斯顿大学翻译和国际交流中心，耶鲁大学东亚语言文学系吴基金会讲座，纽约城市大学石溪分校比较文学和文化研究系的"文化研究讲座"，希伯来大学英语系。

在过去的几年里，我有幸去过一些研讨会和工作坊报告我正在做的研究项目。比如，我在纽约的社会研究新学院参加了"帝国、后殖民主义和人文学科"研讨会，以及加州大学伯克利分校的中国研究中心举办的"时刻与方法论"会议。此外，我应邀出席加州大学圣芭芭拉分校英语系的"翻译"研讨会，也参加了清华大学中文系举办的"比较现代主义"国际讨论会。

感谢上述学术活动组织者的接待，感谢与会者的回馈，特别要感谢 Mary Jacobus、Robert von Hallberg、秦大伦、徐贞敏、Martin Kern、黄运特、钟雨柔、孟连素、张力、巫鸿、王中忱、孟悦、于晓丹、Judith Zeitlin、Sean Golden、Joaquin Beltran、Sara Rovira、Ira Livingston、Benjamin Fong、Iona Man-Cheong 等学者。

感谢出版社和期刊允许我在中文版著作中再次使用发表过的

几篇论文。第三章和第四章的大段文字起初发表在《批评探索》(*Critical Inquiry*)上。这两篇文章是:《iSpace:乔伊斯、香农和德里达之后的机识英文》(*iSpace: Printed English After Joyce, Shannon, and Derrida*),《控制论无意识:拉康、爱伦坡和法国理论》(*The Cybernetic Unconscious: Lacan, Poe, and French Theory*)。第五章包含我的文章《图像恐惑症》(*The Pictorial Uncanny*)的一些片段,文章收录在献给米切尔的特刊《文化、理论与批评》(*Culture, Theory and Critique*, July 2009, Routledge)里。他们还慷慨允许我使用文章里的插图。此外,我还要感谢于晓丹为本书做的几张数字图像。

感谢芝加哥大学出版社人文社科部主任艾伦·托马斯(Alan Thomas),他担任本书编辑,深钻苦研,确保出版顺利。他邀请极富洞见的专家审读书稿,肯定本书的价值,似乎比我看得还要深透。这些匿名的审读人提出重要的建议,有助于我的修订,此后有些章节近乎重写。过去几年与艾伦和芝加哥大学出版社的合作于我而言是一次升华之旅,其中的发现和自我发现,令人愉快。感谢 Randy Petilos 的帮助,感谢 Michael Koplow 担任我的手稿编辑,他既热心又细致。

2010 年春,在本书付梓的过程中,我有幸参加哥伦比亚大学同人发起的研讨会"网络与联网(Networks and Networking)",组织者是负责哥伦比亚大学宗教、文化与公共生活研究所的马克·泰勒(Mark C. Taylor)。研讨会中阅读的著作和与会者的讨论令我收获良多。经马克提议,与会者讨论我的手稿,给予我极好的反馈,我也将这些收获融入了书稿。我特别感谢 McKenzie Wark、Casey

Haskins、Michael Como、Rachel McDermott、Joshua Dubler、Giovanna Borradori、Karl Chu、Jeffrey L. Richey 和 R. John，他们提供了很多建议以及参考文献，并指出了手稿的错误和误排。感谢促成这一研讨会的艾米莉·布伦南（Emily Brennan）。

我在哥伦比亚大学的博士生和研究助理钟雨柔、Anatoly Detwyler、Gal Gvili、张力、孟连素等人，他们对本书亦有贡献。他们的热情和好奇心生成了一些饶有兴味的工作坊和研讨班。Anatoly 和 Richard So 在 2009 年成功举办了"书写与技术的地缘政治（The Geopolitics of Writing and Technology）"工作坊，让更多的人对文学和媒介的关系产生了兴趣。我的思想伴侣李陀一直与我对话切磋，从这本书的手稿还未成型直至它的最后完成，他亲历了全过程。李陀在电影和视觉文化方面的博学多识，大大丰富了我对现代主义的理解。感谢他对此书的贡献和给予我的情感支持。

参考文献

Abelson, Robert P.“The Structure of Belief Systems.” In *Computer Models of Thought and Language*, edited by Roger C. Schank and Kenneth Mark Colby, 287-339. San Francisco: W. H. Freeman, 1973.

Abelson, Robert P., and Carol M. Raich. “Implicational Molecules: A Method for Extracting Meaning from Input Sentences.” *International Joint Conference on Artificial Intelligence* (1969): 641-47.

Andrews, S.“Lexical Retrieval and Selection Processes: Effects of Transposed-Letter Confusability.” *Journal of Memory and Language* 35, no.6 (1996): 775-800.

Armand, Louis. *Technē: James Joyce, Hypertext & Technology*. Prague: Univerzita Karlova v Praze, 2003.

Aubin, David.“The Withering Immortality of Nicolas Bourbaki: A Cultural Connection at the Confluence of Mathematics, Structuralism, and the Oulipo in France.” *Science in Context* 10, no.2 (1997):297-342.

Barnett, Lincoln.“Basic English: A Globalanguage.”*Life*, October 18, 1943, 57-64.

Barthes, Roland. *Elements of Semiology*. Translated by Annette Lavers and Colin

Smith. New York: Hill and Wang, 1968.

Beadle, George Wells, and Muriel Beadle. *The Language of Life: An Introduction to the Science of Genetics*, Garden City, N.Y.: Doubleday, 1966.

Beckett, Samuel."Dante... Bruno. Vico… Joyce."In *Our Exagmination Round His Factification for Incamination of Work in Progress,* edited by Samuel Beckett, 16-17. London: Faber and Faber, 1929.

Benjamin, Walter."Painting and the Graphic Arts."In *The Work of Art in the Age of Its Technical Reproducibility and Other Writings on Media*, edited by Michael W. Jennings, Brigid Doherty, and Thomas Y.Levin, 219-20. Translated by Edmund Jephcott, Rodney Livingstone, Howard Eiland, et al. Cambridge, Mass.: Harvard University Press, 2008.

Benveniste, Emile. "Le Jeu comme structure."*Deucalion*, no. 2 (1947):161-67.

Bernal, J. D. *Science in History*.4 vols. London: C. A. Watts, 1969.

Bernfeld, Siegfried, and Sergei Feitelberg."The Principle of Entropy and the Death Instinct." *International Journal of Psycho-Analysis* 12 (1931): 61-81.

Bleuler, Eugen."Consciousness and Association."In *Studies in Word-Association: Experiments in the Diagnosis of Psychopathological Conditions Carried Out at the Psychiatric Clinic of the University of Zurich*, edited by C.G. Jung, 266-96. London: Routledge & Kegan Paul, 1918.

Bloom, Harold. *Agon*: *Towards a Theory of Revisionism*. New York: Oxford University Press.1982.

Boden, Margaret A. *Artificial Intelligence and Natural Man*. New York: Basic Books, 1977.

——. *Mind as Machine: A History of Cognitive Science*. 2 vols. Oxford: Clarendon Press, 2006.

Boltz, William G. *The Origin and Early Development of the Chinese Writing System*. New Haven: American Oriental Society, 1994.

Bonnet, C."Les Scribes phoenico-puniques."In *Phoinikeia Grammata*, edited by Claude Baurain, Corinne Bonnet, and V. Krings, 147-71. Namur: Société des

Etudes classiques, 1991.

Bono, James J."Science, Discourse, and Literature: The Role/Rule of Metaphor in Science."In *Literature and Science: Theory & Practice*, edited by Stuart Peterfreund, 59-90. Boston: Northeastern University Press, 1990.

Boodberg, Peter."'Ideography'or Iconolatry?"*T'oung Pao* 35, no 1-5(1939): 266-88.

Borel, Émile. *Leçons sur la théorie des fonctions*. 3rd ed. Paris: Gauthier-Villars, 1928.

Boswell, James. *Life of Johnson*. Edited by G. B. Hill and L. F. Powell. 6 vols. Oxford: Oxford University Press,1934.

Brooks, Rodney A. *Flesh and Machines: How Robots Will Change Us*. New York: Vintage Books.2003.

Brown, Bill."Reification, Reanimation, and the American Uncanny."*Critical Inquiry* 32, no.2 (2006): 175-207.

Caillois, Roger. *Les jeux et les hommes*. Paris: Gallimard, 1958.

——. *Man, Play, and Games*. Translated by Meyer Barash. New York: Free Press of Glencoe,1961.

Carson,Cathryn."Science as Instrumental Reason: Heidegger, Habermas, Heisenberg."*Continental Philosophy Review*, Dec. 5, 2009. http://www.springerlink.com/content/e5772880g7750031/

Cavell, Stanley."The Uncanniness of the Ordinary."In *In Quest of the Ordinary: Lines of Skepticism and Romanticism*, 153-78. Chicago: University of Chicago Press, 1988.

Chao, Yuen Ren."Dimensions of Fidelity in Translation With Special Reference to Chinese." *Harvard Journal of Asiatic Studies* 29 (1969):109-30.

——. *Mandarin Primer*. Cambridge, Mass.: Harvard University Press, 1948.

——."Meaning in Language and How It Is Acquired."In *Cybernetics, Circular Causal and Feedback Mechanisms in Biological and Social Systems: Transactions of the Tenth Conference*, edited by Heinz von Foerster. New

York: Josiah Macy, Jr. Foundation,1953.

Chargaff, Erwin. *Essays on Nucleic Acids*. New York: Elsevier, 1963.

Chavannes, Édouard, trans. *Cinq cents contes et apologues: extraits du Tripitaka Chinois*. 4 vols. Paris: Ernest Leroux, 1911.

Chen, Jiujin, and Zhang Jingguo."Hanshan Chutu Yupian Tuxing Shikao"(a preliminary analysis of the iconography in the jade fragments from the excavation site in Hanshan). *Wenwu*, no. 4 (1989): 14-17.

Cherry, Colin. On *Human Communication: A Review, a Survey, and a Criticism.* Cambridge, Mass.: MIT Press, 1957.

Cherry, Colin, Morris Halle, and Roman Jakobson."Toward the Logical Description of Languages in Their Phonemic Aspect."*Language* 29, no. 1 (1953): 34-46.

Chomsky, Noam. *Syntatic Structures*. The Hague: Mouton, 1957.

Cixous, Hélène."Fiction and Its Phantoms: A Reading of Freud's'*Das Unheimliche*'(the 'Uncanny')."*New Literary History* 7, no. 3 (1976): 525-48.

Clarke, Arthur C. *2001: A Space Odyssey*. New York: New American Library, 1968.

——. *Voice Across the Sea*. New York: Harper & Row, 1959.

Clarke, Bruce."From Thermodynamics to Virtuality."In *From Energy to Information: Representation in Science and Technology, Art, and Literature*, edited by Bruce Clarke and Linda Dalrymple Henderson, 17-33. Stanford: Stanford University Press, 2002.

Colasse, Bernard, and Francis Pavé."La Mathématique et le social: entretien avec Georges Th. Guilbaud."*Gérer et Comprendre* no. 67 (2002): 67-74.

Colby, K. M. *Artificial Paranoia: A Computer Simulation of Paranoid Processes.* New York: Pergamon Press, 1975.

——."Simulations of Belief Systems."In *Computer Models of Thought and Language*, edited by Roger C. Schank and Kenneth Mark Colby, 252-86. San Francisco: W. H. Freeman, 1973.

Colby, K. M, J. B. Watt, and J. P. Gilbert."A Computer Method of Psychotherapy: Preliminary Communication."*Journal of Nervous and Mental Disease* 142, no. 2(1966): 148-52.

Colby, K. M., Sylvia Weber, and Franklin Dennis Hilf."Artificial Paranoia."*Artificial Intelligence* 2, no. 1 (Spring 1971): 1-25.

Conway, Flo, and Jim Siegelman. *Dark Hero of the Information Age: In Search of Norbert Wiener, the Father of Cybernetics*. New York: Basic Books, 2005.

Coulmas, Florian. *Writing Systems: An Introduction to Their Linguistic Analysis*. Cambridge: Cambridge University Press, 2003.

——. *The Writing Systems of the World*. Oxford: Blackwell, 1989.

Crick, Francis. *What Mad Pursuit: A Personal View of Scientific Discovery*. New York: Basic Books, 1988.

Crick, Francis H. C., J. S. Griffith, and L. E. Orgel."Codes Without Commas."*PNAS* 43 (1957): 413-21.

Daniels, Peter T., and William Bright. *The World's Writing Systems*. Oxford: Oxford University Press, 1996.

DeFrancis, John. *Visible Speech: The Diverse Oneness of Writing Systems*. Honolulu: University of Hawaii Press, 1989.

Deleuze, Gilles. *Cinema 2: The Time-Image*. Translated by H. Tomlinson and B. Habberjam. Minneapolis: University of Minnesota Press, 1989.

——. *Difference and Repetition*. Translated by Paul Patton. New York: Columbia University Press, 1994.

——. *The Logic of Sense*. Translated by Mark Lester with Charles Stivale. London: Athlone Press, 1990.

Deleuze, Gilles, and Félix Guattari. *Anti-Oedipus: Capitalism and Schizophrenia*. Volume 1. Trans. Robert Hurley, Mark Seem and Helen R. Lane. Minneapolis: University of Minnesota Press, 1983.

——. *A Thousand Plateaus: Capitalism and Schizophrenia*. Volume 2. Trans. Brian Massumi. Minneapolis: University of Minnesota Press, 1987.

Dennett, Daniel C. *Consciousness Explained*. Boston: Little, Brown and Co., 1991.

——. *Kinds of Minds: Toward an Understanding of Consciousness*. New York: Basic Books, 1996.

Derrida, Jacques. *Dissemination*. Translated by Barbara Johnson. Chicago: University of Chicago Press, 1981.

——. *Glas*. Translated by John R. Leavey Jr. and Richard Rand. Lincoln: University of Nebraska Press, 1986.

——. *Margins of Philosophy*. Translated by Alan Bass. Chicago: University of Chicago Press, 1982.

——. *Of Grammatology*. Translated by Gayatri Chakravorty Spivak. Baltimore: Johns Hopkins University Press, 1976.

——. "Plato's Pharmacy."In *Dissemination*, 61-155. Chicago: University of Chicago Press, 1981.

——. *The Post Card: From Socrates to Freud and Beyond*. Translated by Alan Bass. Chicago: University of Chicago Press, 1987.

——."The Purveyor of Truth."In *The Purloined Poe: Lacan, Derrida, and Psychoanalytic Reading*, edited by John P. Muller and William J. Richardson, 173-212. Baltimore: Johns Hopkins University Press, 1988.

——."Two Words for Joyce."In *Post-Structuralist Joyce: Essays from the French*, edited by Derek Attridge and Daniel Ferrer, 145-59. Cambridge: Cambridge University Press, 1984.

——."Ulysses Gramophone: Hear Say Yes in Joyce."In *Acts of Literature*, 253-309. New York: Routledge, 1992.

Dimand, Mary Ann, and Robert W. Dimand. *The Foundations of Game Theory*. Vol. 3. Cheltenham, UK: Edward Elgar, 1997.

Dosse, François. *History of Structuralism*. 2 vols. Translated by Deborah Glassman. Minneapolis: University of Minnesota Press, 1997.

Doyle, Richard. *On Beyond Living: Rhetorical Transformations of the Life*

Sciences. Stanford: Stanford University Press, 1997.

——. *Wetwares: Experiments in Postvital Living*. Minneapolis: University of Minnesota Press, 2003.

Dubarle, D."Idées scientifiques actuelles et domination des faits humains."*Esprit* 18, no. 9 (1950): 296-317.

Dumit, Joseph."Neuroexistentialism."In *Sensorium: Embodied Experience, Technology, and Contemporary Art*, edited by Caroline A. Jones, 182-89. Cambridge, Mass.: MIT Press, 2006.

Dupuy, Jean-Pierre. *The Mechanization of the Mind: On the Origins of Cognitive Science*. Translated by M. B. DeBevoise. Princeton: Princeton University Press, 2000.

Eakin, Emily."Writing as a Block for Asians."*New York Times*, May 3, 2003.

Edwards, Paul N. *The Closed World: Computers and the Politics of Discourse in Cold War America*. Cambridge, Mass.: MIT Press, 1996.

Ellmann, Richard. *James Joyce*. New and rev. ed. New York: Oxford University Press, 1982.

Enright, Michael J."The Japanese Facsimile Industry in 1990."*Harvard Business School Cases* (May 1991): 1-21.

Fagen, M. D., ed. *A History of Engineering and Science in the Bell System*. Murray Hill, N.J,: Bell Telephone Laboratories, 1978.

Feigenbaum, Edward A."The Simulation of Verbal Learning Behavior."In Edward A. Feigenbaum and Julian Feldman, eds., *Computers and Thought*, 297-309. New York: McGraw-Hill, 1963.

Feigenbaum, Edward A., and Julian Feldman, eds. *Computers and Thought*. New York: McGraw-Hill, 1963.

Felman, Shoshana, ed. *Literature and Psychoanalysis: The Question of Reading, Otherwise*. Baltimore: Johns Hopkins University Press, 1982.

Fink, Bruce. *Lacan to the Letter: Reading* Écrits *Closely*. Minneapolis: University of Minnesota Press, 2004.

——."The Nature of Unconscious Thought, or Why No One Ever Reads Lacan's Postface to the 'Seminar on"The Purloined Letter." ' "In *Reading Seminars I and II: Lacan's Return to Freud*, edited by Richard Feldstein, Bruce Fink, and Maire Jaanus, 173-91. Albany: SUNY Press, 1996.

Fisher, Simon E., C. S. Lai, and A. P. Monaco."Deciphering the Genetic Basis of Speech and Language Disorders."*Annual Review of Neuroscience* 26 (2003): 57-80.

Forrester, John. *The Seductions of Psychoanalysis: Freud, Lacan, and Derrida*. Cambridge: Cambridge University Press, 1990.

Foucault, Michel. *Dits et Écrits, 1954-1988*. Vol. 1 (1954-75). Paris: Gallimard, 1994.

——."*Society Must be Defended": Lectures at the College de France 1975-1976*. Translated by David Macey. New York: Picador, 2003.

——. *This Is Not a Pipe*. Translated and edited by James Harkness. Berkeley: University of California Press, 1983.

Freud, Sigmund. *Beyond the Pleasure Principle*. In *The Standard Edition of the Complete Psychological Works of Sigmund Freud*, vol. 18, 7-64.

——. *Civilization and Its Discontents*. In *The Standard Edition of the Complete Psychological Works of Sigmund Freud*, vol. 21, 57-146.

——. *The Interpretation of Dreams*. In *The Standard Edition of the Complete Psychological Works of Sigmund Freud*, vol. 4 (1900), ix-627.

——. *Jokes and Their Relation to the Unconscious*. In *The Standard Edition of the Complete Psychological Works of Sigmund Freud*, vol. 8, 1-247.

——."Psycho-Analysis and the Establishment of the Facts in Legal Proceedings."In *The Standard Edition of the Complete Psychological Works of Sigmund Freud*, vol. 9 (1906-8): 97-114.

——. *The Psychopathology of Everyday Life*. In *The Standard Edition of the Complete Psychological Works of Sigmund Freud*, vol. 6, vii-296.

——. *The Standard Edition of the Complete Psychological Works of Sigmund*

Freud. Translated and edited by James Strachey. 24 vols. London: Hogarth Press, 1953-74.

——."The'Uncanny.'"In *The Standard Edition of the Complete Psychological Works of Sigmund Freud*, vol. 17, 219-52.

Galison, Peter."The Ontology of the Enemy: Norbert Wiener and the Cybernetic Vision."*Critical Inquiry* 21 , no. 1 (1994): 228-66.

Gallop, Jane. *Reading Lacan*. Ithaca, N.Y.: Cornell University Press, 1985.

Gambarara, Daniele."The Convention of Geneva: History of Linguistic Ideas and History of Communicative Practices."In *Historical Roots of Linguistic Theories*, edited by Lia Formigari and Daniele Gambarara, 279-94. Amsterdam: J. Benjamins, 1995.

Gamow, George, Alexander Rich, and Martynas Yčas."The Problem of Information Transfer from the Nucleic Acids to Proteins."In *Advances in Biological and Medical Physics*, edited by John Hundale Lawrence and Cornelius A. Tobias, 23-68. New York: Academic Press, 1956.

Gamow, George."Possible Relation between Deoxyribonucleic Acid and Protein Structures."*Nature* 173 (1954): 318.

Géfin, Laszlo. *Ideogram: History of a Poetic Method*. Austin: University of Texas Press, 1982.

Golumbia, David. *The Cultural Logic of Computation*. Cambridge, Mass.: Harvard University Press, 2009.

Graham, A. C., trans. *The Book of Lieh-tz*ü. London: John Murray, 1960.

Guilbaud, Georges Théodule. *La Cybernétique*. Paris: Presses universitaires de France, 1954.

——."Divagations cybernétiques."*Esprit* 18, no. 9 (1950): 281-95.

——. *Eléments de la théorie mathématique des jeux*. Paris: Dunod, 1968.

——."Leçons sur les éléments principaux de la théorie mathématique des jeux."In *Stratégies et Décisions Economiques*, edited by G. Th. Guilbaud, P. Masses, and R. Henon, chaps 1-5. Paris: CNRS, 1954.

——."La Mathématique et le social: entretien avec Georges Th. Guilbaud,"Interview with Bernard Colasse and Francis Pavé. *Gérer et Comprendre* 67 (March 2002): 67-74.

——."La Théorie des jeux: contributions critiques à la théorie de la valeur."*Économie Appliquée* 2 (1949): 275-319.

——."The Theory of Games: Critical Contributions to the Theory of Value."In *The Foundations of Game Theory*, edited by Mary Ann Dimand and Robert W. Dimand, 348-76. Cheltenham, UK: Edward Elgar, 1997.

——. *What Is Cybernetics*? Translated by Valerie MacKay. New York: Grove Press, 1959.

Habermas, Jürgen. *Knowledge and Human Interests*. Translated by Jeremy J. Shapiro. Boston: Beacon Press, 1971.

——. *On the Pragmatics of Communication*. Edited by Maeve Cooke. Cambridge, Mass.: MIT Press, 1998.

——. *On the Pragmatics of Social Interaction: Preliminary Studies in the Theory of Communicative Action*. Translated by Barbara Fultner. Cambridge, Mass.: MIT Press, 2002.

——. *The Theory of Communicative Action*. Translated by Thomas McCarthy. 2 vols. Boston: Beacon Press, 1984.

——. *Toward a Rational Society: Student Protest, Science, and Politics*. Boston: Beacon Press, 1970.

Hansen, Mark."Cinema Beyond Cybernetics, or How to Frame the Digital Image."*Configurations* 10, no. 1 (2002): 51-90.

——. *Embodying Technesis: Technology Beyond Writing*. Ann Arbor: University of Michigan Press, 2000.

Haraway, Donna. *Simians, Cyborgs, and Women: The Reinvention of Nature*. New York: Routledge, 1991.

Harris, Roy. *Signs of Writing*. London and New York: Routledge, 1995.

Hayles, N. Katherine. *How We Became Posthuman: Virtual Bodies in*

Cybernetics, Literature, and Informatics. Chicago: University of Chicago Press, 1999.

——. *My Mother Was a Computer: Digital Subjects and Literary Texts*. Chicago: University of Chicago Press, 2005.

Healy, Alice F."Detection Errors on the Word The: Evidence for Reading Units Larger Than Letters."*Journal of Experimental Psychology: Human Perception and Performance* 2, no. 2 (1976): 235-42.

Hegel, F., S. Krach, T. Kircher, B. Wrede, and G. Sagerer."Theory of Mind (ToM) on Robots: A Functional Neuroimaging Study."*Proceedings of the 3rd ACM/IEEE International Conference on Human Robot Interaction*. Amsterdam, Netherlands, March 12-15 (2008): 335-42. http://portal.acm.org/citation.cfm?id=1349866.

Heidegger, Martin. *The Question Concerning Technology, and Other Essays*. Translated by William Lovitt. New York: Harper & Row, 1977.

Heims, Steve J. *The Cybernetics Group*. Cambridge, Mass.: MIT Press, 1991.

Heisenberg, Werner. *The Physicist's Conception of Nature*. London: Hutchinson Scientific and Technical, 1958.

Henrion, Pierre. *Jonathan Swift Confesses*. Versailles: Henrion, 1962.

Hinsley, F. H., and Alan Stripp. *Codebreakers: The Inside Story of Bletchley Park*. Oxford: Oxford University Press, 1993.

Hinton, Charles Howard. *Scientific Romances*. London: Swan Sonnenschein, 1886.

Hodges, Andrew. *Alan Turing: The Enigma*. London: Burnett Books, 1983.

Hoffmann, E. T. A."Automata."Translated by Major Alexander Ewing. In *The Best Tales of Hoffmann*, edited by E. F. Bleiler, 71-103. New York: Dover, 1967.

——. *Der Sandmann*. Commentary by Peter Braun. Frankfurt am Main: Suhrkamp Verlag, 2003.

——. *Tales of E. T. A. Hoffmann*. Edited and translated by Leonard J. Kent and

Elizabeth C. Knight. Chicago: University of Chicago Press, 1969.

Hofstadter, Douglas R. *Gödel, Escher, Bach: An Eternal Golden Braid.* New York: Basic Books, 1999.

Horkheimer, Max. *Eclipse of Reason.* New York: Oxford University Press, 1947.

Horkheimer, Max, and Theodor W. Adorno. *Dialectic of Enlightenment.* Translated by John Cumming. New York: Continuum, 1991.

Huang, Yunte."Basic English, Chinglish, and Translocal Dialect."In *English and Ethnicity*, edited by Janina Brutt-Griffler and Catherine Evans Davies, 75-103. New York: Palgrave Macmillan, 2006.

Hyppolite, Jean."*Le coup de dés* de Stéphane Mallarmé et le message.*"Etudes philosophiques* no. 4 (1958): 463-68.

——. *Logic and Existence.* Translated by Leonard Lawlor and Amit Sen. Albany: SUNY Press, 1997.

Ifrah, Georges. *The Universal History of Numbers: From Prehistory to the Invention of the Computer.* Translated by David Bellos, E. F. Harding, Sophie Wood, and Ian Mark. New York: John Wiley and Sons, 2000.

Innis, Harold Adams. *Empire and Communications.* Toronto: University of Toronto Press, 1972.

Jacob, François."Genetics of the Bacterial Cell."In *Nobel Lectures in Molecular Biology: 1933-1975*, 148-71. New York: Elsevier North-Holland, 1977.

——. *Leçon inaugurale au Collège de France.* Paris: Collège de France, 1965.

——. *The Logic of Life: A History of Heredity.* Translated by Betty E. Spillmann. New York: Pantheon Books, 1974.

Jakobson, Roman. *Language in Literature.* Edited by Krystyna Pomorska and Stephen Rudy. Cambridge, Mass.: Harvard University Press, 1987.

——."Linguistics."In *Main Trends of Research in the Social and Human Sciences 1. Social Sciences*, edited by UNESCO, 437-38. The Hague: Mouton, 1970.

——."Linguistics and Poetics."In *Language in Literature*, 62-94. Cambridge, Mass.: Harvard University Press, 1987.

——."Two Aspects of Language and Two Types of Aphasic Disturbances."In *Language in Literature*, 95-119. Cambridge, Mass.: Harvard University Press, 1987.

Jakobson, Roman, C. Gunnar M. Fant, and Morris Halle. *Preliminaries to Speech Analysis*. Cambridge, Mass.: MIT Press, [1951] 1969.

Jakobson, Roman, and Morris Halle. *Fundamentals of Language*. The Hague: Mouton, 1956.

Jameson, Fredric."Imaginary and Symbolic in Lacan: Marxism, Psychoanalytic Criticism, and the Problem of the Subject."In *Literature and Psychoanalysis: The Question of Reading, Otherwise*, edited by Shoshana Felman, 351-58. Baltimore: Johns Hopkins University Press, 1982.

——. *The Political Unconscious: Narrative as a Socially Symbolic Act. Ithaca*, N.Y.: Cornell University Press, 1981.

——. *The Prison-House of Language: A Critical Account of Structuralism and Russian Formalism*. Princeton: Princeton University Press, 1972.

Jay, Martin. *Downcast Eyes: The Denigration of Vision in Twentieth-Century French Thought*. Berkeley: University of California Press, 1993.

Jentsch, Ernst."On the Psychology of the Uncanny."Translated by Roy Sellars. *Angelaki* 2, no. 1 (1997): 7-16.

——."Zur Psychologie des Unheimlichen."*Psychiatrisch-Neurologische Wochenschrift* 8.22 (25 Aug. 1906): 195-98 and 8.23 (1 Sept. 1906): 203-5.

Johnson, Barbara."The Frame of Reference: Poe, Lacan, Derrida."In *The Purloined Poe: Lacan, Derrida, and Psychoanalytic Reading*, edited by John P. Muller and William J. Richardson, 213-51. Baltimore: Johns Hopkins University Press, 1988.

Johnson, John. *The Allure of Machinic Life: Cybernetics, Artificial Life, and the New AI*. Cambridge, Mass.: MIT Press, 2008.

Jolas, Eugene. "The Revolution of Language and James Joyce."In *Our Exagmination Round His Factification for Incamination of Work in Progress*, edited by Samuel Beckett, 77-92. London: Faber and Faber, 1929.

Jones, Ernest. *The Life and Work of Sigmund Freud*. 3 vols. New York: Basic Books, c. 1953-57.

——. *Papers on Psycho-Analysis*. New York: William Wood, 1918.

Joyce, James. *Finnegans Wake*. London: Faber & Faber, 1975.

——. *Ulysses*. New York: Random House, 1961.

Judson, Horace Freeland. *The Eighth Day of Creation: Makers of the Revolution in Biology*. New York: Simon and Schuster, 1979.

Jung, C. G."The Association Method."In *Experimental Researches*. Translated by Leopold Stein in collaboration with Diana Riviere, 439-65. Rollinggen Series XX. Princeton: Princeton University Press, 1990.

——."Experimental Observations on the Faculty of Memory."In *Experimental Researches*. Translated by Leopold Stein in collaboration with Diana Riviere, 272-87. Rollinggen Series XX. Princeton: Princeton University Press, 1990.

——. *Experimental Researches*. Translated by Leopold Stein in collaboration with Diana Riviere. Rollinggen Series XX. Princeton: Princeton University Press, 1990.

——."New Aspects of Criminal Psychology."In *Experimental Researches*. Translated by Leopold Stein in collaboration with Diana Riviere, 586-96. Rollinggen Series XX. Princeton: Princeton University Press, 1990.

——."On Psychophysical Relations of the Association Experiment."In *Experimental Researches*. Translated by Leopold Stein in collaboration with Diana Riviere, 483-91. Rollinggen Series XX. Princeton: Princeton University Press, 1990.

——."Psychoanalysis and Association Experiments."In *Experimental Researches*. Translated by Leopold Stein in collaboration with Diana Riviere, 288-317. Rollinggen Series XX. Princeton: Princeton University Press, 1990.

——."The Reaction-Time Ratio in the Association Experiment."In *Experimental Researches*. Translated by Leopold Stein in collaboration with Diana Riviere,

221-71. Rollinggen Series XX. Princeton: Princeton University Press, 1990.

——, ed. *Studies in Word-Association: Experiments in the Diagnosis of Psychopathological Conditions Carried Out at the Psychiatric Clinic of the University of Zurich*. London: Routledge & Kegan Paul, 1918.

Kapp, Reginald O."Comments on Bernfeld and Feitelberg's'The Principle of Entropy and the Death Instinct.'"*International Journal of Psycho-Analysis*, 12 (1931): 82-86.

Kay, Lily E. *Who Wrote the Book of Life?: A History of the Genetic Code*. Stanford: Stanford University Press, 2000.

Keightley, David N."The Origin of Writing in China: Scripts and Cultural Contexts." In *The Origins of Writing*, edited by Wayne M. Senner. Lincoln: University of Nebraska Press, 1989.

Kittler, Friedrich A. *Discourse Networks 1800/1900*. Translated by Michael Metteer and Chris Cullens. Stanford: Stanford University Press, 1990.

——. *Gramophone, Film, Typewriter*. Translated by Geoffrey Winthrop-Young and Michael Wutz. Stanford: Stanford University Press, 1999.

——. *Literature, Media, Information Systems*. Edited and introduced by John Johnson. Amsterdam: G + B Arts International, 1997.

——."There Is No Software."*Stanford Literature Review* 9, no. 1 (1992): 81-90.

Koeneke, Rodney. *Empires of the Mind: I. A. Richards and Basic English in China*, 1929-1979. Stanford: Stanford University Press, 2004.

Kuhn, H. W."Extensive Games."*Proceedings of the National Academy of Sciences of the United States of America* 36 (1950): 570-76.

——. Introduction to John von Neumann and Oskar Morgenstern, *Theory of Games and Economic Behavior*. Commemorative edition, with an introduction by Harold Kuhn and an afterword by Ariel Rubinstein. Princeton: Princeton University Press, 2004.

Kurzweil, Ray. *The Singularity Is Near*. New York: Viking, 2005.

Lacan, Jacques."Aggressiveness in Psychoanalysis."In *Écrits: The First Complete*

Edition in English, 82-101. New York: W.W. Norton, 2006.

——."The Circuit."In *The Seminar of Jacques Lacan. Book 2, the Ego in Freud's Theory and in the Technique of Psychoanalysis*, 1954-1955, edited by Jacques-Alain Miller and John Forrester, 77-90. New York and London: W. W. Norton, 1988.

——."Conference et entretien dans des universities nord-americaines: Yale University, Kanzer Seminar."*Scilicet*, nos. 6/7 (1976): 7-31. English translation by Jack W. Stone at http:/ /web.missouri.edu/ ~stonej/Kanzer_seminar.pdf.

——."L'Écrit et la parole"(Writing and speech). In *Le Séminaire Livre XVIII: D'un Discours qui ne serait pas du semblant*, edited by Jacques-Alain Miller, 77-94. Paris: Seuil, 2007.

——. É*crits: The First Complete Edition in English*. Translated by Bruce Fink in collaboration with Héloïse Fink and Russell Grigg. New York: W.W. Norton, 2002.

——."Freud, Hegel, and the Machine."In *The Seminar of Jacques Lacan. Book 2, the Ego in Freud's Theory and in the Technique of Psychoanalysis*, 1954-1955, edited by Jacques-Alain Miller and John Forrester, 64-76. New York and London: W.W. Norton, 1988.

——."Homeostasis and Insistence."In *The Seminar of Jacques Lacan. Book 2, the Ego in Freud's Theory and in the Technique of Psychoanalysis*, 1954-1955, edited by Jacques-Alain Miller and John Forrester, 53-63. New York and London: W.W. Norton, 1988.

——."Joyce le Symptôme."In *Le Sinthome: Le seminaire de Jacques Lacan*, XXIII, 1975-1976, 161-69. Paris: Seuil, 2005.

——."La lettre volée."In *Le Moi: dans la théorie de Freud et dans la technique de la psychanalyse*, 261-79. Paris: Seuil, 1978.

——."Logical Time and the Assertion of Anticipated Certainty."In É*crits: The First Complete Edition in English*, 161-75. New York: W.W. Norton, 2006.

——. *Le Moi: dans la theorie de Freud et dans la technique de la psychanalyse*. Paris: Seuil, 1978.

——."Odd or Even? Beyond Intersubjectivity."In *The Seminar of Jacques Lacan. Book 2, the Ego in Freud's Theory and in the Technique of Psychoanalysis, 1954-1955*, edited by Jacques-Alain Miller and John Forrester, 175-90. New York and London: W.W. Norton, 1988.

——."Of Structure as an Inmixing of an Otherness Prerequisite to Any Subject Whatsoever."In *The Structuralist Controversy: The Languages of Criticism and the Sciences of Man*, edited by Richard Macksey and Eugenio Donato, 186-200. Baltimore: Johns Hopkins Press, 1970.

——."Psychoanalysis and Cybernetics, or on the Nature of Language."In *The Seminar of Jacques Lacan. Book 2, the Ego in Freud's Theory and in the Technique of Psychoanalysis, 1954-1955*, edited by Jacques-Alain Miller and John Forrester, 294-308. New York and London: W.W. Norton, 1988.

——."The Purloined Letter."In *The Seminar of Jacques Lacan. Book 2, the Ego in Freud's Theory and in the Technique of Psychoanalysis, 1954-1955*, edited by Jacques-Alain Miller and John Forrester, 191-205. New York and London: W.W. Norton, 1988.

——. *Le Séminaire Livre XVIII: d'un Discours qui ne serait pas du semblant*. Edited by Jacques-Alain Miller. Paris: Seuil, 2007.

——. *The Seminar of Jacques Lacan. Book 2, the Ego in Freud's Theory and in the Technique of Psychoanalysis, 1954-1955*. Translated by Sylvana Tomaselli. Edited by Jacques-Alain Miller and John Forrester. New York: W.W. Norton, 1988.

——."Seminar on the'Purloined Letter.'"In *Écrits: The First Complete Edition in English*, 7-48. New York: W. W. Norton, 2006.

——. *Le Sinthome: Le seminaire de Jacques Lacan, XXIII, 1975-1976*. Paris, 2005.

——."Some Questions for the Teacher."In *The Seminar of Jacques Lacan. Book*

2, the Ego in Freud's Theory and in the Technique of Psychoanalysis, 1954-1955, 206-20. New York and London: W. W. Norton, 1988.

——."Where Is Speech? Where Is Language?"In *The Seminar of Jacques Lacan. Book 2, the Ego in Freud's Theory and in the Technique of Psychoanalysis, 1954-1955*, edited by Jacques-Alain Miller and John Forrester, 277-93. New York and London: W.W. Norton, 1988.

Lach, Donald F."Leibniz and China."*Journal of the History of Ideas* 6, no. 4 (1945): 436-55.

Lacoue-Labarthe, Philippe, and Jean-Luc Nancy. *The Title of the Letter: A Reading of Lacan*. Translated by Francois Raffoul and David Pettigrew. Albany: SUNY, 1992.

Lafontaine, Céline. *L'empire cybernétique: Des machines penser la pensée machine*. Paris: Seuil, 2004.

Lakoff, George, and Rafael E. Núñez. *Where Mathematics Comes From: How the Embodied Mind Brings Mathematics into Being*. New York: Basic Books, 2000.

Leroi-Gourhan, André. *Gesture and Speech*. Cambridge, Mass.: MIT Press, 1993.

Lévi-Strauss, Claude. *Structural Anthropology*. Translated from the French by Claire Jacobson and Brooke Grundfest Schoepf. 2 vols. New York: Basic Books, 1963.

Lewis, Mark Edward. *Writing and Authority in Early China*. Albany: SUNY, 1999.

Li, Xueqin, G. Harbottle, J. Zhang, and C. Wang. "The Earliest Writing? Sign Use in the Seventh Millennium BC at Jiahu, Henan Province, China."*Antiquity 77*, no. 295 (2003): 31-44.

Link, David."Chains to the West: Markov's Theory of Connected Events and Its Transmission to Western Europe."*Science in Context* 19, no. 4 (2006): 561-90.

——."Classical Text in Translation: An Example of Statistical Investigation of the Text *Eugene Onegin* Concerning the Connection of Samples in Chains."*Science in Context* 19, no. 4 (2006): 591-600.

——."Traces of the Mouth: Andrei Andreyevich Markov's Mathematization of Writing."*History of Science* 44, no. 145 (2006): 321-48.

Liu, Alan. *The Laws of Cool: Knowledge Work and the Culture of Information*. Chicago: University of Chicago Press, 2004.

Liu, Lydia H. *The Clash of Empires: The Invention of China in Modern World Making*. Cambridge, Mass.: Harvard University Press, 2004.

——, ed. *Tokens of Exchange: The Problem of Translation in Global Circulations*. Durham, N.C.: Duke University Press, 1999.

Livingston, Ira. *Between Science and Literature: An Introduction to Autopoetics*. Urbana: University of Illinois Press, 2006.

Lotringer, Sylvere, and Sande Cohen."Introduction: A Few Theses on French Theory in America."In *French Theory in America*, edited by Sylvere Lotringer and Sande Cohen, 1-9. New York: Routledge, 2001.

Luhmann, Niklas. *Social Systems*. Translated by John Bednarz, Jr., with Dirk Baecker. Stanford: Stanford University Press, 1995.

Lyotard, Jean-François. *The Postmodern Condition: A Report on Knowledge*. Translated by Geoff Bennington and Brian Massumi. Minneapolis: University of Minnesota Press, 1984.

Mabee, Carleton. *The American Leonardo: A Life of Samuel F. B. Morse*. New York: A. A. Knopf, 1943.

MacDorman, Karl F."Androids as an Experimental Apparatus: Why Is There an Uncanny Valley and Can We Exploit It?"with MacDorman and Takashi Minato collaborating on the Mori translation in appendix B. Cognitive Science Society Workshop on Toward Social Mechanisms of Android Science, 2005. http:/ /www. androidscience.com/proceedings2005/ MacDormanCogSci2005AS.pdf.

MacDorman, K. F., and H. Ishiguro."The Uncanny Advantage of Using Androids in Cognitive and Social Science Research."*Interaction Studies* 7, no. 3 (2006): 297-337.

MacKay, Donald M. *Information, Mechanism, and Meaning*. Cambridge, Mass.: MIT Press, 1969.

Macksey, Richard, and Eugenio Donato, eds. *The Structuralist Controversy: The Languages of Criticism and the Sciences of Man*. Baltimore: Johns Hopkins University Press, 1970.

Mallarmé, Stéphane. *Collected Poems*. Translated by Henry Weinfield. Berkeley: University of California Press, 1994.

Manovich, Lev. *The Language of New Media*. Cambridge, Mass.: MIT Press, 2001.

Marcus, G. F., and S. E. Fisher."FOXP2 in Focus: What Can Genes Tell Us About Speech and Language?"*Trends in Cognitive Sciences* 7, no. 6 (2003): 257-62.

Marcuse, Herbert."Aggressiveness in Advanced Industrial Society."In *Negations: Essays in Critical Theory*, 248-68. Translated by Jeremy J. Shapiro. Boston: Beacon Press, 1968.

——. *Eros and Civilization: An Inquiry into Freud*. Boston: Beacon Press, 1974.

Marion, Denis. *La Méthode intellectuelle d'Edgar Poe*. Paris: Les éditions de minuit, 1952.

Markov, A. A."An Example of Statistical Investigation of the Text *Eugene Onegin* Concerning the Connection of Samples in Chains."*Science in Context* 19, no. 4 (2006): 591-600.

Masani, Pesi Rustom. *Norbert Wiener*, 1894-1964. Basel: Birkhäuser Verlag, 1990.

Maturana, Humberto R., and Francisco J. Varela. *Autopoiesis and Cognition: The Realization of the Living*. Dordrecht, Netherlands: D. Reidel Publishing Company, 1980.

Mayall, Kate, Glyn W. Humphreys, and Andrew Olson."Disruption to Word or Letter Processing? The Origins of Case-Mixing Effects."*Journal of*

Experimental Psychology: Learning, Memory, and Cognition 23, no. 5 (1997): 1275-86.

McCulloch, Warren S. *Embodiments of Mind*. Cambridge, Mass.: MIT Press, 1965.

McCulloch, Warren S., and W. Pitts."A Logical Calculus of the Ideas Immanent in Nervous Activity."*Bulletin of Mathematical Biology* 5 (1943): 99-115.

McCusker, L. X., P. B. Gough, and R. G. Bias."Word Recognition Inside Out and Outside In."*Journal of Experimental Psychology: Human Perception and Performance* 7, no. 3 (1981): 538-51.

McLuhan, Marshall."Cybernation and Culture."In *The Social Impact of Cybernetics*, edited by Charles Richard Dechert, 95-108. Notre Dame: University of Notre Dame Press, 1966.

——. *The Gutenberg Galaxy: The Making of Typographic Man*. Toronto: University of Toronto Press, 1965.

——. *Understanding Media: The Extensions of Man*. Cambridge, Mass.: MIT Press, 1994; 1964.

Meltzer, Françoise."The Uncanny Rendered Canny: Freud's Blind Spot in Reading Hoffmann's 'Sandman.'"In *Introducing Psychoanalytic Theory*, edited by Sander L. Gilman, 218-39. New York: Brunner/Mazel, 1982.

Merleau-Ponty, Maurice. *Sense and Non-Sense*. Translated by Hubert L. Dreyfus and Patricia Allen Dreyfus. Evanston: Northwestern University Press, 1971.

Mindell, David A. *Between Human and Machine: Feedback, Control, and Computing before Cybernetics*. Baltimore: Johns Hopkins University Press, 2004.

Mindell, David, Jérôme Segal, and Slava Gerovitch."From Communications Engineering to Communications Science: Cybernetics and Information Theory in the United States, France, and Soviet Union."In *Science and Ideology: A Comparative History*, edited by Mark Walker, 66-95. London: Routledge, 2003.

Minsky, Marvin. *Computation: Finite and Infinite Machines*. Englewood Cliffs, N.J.: Prentice-Hall, 1967.

——. *The Emotion Machine: Commonsense Thinking, Artificial Intelligence, and the Future of the Human Mind*. New York: Simon and Schuster, 2006.

——."Jokes and the Logic of the Cognitive Unconscious."In *Cognitive Constraints on Communication*, edited by Lucia Vaina and Jaakko Hintikka, 175-200. Boston: Reidel, 1981.

——."Our Robotized Future."In *Robotics*, edited by Marvin Minsky, 287-307. New York: Anchor Press, 1985.

——, ed. *Robotics*. New York: Anchor Press, 1985.

——. *The Society of Mind*. New York: Simon and Schuster, 1986.

Mitchell, W. J. T. *Iconology: Image, Text, Ideology*. Chicago: University of Chicago Press, 1986.

——. *Picture Theory: Essays on Verbal and Visual Representation*. Chicago: University of Chicago Press, 1994.

——. *What Do Pictures Want?: The Lives and Loves of Images*. Chicago: University of Chicago Press, 2005.

——."The Work of Art in the Age of Biocybernetic Reproduction."*Modernism/modernity* 10, no. 3 (2003): 481-500.

Mori, Masahiro. *The Buddha in the Robot: A Robot Engineer's Thoughts on Science and Religion*. Translated by Charles S. Terry. Tokyo: Kosei, 1999.

——."Bukimi no tani" (the uncanny valley). *Energy* 7, no. 4 (1970): 33-35. English translation by Karl F. MacDorman and Takashi Minato in appendix B to MacDorman, "Androids as an Experimental Apparatus: Why Is There an Uncanny Valley and Can We Exploit It?"9-10.

Morlock, Forbes."Doubly Uncanny: An Introduction to'On the Psychology of the Uncanny.'" *Angelaki* 2, no. 1 (1997): 17-21.

Muller, John P., and William J. Richardson, eds. *The Purloined Poe: Lacan, Derrida, and Psychoanalytic Reading*. Baltimore: Johns Hopkins University

Press, 1988.

Nelson, Victoria. *The Secret Life of Puppets*. Cambridge, Mass.: Harvard University Press, 2001.

Nietzsche, Friedrich. *Human, All Too Human: A Book for Free Spirits*. Translated by R. J. Hollingdale. Cambridge: Cambridge University Press, 1986.

O'Connor, M."Epigraphic Semitic Scripts."In *The World's Writing Systems*, edited by Peter T. Daniels and William Bright, 88-107. Oxford: Oxford University Press, 1996.

Ogden, Charles Kay. *Basic English: A General Introduction with Rules and Grammar*. London: Kegan Paul, Trench, Trubner, 1935.

——. *Basic English: International Second Language*. Rev. and expanded ed. New York: Harcourt, Brace & World, 1968.

——. *Debabelization: With a Survey of Contemporary Opinion on the Problem of a Universal Language*. London: Kegan Paul, 1931.

Ogden, C. K., and I. A. Richards. *The Meaning of Meaning: A Study of the Influence of Language upon Thought and of the Science of Symbolism*. 6th ed. New York: Harcourt, Brace & World, 1944.

Ong, Walter J. *Orality and Literacy: The Technologizing of the Word*. New York: Routledge, 1982.

Pelli, D. G., B. Farell, and D. C. Moore."The Remarkable Inefficiency of Word Recognition."*Nature* 423, no. 6941 (2003): 752-56.

Penrose, L. S. "Freud's Theory of Instinct and Other Psycho-Biological Theories."*International Journal of Psycho-Analysis* 12 (1931): 87-97.

Perea, M., and S. J. Lupker."Does *jugde* Activate COURT? Transposed-Letter Similarity Effects in Masked Associative Priming."*Memory & Cognition* 31, no. 6 (2003): 829-41.

——."Transposed-Letter Confusability Effects in Masked Form Priming."In *Masked Priming: The State of the Art*, edited by Sachiko Kinoshita and Stephen Jeffrey Lupker, 97-120. New York: Psychology Press, 2003.

Piaget, Jean."The Affective Unconscious and the Cognitive Unconscious."*Journal of the American Psychoanalytic Association* 21 (1973): 249-61.

Pierce, John Robinson. *Science, Art, and Communication*. New York: C. N. Potter, 1968.

Pierce, John Robinson, and A. Michael Noll. *Signals: The Science of Telecommunications*. New York: Scientific American Library, 1990.

Plato. *Phaedrus*. Translated by Robin Waterfield. Oxford: Oxford University Press, 2002.

Plotnitsky, Arkady. *The Knowable and the Unknowable: Modern Science, Nonclassical Thought, and the"Two Cultures*."Ann Arbor: University of Michigan Press, 2002.

Porge, Erik. *Se compter trios: Le temps logique de Lacan* (counting the self as three: Lacan's logical time). Toulouse: Érè, 1989.

Porter, David. *Ideographia: The Chinese Cipher in Early Modern Europe*. Stanford: Stanford University Press, 2001.

Pound, Ezra."Debabelization and Ogden."*New English Weekly*, no. 4 (28 February 1935): 411.

——. *Machine Art and Other Writings: The Lost Thought of the Italian Years*. Edited by Maria Luisa Ardizzone. Durham, N.C.: Duke University Press, 1996.

——. *Selected Letters: 1907-1941*. Edited by D. D. Paige. London: Faber and Faber, 1950.

——. *The Spirit of Romance*. New York: New Directions Books, 1968.

——."Vorticism:"*Fortnightly Review* 96, no. 573 (September 1914): 461-71.

Poundstone, William. *Prisoner's Dilemma*. New York: Doubleday, 1992.

Problemy Peredachi Informatsii."Claude Elwood Shannon."*Problems of Information Transmission* 37, no. 2 (2001): 87-90. Translated from the Russian journal *Problemy Peredachi Informatsii*, no. 2 (2001): 3-7.

Psalmanazar, George. *A Historical and Geographical Description of Formosa*.

London, 1704.

Rabinow, Paul. *French DNA: Trouble in Purgatory*. Chicago: University of Chicago Press, 1999

Ragland, Ellie, and Dragan Milovanovic, eds. *Lacan: Topologically Speaking*. New York: Other Press, 2004.

Raley, Rita."Machine Translation and Global English."*Yale Journal of Criticism* 16, no. 2 (2003): 291-313.

Reed, Brian."Hart Crane s Victrola."*Modernism/modernity* 7, no. 1 (2000): 99-125.

Reicher, G. M."Perceptual Recognition as a Function of Meaningfulness of Stimulus Material."*Journal of Experimental Psychology* 81, no. 2 (1969): 275-80.

Rheinberger, Hans-Jörg."The Notions of Regulation, Information, and Language in the Writings of François Jacob."*Biological Theory* 1, no. 3 (2006): 261-67.

Rice, Thomas Jackson. *Joyce, Chaos, and Complexity*. Urbana: University of Illinois Press, 1997.

Richards, I. A. *Basic in Teaching: East and West*. London: K. Paul, Trench, Trubner, 1935.

——."English Language Teaching Films and Their Use in Teacher Training."*English Language Teaching* 2, no. 1 (1947): 1-7.

——."Responsibilities in the Teaching of English."In *Speculative Instruments*, 91-106. Chicago: University of Chicago Press, 1955.

——. *Speculative Instruments*. Chicago: University of Chicago Press, 1955.

——."Toward a More Synoptic View."In *Speculative Instruments*, 113-26. Chicago: University of Chicago Press, 1955.

——."Toward a Theory of Comprehending."In *Speculative Instruments*. Chicago: University of Chicago Press, 1955.

Richey, Jeffrey L."I, Robot Self as Machine in the Liezi."In *Riding the Wind with Liezi: New Perspectives on the Daoist Classic*, edited by Ronnie Littlejohn and Jeffrey Dippmann. Albany: SUNY Press, forthcoming.

Rickels, Laurence A. *Nazi Psychoanalysis*. Vol. 2: *Crypto-Fetishism*. Minneapolis: University of Minnesota Press, 2002.

Rotman, Brian."The Technology of Mathematical Persuasion."In *Inscribing Science: Scientific Texts and the Materiality of Communication*, edited by Timothy Lenoir, 55-69. Stanford: Stanford University Press, 1998.

Roudinesco, Elisabeth. *Jacques Lacan*. Translated by Barbara Bray. New York: Columbia University Press, 1997.

——. *Jacques Lacan & Co.: A History of Psychoanalysis in France*, 1925-1985. Translated by Jeffrey Mehlman. Chicago: University of Chicago Press, 1990.

Rousseau, Jean-Jacques. *On the Origin of Language*. Translated by John H. Moran and Alexander Gode. Chicago: University of Chicago Press, 1966.

Roux, Ronan Le."Psychanalyse et cybernétique: Les machines de Lacan."*L' Evolution Psychiatrique* 72, no. 2 (2007): 346-69.

Royle, Nicholas. *The Uncanny*. Manchester: Manchester University Press, 2003.

Russo, John Paul. *I. A Richards: His Life and Work*. Baltimore: Johns Hopkins University Press, 1989.

Sartre, Jean-Paul."Jean-Paul Sartre Répond."*L'Arc*, no. 30 (1966): 87-96.

Saul, Leon J. "Freud's Death Instinct and the Second Law of Thermodynamics." *International Journal of Psycho-Analysis* 39 (1958): 323-25.

Saussure, Ferdinand de. *Course in General Linguistics*. Translated by Wade Baskin. New York: McGraw-Hill, 1966.

——. *Ferdinand de Saussure: Troisième cours de linguistique générale (1910-1911) d'après les cahiers d'Emile Constantin*. Edited by Eisuke Komatsu and Roy Harris. Oxford: Pergamon Press, 1993.

Schank, Roger C., and Kenneth Mark Colby, eds. *Computer Models of Thought and Language*. San Francisco: W. H. Freeman, 1973.

Schmandt-Besserat, D."The Earliest Precursors of Writing."*Scientific American* 238, no. 6 (1978): 50-59.

Schönberger, Martin Maria. *The I Ching and the Genetic Code: The Hidden Key to Life*. Translated by D. Q. Stephenson. Santa Fe, N.M.: Aurora Press, 1992.

Searchinger, Gene. *The Human Language Series*. Video in 3 parts. Equinox Films, 1995.

Sebastian, Thomas."Technology Romanticized: Friedrich Kittler's *Discourse Networks 1800/1900*". *MLN* 105 (1990): 583-95.

Serrano, Richard."Lacan's Oriental Language of the Unconscious."*SubStance* 26, no. 3 (1997): 90-106.

Shannon, Claude E. *Claude Elwood Shannon: Collected Papers*. Edited by Neil J. A. Sloane and Aaron D. Wyner. New York: IEEE Press, 1993.

——."Communication Theory of Secrecy Systems."*Bell System Technical Journal* 28 (1949): 656-715.

——."The Mathematical Theory of Communication."*Bell System Technical Journal* 27, nos. 3-4 (1948): 379-423, 623-56.

——."A Mind-Reading Machine."In *Claude Elwood Shannon: Collected Papers*, edited by N. J. A. Sloane and A. D. Wyner, 688-90. New York: IEEE Press, 1993.

——."Prediction and Entropy of Printed English."*Bell System Technical Journal* 30, no. 1 (1951): 50-64.

——."A Universal Turing Machine with Two Internal States."In *Claude Elwood Shannon: Collected Papers*, edited by N. J. A. Sloane and A. D. Wyner, 733-41. New York: IEEE Press, 1993.

Shannon, Claude Elwood, and Warren Weaver. *The Mathematical Theory of Communication*. Urbana: University of Illinois Press, 1963. Originally published 1949.

Shillcock, R., T. M. Ellison, and P. Monaghan."Eye-Fixation Behaviour, Lexical Storage and Visual Word Recognition in a Split Processing Model."*Psychological Review* 107, no. 4 (2000): 824-51.

Singh, Simon. *The Code Book: The Science of Secrecy from Ancient Egypt to*

Quantum Cryptography. New York: Anchor Books, 2000.

Sohn, Pow-Key."Early Korean Printing."*Journal of the American Oriental Society* 79, no. 2 (1959): 96-103.

——."Printing since the 8th Century in Korea."*Koreana* 7, no. 2 (1993): 4-9.

Sokal, Alan D., and J. Bricmont. *Fashionable Nonsense: Postmodern Intellectuals'Abuse of Science*. New York: Picador, 1998.

Sproat, Richard William. *A Computational Theory of Writing Systems*. Cambridge: Cambridge University Press, 2000.

Stent, Gunther S. *The Coming of the Golden Age: A View of the End of Progress*. New York: Natural History Press, 1969.

Stewart, Garrett. *Reading Voices: Literature and the Phonotext*. Berkeley: University of California Press, 1990.

Stiegler, Bernard. *Technics and Time, 1: The Fault of Epimetheus*. Translated by Richard Beardsworth and George Collins. Stanford: Stanford University Press, 1998.

——. *Technics and Time, 2: Disorientation*. Translated by Stephen Barker. Stanford: Stanford University Press, 2009.

Swift, Jonathan. *Travels into Several Remote Nations of the World in Four Parts by Lemuel Gulliver*. Dublin, 1726.

Taylor, Mark C. *Altarity*. Chicago: University of Chicago Press, 1987.

——. *The Moment of Complexity: Emerging Network Culture*. Chicago: University of Chicago Press, 2003.

Thacker, Eugene. *Biomedia*. Minneapolis: University of Minnesota Press, 2004.

Theall, Donald F. *Beyond the Word: Reconstructing Sense in the Joyce Era of Technology, Culture, and Communication*. Toronto: University of Toronto Press, 1995.

——."The Hieroglyphs of Engined Egypsians: Machines, Media and Modes of Communication."In *Joyce Studies Annual 1991*, edited by Thomas F. Staley, 129-76. Austin: University of Texas Press, 1991.

Tiffany, Daniel. *Radio Corpse: Imagism and the Cryptaesthetic of Ezra Pound*. Cambridge, Mass.: Harvard University Press, 1995.

Tofts, Darren, and Murray McKeich. *Memory Trade: A Prehistory of Cyberculture*. North Ryde, New South Wales: 21 •C/Interface Book, 1998.

Tong, Q. S."The Bathos of a Universalism, I. A. Richards and His Basic English."In *Tokens of Exchange: The Problem of Translation in Global Circulations*, edited by Lydia H. Liu, 331-54. Durham, N.C.: Duke University Press, 1999.

Toulmin, Stephen Edelston. *The Philosophy of Science*. London: Hutchinson, 1953.

Tsien, Tsuen-Hsuin. *Paper and Printing*. In"Science and Civilization in China,"edited by Joseph Needham, vol. 5 part 1. Cambridge: Cambridge University Press, 1985.

——. *Written on Bamboo and Silk: The Beginnings of Chinese Books and Inscriptions*. Chicago: University of Chicago Press, 2004.

Turing, A. M."Computing Machinery and Intelligence."*Mind* 59, no. 236 (1950): 433-60.

——."On Computable Numbers, with an Application to the Entscheidungsproblem."*Proceedings of London Mathematical Society Ser*. 2, no. 42 (1937): 230-65.

Uhr, Leonard, and Charles Vossler."A Pattern-Recognition Program that Generates, Evaluates, and Adjusts Its Own Operators."In *Computers and Thought*, edited by Edward A. Feigenbaum and Julian Feldman, 251-68. New York: McGraw-Hill, 1963.

Vachek, Josef. *Written Languages Revisited*. Amsterdam: John Benjamins, 1989.

Vail, Alfred. *Description of the American Electro Magnetic Telegraph Now in Operation Between the Cities of Washington and Baltimore*. Washington, D.C., 1845.

Van de Walle, Jürgen."Roman Jakobson, Cybernetics, and Information Theory: A

Critical Assessment."*Folia Linguistica Historica* 29, no. 1 (December 2008): 87-124.

Varela, Francisco, Evan Thompson, and Eleanor Rosch. *The Embodied Mind*. Cambridge, Mass.: MIT Press, 1992.

Vendler, Helen."I. A. Richards at Harvard."*Boston Review* (April 1981). http:/ / www. bostonreview.net/BR06.2/vendler.html.

Vidler, Anthony. *The Architectural Uncanny: Essays in the Modern Unhomely*. Cambridge, Mass.: MIT Press, 1992.

von Foerster, Heinz, Margaret Mead, and Hans Lukas Teuber, eds. *Cybernetics: Circular Causal and Feedback Mechanisms in Biological and Social Systems: Transactions of the Eighth Conference, March 15-16, 1951, New York, N.Y.* New York: Josiah Macy, Jr. Foundation, 1952.

von Neumann, John."The General and Logical Theory of Automata."In *The Collected Works of John von Neumann*, vol. 5, 288-326. Oxford: Pergamon Press, 1963.

von Neumann, John, and Oskar Morgenstern. *The Theory of Games and Economic Behavior*. Princeton: Princeton University Press, 1963.

Wachowski, Larry and Andy. *The Matrix: The Shooting Script*. New York: Newmarket Press, 2002.

Waismann, Friedrich. *Introduction to Mathematical Thinking: The Formation of Concepts in Modern Mathematics*. Translated by Theodore J. Bena. New York: F. Ungar, 1951.

Wallach, Wendell, and Colin Allen. *Moral Machines: Teaching Robots Right from Wrong*. Oxford: Oxford University Press, 2009.

Wark, McKenzie. *Gamer Theory*. Cambridge, Mass.: Harvard University Press, 2007.

Warrington, E. K., and T. Shallice."Word-Form Dyslexia."*Brain: A Journal of Neurology* 103, no. 1 (1980): 99-112.

Watson, James D. *The Double Helix*. New York: New American Library, 1968.

Weaver, Warren. *Alice in Many Tongues: The Translations of Alice in Wonderland*. Madison: University of Wisconsin Press, 1964.

——."Translation."In *Machine Translation of Languages*, edited by William N. Locke and Andrew Donald Booth, 15-23. Cambridge and New York: Technology Press of the Massachusetts Institute of Technology, 1955.

Weber, Samuel. *The Legend of Freud*. Expanded ed. Stanford: Stanford University Press, 2000.

——."Vertigo: The Question of Anxiety in Freud."In *Lacan in the GermanSpeaking World*, edited by Elizabeth Stewart, Maire Jaanus, and Richard Feldstein, 203-20. Albany: SUNY, 2004.

Wegener, Mai. "L'entwurf de Freud-une lettre volée."*Cairn* 12, no. 1 (2004): 175-95.

——. *Neuronen und Neurosen: Der psychische Apparat bei Freud und Lacan: Ein historisch-theoretischer Versuch zu Freuds "Entwurf" von* 1895. Munich: W. Fink Verlag, 2004.

Weizenbaum, Joseph. *Computer Power and Human Reason: From Judgment to Calculation*. San Francisco: W. H. Freeman, 1976.

Wiener, Norbert. *Cybernetics: or Control and Communication in the Animal and the Machine*. Cambridge, Mass.: MIT Press, 1961.

——. *The Human Use of Human Beings: Cybernetics and Society*. Boston: Houghton Mifflin, 1954.

——. *I Am a Mathematician*. Garden City, N.Y.: Doubleday, 1956.

——."L'homme et la machine."In *Collected Works with Commentaries*, vol. 4, edited by P. Masani, 824-42. Cambridge, Mass.: MIT Press, 1985.

Wilden, Anthony."Marcuse and the Freudian Model: Energy, Information, and Phantasie."*Salmagundi*, nos. 10/11 (1969): 196-245.

——. *System and Structure: Essays in Communication and Exchange*. London: Tavistock Publications Limited, 1972.

Winthrop-Young, Geoffrey."Silicon Sociology, or, Two Kings on Hegel's Throne?

参考文献

Kittler, Luhmann, and the Posthuman Merger of German Media Theory."*Yale Journal of Criticism* 13, no. 2 (2000): 391-420.

Wittgenstein, Ludwig. *Tractatus Logico-Philosophicus*. Translated by C. K. Ogden. With an introduction by Bertrand Russell. London: K. Paul, Trench, Trubner, 1922.

Wolfe, Cary. *What Is Posthumanism*? Minneapolis: University of Minnesota Press, 2010.

Wright, Arthur Frederick, ed. *Studies in Chinese Thought*. Chicago: University of Chicago Press, 1953.

Yan, Johnson F. *DNA and the I Ching: The Tao of Life*. Berkeley: North Atlantic Books, 1991.

Yčas, M. *The Biological Code*. New York: American Elsevier, 1969.

Zhuangzi (Chuang Tzu). *The Complete Works of Chuang Tzu*. Translated by Burton Watson. New York: Columbia University Press, 1968.

Žižek, Slavoj. *The Plague of Fantasies*. London: Verso, 1997.

译者后记

这篇后记要回答一个问题：为什么说《弗洛伊德机器人：数字时代的哲学批判》和“媒介环境学译丛”高度契合？

2023 年 4 月 22 日，在“媒介环境学译丛”第三辑发布会暨研讨会的开幕式上，我发布了《媒介环境学宣言：创新、突围、反规制》(提纲)。我们宣告：“媒介环境学译丛”的最大特色是：文理交叉，开拓新域，不画地为牢。我们志在担任新文科的突击队，为新型的新闻传播学探路。媒介环境学如何发展？它的精气神是什么？我们如何学习它？我的回答是：不懈创新，无尽延伸；道器并重，知行合一；遥望未来，深耕当下。

上海《新闻记者》公众号 2023 年 4 月 27 日刊出这篇宣言的提纲之后，我意犹未尽，将其增写为一篇同名文章，刊发在《新闻记者》2023 年 9 月 6 日的公众号上。

刘禾教授的《弗洛伊德机器人：数字时代的哲学批判》多面突击，建功立德，有助于我们“创新、突围、反规制”，促进我们

“不懈创新，无尽延伸”，有助于新文科的建设。希望国内外有志于媒介环境学和新文科的同人携手合作，开创新文科乃至文理交叉的新境界。

何道宽

于深圳大学文化产业研究院

深圳大学传媒与文化发展研究中心

2024 年 5 月 13 日

译者介绍

何道宽，深圳大学英语及传播学教授，荣获翻译文化终身成就奖（2023），深圳市政府津贴专家（2000）、资深翻译家（2010）、《中国传播学30年》（2010）学术人物、《中国新闻传播学年鉴》（2017）学术人物、《中国新闻传播教育年鉴》（2021）"名家风采"人物。曾任中国跨文化交际学会副会长（1995—2007）、广东省外国语学会副会长（1997—2002）、中国传播学会副理事长（2007—2015），现任中国传播学会终身荣誉理事、深圳翻译协会高级顾问，从事英语教学、跨文化翻译和跨学科研究60余年，率先引进跨文化传播（交际）学、麦克卢汉媒介理论和媒介环境学。著作和译作逾一百种，著译论文字逾2000万。

著作7种，要者为《中华文明撷要》（汉英双语版）、《夙兴集：闻道·播火·摆渡》、《焚膏集：理解文化与传播》、《问麦集：理解麦克卢汉》、《融媒集：理解媒介环境学》、《创意导游》、《实用英语语音》。

论文50余篇，要者有《介绍一门新兴学科——跨文化的交际》《比较文化我见》《中国文化深层结构中的崇“二”心理定势》《论美国文化的显著特征》《和而不同息纷争》《麦克卢汉：媒介理论的播种者和解放者》《莱文森：数字时代的麦克卢汉，立体型的多面手》《媒介环境学：从边缘到庙堂》《泣血的历史：19世纪美国排华的真相》《尼尔·波兹曼：媒介环境学派的一代宗师和精神领袖》等。

译作涵盖了绝大多数人文社科领域，共110余种（含再版），要者有《理解媒介》《媒介环境学》《理解媒介预言家：麦克卢汉评传》《麦克卢汉精粹》《弗洛伊德机器人：数字时代的哲学批判》《个人数字孪生体》《数据时代》《心灵的延伸：语言、心灵和文化的滥觞》《文化树：世界文化简史》《超越文化》《无声的语言》《数字麦克卢汉》《交流的无奈：传播思想史》《传播的偏向》《帝国与传播》《模仿律》《技术垄断》《与社会学同游》《游戏的人》《中世纪的秋天》《口语文化与书面文化》《传播学批判研究：美国的传播、历史和理论》《裸猿》《作为变革动因的印刷机》《传播学概论》等。

“媒介环境学译丛”书目

1.《媒介环境学：思想沿革与多维视野》（第二版），［美国］林文刚 编 / 何道宽 译，118.00 元

2.《什么是信息：生物域、符号域、技术域和经济域里的组织繁衍》，［加拿大］罗伯特 · K. 洛根 著 / 何道宽 译，59.00 元

3.《心灵的延伸：语言、心灵和文化的滥觞》，［加拿大］罗伯特 · K. 洛根 著 / 何道宽 译，79.00 元

4.《震惊至死：重温尼尔 · 波斯曼笔下的美丽新世界》，［美国］兰斯 · 斯特拉特 著 / 何道宽 译，55.00 元

5.《文化的肌肤：半个世纪的技术变革和文化变迁》（第二版），［加拿大］德里克 · 德克霍夫 著 / 何道宽 译，98.00 元

6.《被数字分裂的自我》，［意大利］伊沃 · 夸蒂罗利 著 / 何道宽 译，69.00 元

7.《数据时代》，［意大利］科西莫 · 亚卡托 著 / 何道宽 译，55.00 元

8.《帝国与传播》（第三版），［加拿大］哈罗德·伊尼斯 著/何道宽 译，59.00 元

9.《传播的偏向》（第三版），［加拿大］哈罗德·伊尼斯 著/何道宽 译，59.00 元

10.《麦克卢汉精粹》（第二版），［加拿大］埃里克·麦克卢汉、［加拿大］弗兰克·秦格龙 编/何道宽 译，108.00 元

11.《个人数字孪生体：东西方人机融合的社会心理影响》，［意大利］罗伯托·萨拉科、［加拿大］德里克·德克霍夫 著/何道宽 译，79.00 元

12.《伟大的发明：从洞穴壁画到人工智能时代的语言演化》，［意大利］保罗·贝南蒂 著/何道宽 译，59.00 元

13.《假新闻：活在后真相的世界里》，［意大利］朱塞佩·里瓦 著/何道宽 译，59.00 元

14.《麦克卢汉如是说：理解我》（第二版），［加拿大］马歇尔·麦克卢汉 著，［加拿大］斯蒂芬妮·麦克卢汉、［加拿大］戴维·斯坦斯 编/何道宽 译，79.00 元

15.《柏拉图导论》，［英］埃里克·哈弗洛克 著/何道宽 译，69.00 元

16.《数字公民：智能网络时代的治理重构》，［巴西］马西莫·费利斯 著/何道宽 译，59.00 元

17.《变化中的时间观念》（第二版），［加拿大］哈罗德·伊尼斯 著/何道宽 译，59.00 元

18.《弗洛伊德机器人：数字时代的哲学批判》，刘禾 著/何道宽

译，88.00 元

19.《随机存取存储器：数字技术革命的故事》，［法国］菲利普 · 德沃斯特 著 / 何道宽 译，69.00 元

20.《理解媒介预言家：麦克卢汉评传》，［加拿大］特伦斯 · 戈登 著 / 何道宽 译，88.00 元